《深圳市中心区城市设计与建筑设计1996-2004》系列丛书

Urban Planning and Architectural Design for Shenzhen Central District 1996-2004

深圳市中心区中心广场及南中轴景观环境方案设计

The Design for Central Plaza and South Axis of Shenzhen Central District

丛书主编单位：深圳市规划局

Editing Group: Shenzhen Municipal Planning Bureau

中国建筑工业出版社

China Architecture & Building Press

《深圳市中心区城市设计与建筑设计 1996—2004》系列丛书 编委会

顾问：吴良镛　周干峙
主任：陈玉堂　刘佳胜
委员：(按姓氏笔画排序)
　　　于培亭　王　芃　许　权　许重光　朱振辉　李加林　陈一新
　　　郁万钧　罗　蒙　郭仁忠　赵崇仁　赵鹏林　黄　珽　熊松长
主编：王　芃
副主编：陈一新
编辑人员：陈一新　黄伟文　李　明　朱闻博　郭永明　戴松涛　王晓萍　许劲松
　　　　　成小平　张建辉

Editor Board of
Urban Planning and Architectural Design for Shenzhen Central District 1996-2004

Counselors: Wu Liangyong　Zhou Ganshi
Chairmen: Chen Yutang Liu Jiasheng
Committee Members: (in order of Chinese surname stokes)
　　　Yu Peiting　Wang Peng　Xu Quan　Xu Chongguang
　　　Zhu Zhenhui　Li Jialin　Chen Yixin　Yu Wanjun　Luo Meng　Guo Renzhong
　　　Zhao Chongren　Zhao Penglin　Huang Ting　Xiong Songchang
Chief Editor: Wang Peng
Vice-chief Editor: Chen Yixin
Editors: Chen Yixin　Huang Weiwen　Li Ming　Zhu Wenbo　Guo Yongming　Dai Songtao
　　　Wang Xiaoping　Xu Jinsong　Cheng Xiaoping　Zhang Jianhui

1996 年之前的中心区规划研究	Planning before 1996
1996 年核心段城市设计国际咨询	1996: International Urban Design Consultation for the Central District Core Area
1997 年中轴线公共空间系统规划	1997: Urban Design of the Public Space System along the Central Axis (PSSCA)
1998 年 22、23-1 街坊城市设计	1998: Urban Design Guidelines for Blocks 22 and 23-1
1999 年城市设计、交通、地下空间综合规划国际咨询	1999: International Consultation for Urban Design Traffic and Underground Spaces
2000 年深圳会议展览中心重新选址研究	2000: Shenzhen Conference and Exhibition Center Site Selection Research (SCEC)
2001 年深化完善中心区城市设计	2001: Urban Design Refinements
2002 年深化和实施	2002: Further Refinements and Implemention of Projects

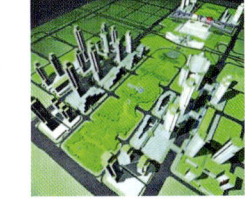

1986 年确定中心区选址范围	Central District Site Selection: 1986
1989 年四个概念方案	Four Concept Schemes: 1989
1991 年综合规划方案	Integration Planning Scheme: 1991
1992 年《控制性详细规划》《交通规划》	Control Planning: 1992
1994 年《中心区城市设计》	Urban Design: 1994

| 美国李名仪／廷丘勒建筑师事务所 John M.Y.Lee & Michael Timchula Architect, USA | 法国建筑与城市规划设计国际公司 S.C.A.U. International, France | 香港华艺设计顾问有限公司 Huayi Design Consultant, Hong Kong | 新加坡雅科本建筑规划咨询顾问公司 Archurban Design & Management Services, Sg |

优选 winner

日本黑川纪章设计事务所 Kisho Kurokawa architect, Japan	交通规划研究地铁选线研究 Research on Transportation and the Subway	市民中心及广场设计 Design of City hall and Square	购物公园设计 Design of the Commercial Park
		市政设计调整 Infrastructure Modification	文化设施设计 Design of Four Cultural Facilities
美国 SOM 设计公司 Skidmore Owings & Merrill, USA	编制法定图则 Draft Statutory Plan SP	行道树规划设计招标 Planning for Street Trees	岗厦村改造策略前期研究 Gangsha Village Renovation Study

| 德国欧博迈亚工程咨询公司 Obermeyer Planen +Beraten, Germany | 美国 SOM 设计公司 Skidmore Owings & Merrill LLP, USA | 日本 日本设计公司 Nihon Sekkei, Inc. Japan | 岗厦改造规划 Gangsha Village Renovation Plan |

优选 winner

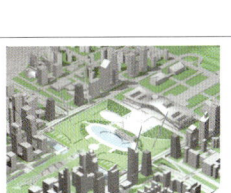

| 会展中心在南中轴尽端选址并设计招标 SCEC Relocated to S End of Central Axis and Designed | 南中轴两侧水系可行性研究 Feasibility Study of the Central Axis Sunken Water System | 福华路地下街研究与设计 Fuhua Underground Street Study and Design | 城市电脑仿真系统的应用 Urban Computer Simulations |
| | | | 建筑单体设计 Design of Individul Buildings |

| 中心广场及南中轴项目研究 Centre Square and Southern PSSCA Primary Study | 二层步行系统完善研究 Pedestrian Overpass System Modifications | 街区城市设计深化 Urban Design Guidelines for Various Blocks | 城市雕塑规划 Public Sculpture Program Planning |
| | | | 莲花山生态资源调查评估 Lianhua Hill Eco Surveys |

| 中心广场及南中轴项目设计 Centrel and Square Southern PSSCA Design | 法定图则修编详细蓝图研究 The SP Update and Detailed Blueprints Study | 街道环境景观设计 Street Furniture and Landscape Design | 莲花山规划国际咨询及设计 Consultation for Plan of Lianhua Park |

本册内容在深圳市中心区城市规划设计体系及历程的示意
System and Evolution of the ShenZhen Central District Planning

目 录

引言 ··· 6
一、中心广场及南中轴建筑工程与景观环境工程设计方案征询 ········· 7
　(一)中轴线形态及商业空间演变过程的背景资料 ···················· 7
　(二)项目征询函 ··· 10
　(三)设计任务书 ··· 13
　(四)SOM公司概念设计方案 ·· 18
　(五)中心广场及南中轴规划重新调整 ······························ 39
二、中心广场及南中轴景观环境工程方案设计招标 ··················· 55
　(一)招标公告 ··· 55
　(二)投标邀请函 ··· 55
　(三)招标文件 ··· 56
　(四)投标方案 ··· 59
　　1.株式会社日本设计 ·· 59
　　2.北京土人景观规划设计研究所 ·································· 75
　　3.美国MAD设计公司／Balmori Associates联合体 ················· 119
　　4.深圳市城市规划设计研究院、香港阿特森泛华规划建筑与景观
　　　环境设计公司 ·· 137
　　5.中建国际(深圳)设计公司、PTW建筑设计公司、
　　　Mather Associates有限公司联合体 ····························· 142
　　6.马来西亚汉沙杨建筑工程设计公司、北方—汉沙杨
　　　建筑工程设计有限公司联合体 ·································· 153
　(五)方案评标会报告 ·· 159
　(六)入围方案征询意见 ·· 159
　(七)中标通知书 ·· 161
　(八)中标方案的修改意见 ·· 161
三、实施设计方案 ··· 162
　(一)中标方案修改 ·· 162
　(二)实施方案 ·· 168

CONTENTS

Introduction 6

1. Consult design proposal for architecture and landscape of Central Plaza and South Axis Project 7
   (1) Background information on the shape and the evolutionary process of central axis 7
   (2) Official project consult letter 10
   (3) Design program 13
   (4) Conceptual design proposal of SOM 18
   (5) Readjustment for the planning of Central Plaza and South Axis 39

2. Invite public bidding for the landscape design of Central Plaza and South Axis 55
   (1) Announcement of public bidding 55
   (2) Invitation letter for public bidding 55
   (3) Bidding documents 56
   (4) Bidding proposals submitted by: 59
      1) Nihon Sekkei, Inc. Japan 59
      2) Beijing Turen scape 75
      3) MAD/Balmori Associates 119
      4) Shenzhen Urban Planning & Design Institute 137
      5) China Construction International (Shenzhen) Design Company, PTW Architecture Design Company and Mather Associates Co.Ltd. 142
      6) North-Hamzah-Yeong Architectural Engineering Design Co.Ltd.Malaysia 153
   (5) Summary of jury conference 159
   (6) Consultation of pre-selected proposals 159
   (7) Notice of winning the bid 161
   (8) Amendment comments on proposal winning the bid 161

3. Executive design 162
   (1) Amendment of proposal winning the bid 162
   (2) Executive design 168

引言

深圳市中心区中心广场及南中轴建筑与景观环境工程，因其规模宏大和位置显要而成为市政府重点工程，是中心区的脊梁骨。它位于市民中心和会展中心两大标志建筑之间，是深圳未来最大、最重要的城市广场。该项目集商业娱乐、大型广场、休闲绿地、旅游观光、城市标志等多功能于一体，与地铁、公交枢纽站等城市公共复合空间直接连接。面对如此重要的项目，我们深感自己肩上的历史责任重大。自2000年起，我们开始了中心广场及南中轴建筑与景观整体设计研究，确定了统一设计、统一建设、统一管理的实施方针和建设模式。但由于2003年上半年对该项目的规划调整，使该工程的建筑与景观环境分开设计和建设。预计2004年完成该项目施工图设计，2006年底竣工。

本书记载了2001年至2004年该项目设计方案征询和国际招标的过程，作为承上启下的一个环节，包括了在原《深圳市中心区城市设计与建筑设计1996–2002》系列丛书第2册《深圳市中心区中轴线公共空间系统城市设计》、第3册《深圳市中心区城市设计及地下空间综合规划国际咨询》、第5册《深圳市民中心及市民广场设计》及第9册《深圳市中心区专项规划设计研究》(第6章：中心广场及南中轴建筑方案设计前期研究)基础上开展的后续工作及成果。尽管规划设计并不会一蹴而就，特别是一个新中心区的规划实施和建设成长需要几代人的不懈努力，但该项目的首次实施将成为中心区中轴线公共空间景观的"支撑"，并为今后的逐步完善奠定稳固的基础。相信只要我们一如既往、勇于探索、持之以恒，中轴线完整实施后的总体效果一定会成功。

一、中心广场及南中轴建筑工程与景观环境工程设计方案征询

（一）中轴线形态及商业空间演变过程的背景资料

1. 中轴线概念的确定

1996年8月，由当时的城市规划顾问专家提议举行深圳市中心区核心地段城市设计国际咨询，吴良镛、周干峙等5位国内外专家，从来自美国、法国、新加坡、香港的四家设计机构方案中，推选美国李名仪／廷丘勒建筑师事务所方案为优选方案，并得到深圳市政府的确认，为中心区确定了总的形态布局和很多为日后所继承和发展的设计概念，诸如250m宽连续起伏的中央绿化带（地下全部为车库）、水晶岛、太阳能屋顶的市政厅、社区购物公园、二层步行商业街、中轴线二层人车分流交通体系等等。

2. 中轴线方案的深化

1997年7月，深圳市规划国土局接受专家建议，委托日本黑川纪章建筑师事务所进行中心区中轴线公共空间系统的详细规划设计。黑川纪章应用共生理论，提出了生态—信息轴线的概念，将中轴线设计成立体复合的由一系列公园、广场和开发空间组成的城市公共空间系统（地下商业开发面积第一次概念设计为70万m²，方案修改为35万m²）。吴良镛、周干峙为首的国内外专家多次听取汇报并形成评议意见分别如下：

1997年10月召开的深圳市中心区建设项目方案设计汇报暨国际评议会受邀专家吴良镛、周干峙、亚瑟•埃里克森、李名仪、潘祖尧、钟华楠，评审意见（详见本丛书第

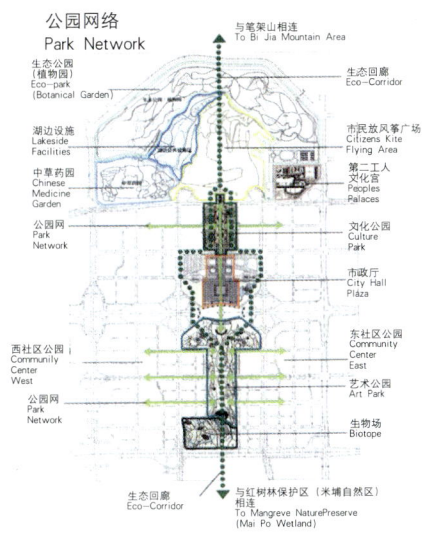

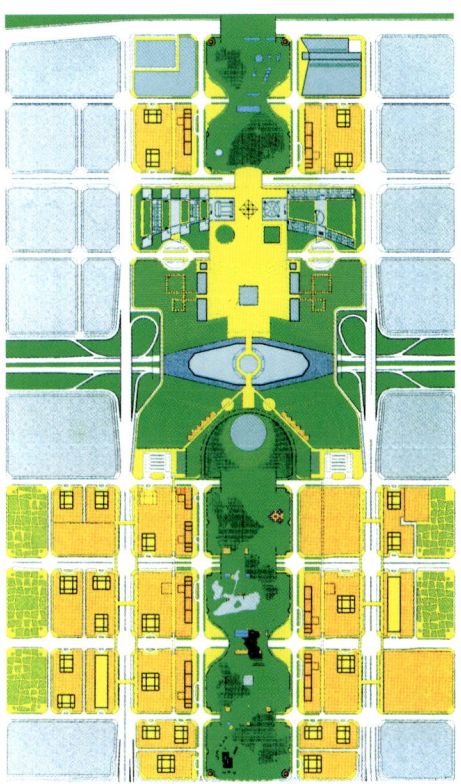

2分册P33）：

（1）评委们认为，中轴线空间概念设计中考虑生态—媒体的时代特色，并组成有韵律的空间结构等方面的思考是杰出的。

（2）具体技术问题如南中绿化带仍应以绿化为主，商业街及信息业规模应适当。人造土，也应考虑其造价和管理问题，宜于由小到大，逐步试验，比例不能过大。

（3）有的评委还提出中轴线上绿地起伏不宜过于复杂，也不宜离两旁人行地坪过高，使人们尽量接触自然地面。

1998年5月召开的深圳市中心区中轴线公共空间、市民广场设计研讨会受邀专家吴良镛、周干峙、齐康、潘祖尧、陈世民评议意见如下：

（1）赞同黑川纪章先生在中轴线公共空间上运用生态和可持续发展的理论所做的园林景观的概念设计方案。

（2）中轴线北段与莲花山结合起来设计是好的。轴线的南端采用对称中有不对称，平衡中有不平衡的做法也很好。

（3）有专家认为南中轴仍需增加地面绿化。要解决好屋顶绿化和地下使用空间的连续性。

（4）有专家强调南中轴空间仍需考虑在较自由的布置下保持中轴线整体延续的感觉，做到有收有放，比例恰当。

（5）专家建议南中轴应向东西两侧的建筑群组渗透。（详见本丛书第2分册P58）

3. 中轴线方案的再研究

1999年5月，市规划国土局邀请美国、德国、日本三家国际机构就中心区交通规划的系统改进、地下空间开发规划、城市空间形体的整体协调这三大课题进行的城市设计国际咨询，1999年9月召开深圳市中心区城市设计及地下空间综合规划国际咨询评审会邀请周干峙、齐康、李名仪、Colin Fradd、Stefan Krummeck、卢济威、李晓江、潘国城、陈立道、陈志龙、郁万钧、赵鹏林组成专家评审委员会。以周干峙为组长的国内外专家推选德国欧博迈亚公司的方案为优选方案，方案在中轴线方面延续了地下开发商业的做法，并在两侧增加利于通风采光的下沉水系。评选意见认为：

（1）深圳本次规划具有以下重要战略意义：开发城市地下空间，结合城市设计，缓解城市交通，充分利用土地资源，加强民防准备，做好综合规划以指导建设。

（2）三个咨询方案按照基本要求提出了有较高水准的总体构思，不同程度地强调了以下几点中心区规划建设需要遵循的原则：以人为本，创造宜人环境；重视交通，公交优先，注意人行及自行车系统；在商贸办公区设地下公用空间及连通的步行系统

（3）专家组建议中心区的城市设计、地下空间开发要与地铁规划建设更紧密的配合，应考虑中心区引入另一条地铁的可能。地下空间设计一定要研究深圳地区的自然特点，如地质条件、气温、通风、温度以及台风对它的影响。

4. 中轴线与深南大道关系问题的研究

2000年11月深圳市规划国土局派专人赴南京、北京，向中国工程院院士周干峙、吴良镛、齐康三位先生就中心区中轴线城市设计方案进行咨询。三位院士对深圳市规划设计院在1999年德国优选方案基础上所做的中心广场及南中轴城市设计方案工作予以肯定，并提出指导性意见，主要如下：

（1）深圳市中心区中轴线与中心广场是代表深圳市中心区的重要构成要素，因此，中轴线在设计上的考虑非常重要，要吸收人类城市建设优秀文化遗产的精华，在体量尺度和空间层次比例上要反复推敲，形成符合环境尺度、有深圳特色的中轴线。

（2）基本同意中心区中轴线穿过深南路部分采用上跨形式，但以中间一条上跨形式为好。

（3）环境要整体考虑，尽量自然化，减少人工气息，加大绿化量和成品植物种植。

（4）市民中心南侧和北中轴平台地面以上部分竖向高度应尽量压低，尽量减少因中轴线的竖向抬高造成对市民中心景观上的影响，市民中心南侧的广场可参考中国传统建筑中"月台"的设计手法。

（5）水面设计要集中，避免琐碎细长，要使人们有亲水感。此外，中间设置为一条水系还是两条水系需要进行论证和比较。

（6）主次空间要清晰。广场周围要有界面围合，形成在中轴线上既有围合又有开放的空间。

（7）水晶岛核心区南北广场设计中的圆环形人行路采用"天圆地方"的设计手法，将中心区现有道路连接起来，这从功能和形式上看都值得赞成。

（8）水晶岛核心区南北广场设计中要增加喷泉和雕塑的设计，要先研究设计，再逐步实施。

（9）水晶岛要最后建设，设计方案要采取设计竞赛形式确定。

（10）历史上著名的城市设计都是慢慢实施且不断修正才形成良好效果的。因此，深圳市中心区内的空置地块政府要控制，尽量避免完全由开发商建设，建设项目的性质

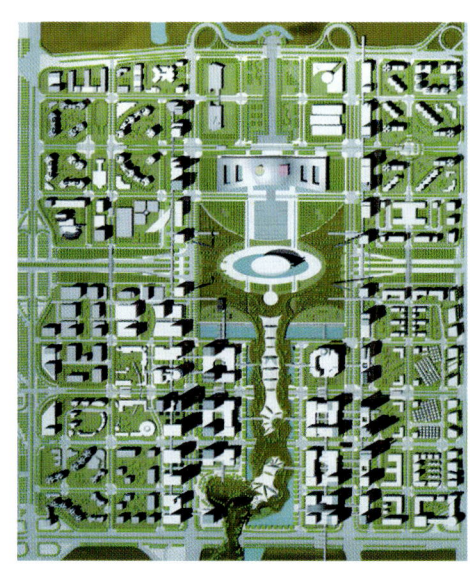

确定和开发量要研究分析和控制,政府可先建设和控制重要的和近期必须开发建设的项目,但不要急于一次完成中轴线的整体开发和建设,应逐步完善。

5. 中轴线城市设计审批

在上述历次中轴线规划和城市设计成果的基础上,2000年由深圳市规划院汇总成中心区法定图则(第二版)NO.FT01—01&02/02,于2002年11月通过深圳市城市规划委员会授权的法定图则委员会2002年第三次会议审批。在此之前,中心广场及南中轴整体城市设计于2000年12月通过深圳市城市规划委员会的建筑与环境艺术委员会2000年第九次会议审批。

6. 南中轴商业开发

2000年2月前后深圳市政府根据中心区城市设计和法定图则,决定将中心区中心广场南片及南中轴的两个地块依次分别出让给深圳市商贸控股公司、香江集团公司和融发投资有限公司。三家公司的发展规模根据由深圳市城市规划委员会批准的中心区中轴线城市设计确定。

2002年10月,按照深圳市规划与国土资源局要求中心广场及南中轴要统一设计和同时建设的想法,规划与国土资源局与三家发展商在1999年参与中心区城市设计的三家国际设计机构中根据三家设计机构回复函中的设计团队、主设计师作品、总设计费报价等情况研究决定选择美国SOM设计公司组成的设计团队承担中心广场和南中轴的工程设计工作。

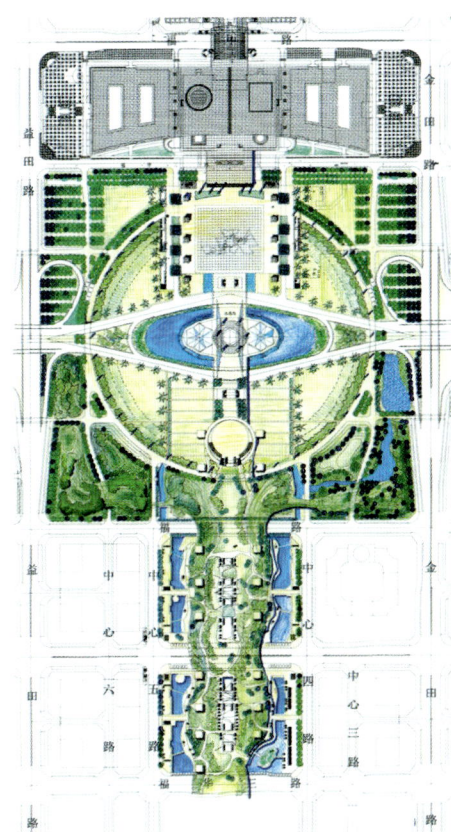

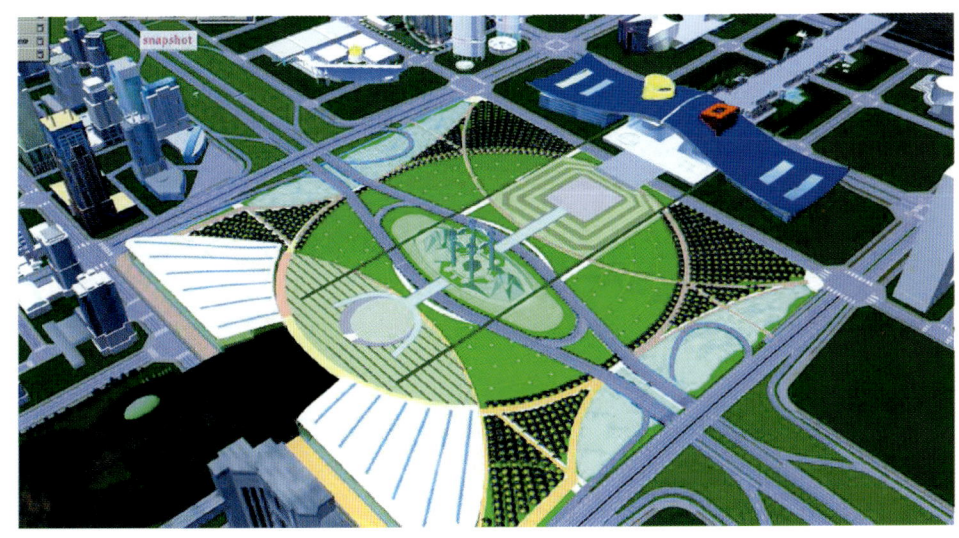

（二）项目征询函

日本设计公司：
美国SOM设计公司：
德国欧博迈亚设计公司：

作为深圳城市规划建设重中之重的市中心区城市设计即将付诸实现，我局按照深圳市政府的指示，现进行征询意见和选择设计公司（兼实施全过程技术总协调）的工作。

1999年深圳市中心区城市设计及地下空间综合规划方案国际咨询确定德国欧博迈亚设计公司优选方案，2000年我局组织城市规划、交通研究部门共同制定了中心广场及南中轴城市设计方案作为本项目设计的基础资料。我们计划未来四年内建成中轴线复合空间系统，中心广场及南中轴工程即将进入建筑方案设计和整体环境设计阶段。鉴于德国欧博迈亚设计公司、美国SOM设计公司、日本设计公司在国际上的声望和对中心区规划与城市设计的了解，我局决定邀请你们三家公司作为深圳市中心区中心广场及南中轴工程建筑方案设计和环境设计的候选公司进行征询意见。

1.项目用地范围

本项目任务范围为中心广场和南中轴。中心广场包括33—2（市民广场）、33—3（水晶岛）、33—4（南广场）；南中轴包括33—6、19号地块，共计五个地块。地块总用地面积约45.6hm²。

2.任务组成

（1）建筑工程：完成该项目建筑设计方案，并担任该项目初步设计、施工图设计和土建、安装工程过程的技术总协调。

33—2地块为地上一层和地下一层，共两层车库，在方案设计中应充分考虑与该地块的交通、标高的连接。

33—3地块（水晶岛）可结合整体构思，提出概念设计方案。

福华路地下商业街与南中轴交接段作为主要的连接东西向和南北向地下商业空间的交通枢纽，在方案设计中应充分考虑与该区域的衔接工作。

中心广场及南中轴建筑功能一览表

地块号	地块面积（万m²）	建筑占地面积（万m²）	建筑面积、层数（m²）		主要功能	设计工作深度要求	
						建筑	景观环境
33—2	16.07	3.2	64000	地上一层	停车库	设计衔接工作及实施总协调	方案设计、初步设计、施工图设计及实施总协调
				地下一层	停车库		
33—3	3.09	3.09	16200		展览、观景、标志	地上标志物作为方案概念设计，地下一层与33-2、33-4连通并同时实施	
33—4	17.91	6.0	15000	地上一层	商业	建筑方案设计及实施总协调	
			60000	地下一层	商业		
			60000	地下二层	停车库		
33—6	4.33	2.37	20000	地上一层	商业	建筑方案设计及实施总协调	
			23700	地下一层	商业		
			16900	地下二层	停车库		
福华路与南中轴交接段	1.25	1.25			人流交通枢纽、商业、娱乐	地下一层设计衔接工作，可提供建议方案及实施总协调	
19	4.23（公交枢纽站占地0.7万m²）	2.47	15000	地上一层	商业（20条线路公交枢纽站）	单体建筑方案设计及实施总协调	
			24700	地下一层	商业		
			24700	地下二层	停车库		
合计	(33—2、33—3、33—4、33—6、19）共计约45.63		(33—4、33—6、19）共计约260000				

33—4、33—6、19号地块已明确功能、建筑规模,这三个地块的建筑设计成果应达到单体建筑方案设计的深度。

(2)景观环境工程:完成该项目用地范围内的全部环境景观工程(包括屋顶绿化及两侧公园、水系等)的方案设计、初步设计、施工图设计,并在施工过程中担任技术总协调。

我局对该项目的城市设计、交通组织、水系可行性等问题进行过详细研究论证。所有研究成果将载入该项目设计任务书,在此不作赘述。

3.要求复函内容

请你公司依据该项目简况复函以下三方面情况:

(1)你公司是否有兴趣参与该项目?如果你公司承接该项目,将如何组织项目的设计和工程技术总协调?说明你公司将和哪些专业公司合作(例如景观环境设计公司),合作工作方式和常规的设计费分配比例。

(2)提供将在该项目中担任主要设计师的资质、简历及主要作品。

(3)总设计费(含技术总协调费用)报价或说明取费计算标准和费率。要求列出各类收费清单。

我局将根据回函情况研究决定如何进行下阶段设计工作。

请各设计公司于2001年9月16日前将复函传真或E-mail给我局。

主要联系人:
黄伟文　电话:86-755-3785303
戴松涛　电话:86-755-3788085
传真号码:86-755-3788227
单位名称:深圳市规划与国土资源局
深圳市中心区开发建设办公室
邮政编码:518031
办公地址:深圳市振兴路6号建艺大厦5楼
E-Mail:vrsz@public.szptt.net.cn
感谢贵公司对于我们工作的支持与合作。

深圳市规划与国土资源局
2001年8月31日

项目用地范围示意图

深圳市中心区中心广场
及南中轴景观环境方案设计

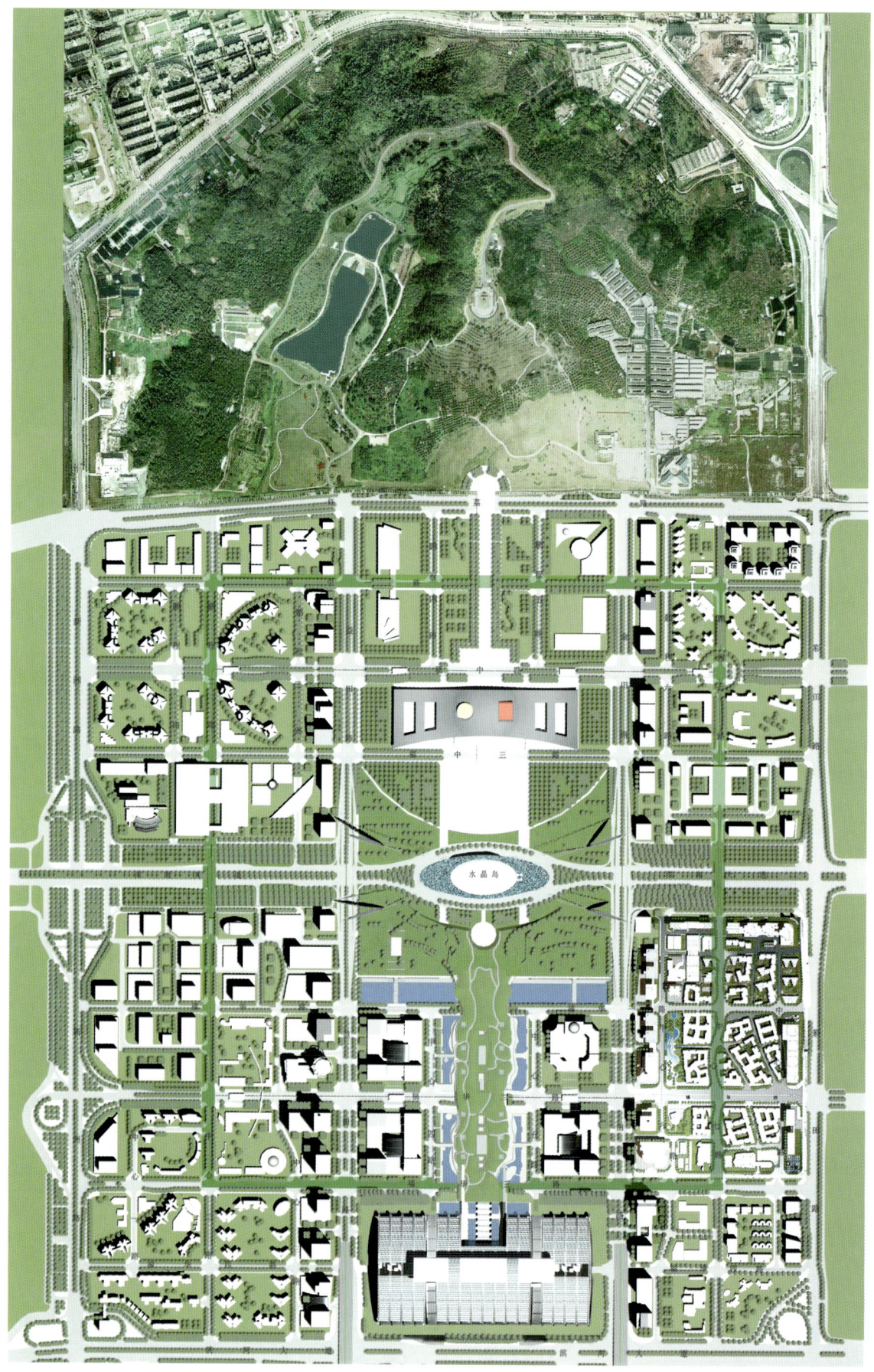

深圳市中心区规划总平面图

(三)设计任务书

本任务书作为设计合同的附件,对设计合同内容加以补充。本任务书分两部分:第一部分主要包括规划、交通、环境设计等城市设计要求。第二部分主要包括商业、娱乐空间的使用要求。此部分任务书将分为两次提出:第一次与设计合同同时提出;第二次概念设计成果评审后方案设计开始前提出。

第一部分

1. 项目概述

1.1 中轴线城市设计的发展过程

1996年深圳市中心区城市设计国际咨询中确定的美国李名仪/廷丘勒建筑事务所的方案为优选方案,该方案在中心区原有方格网道路的基础上,突出强调了南北中轴线作为中心区公共广场和景观主轴线。中轴线局部高架跨越主次干道,地下一层停车库,屋顶形成人工绿化和自然绿化结合的立体绿化轴。该方案在深府[1996]265号文件中得到市政府的确认。

1998年日本建筑师黑川纪章根据生态与信息共生的哲学观念,在李名仪优选方案的基础上对中轴线城市设计进行深化,采用多功能空间层次设计手法,提出了地上一层(商业)、地下二层(商业和停车,直接与地铁站相连通)、屋顶绿化的复合型绿化轴。该项成果于深规土[1998]716号文件市政府批准同意为实施方案。

1999年5月中心区城市设计及地下空间综合规划国际咨询中,德国欧博迈亚公司方案被选为优选方案,即在黑川纪章复合型绿化轴的基础上,增强了中心广场的整体性和步行系统的连续性,增加了南中轴两侧的水系设计。

2000年深圳市规划院在上述发展过程和成果的基础上,结合中心区开发建设的实际需求,形成可操作性较强的城市设计整体框架,该方案于2001年2月通过市规划委员会的审定。

此为本项工程设计的前提条件。

1.2 项目概述

1.2.1 项目定义(详见工程设计合同)。

1.2.2 本项目设计是对深圳传统建筑设计和城市公共空间观念的一次挑战,需要通过深入的城市设计研究、正确的商业策划分析、适当的生态环保技术应用、景观设计与公共艺术的全程介入,才能创造一个代表21世纪深圳城市发展成就的、使城市社会效益、商业效益和环境效益得到综合体现的成功作品。

2. 任务组成及服务范围

详见工程设计合同。

3. 城市设计要求

3.1 设计原则

3.1.1 应将该项目和北中轴作为一个整体的城市空间来考虑,在功能、交通、景观等方面均应保持整体性。

3.1.2 应按照城市空间复合利用和塑造多层次城市空间景观的要求为市民提供多样化的场所和设施,应兼顾商业特点,创造具有商业与公共活动的复合空间,增强中心区的活力与吸引力,强化深圳城市特色。

3.1.3 在33—4、33—6、19号地块应以整体的购物中心业态形式考虑商业、娱乐设计。在室外环境景观中也要考虑作为购物中心休闲的补充设施。

3.1.4 应提供继承中国传统文化和反映深圳城市特质(如移民城市)的场所与设施。

3.1.5 在设计与实施过程中,应加强高新技术、新材料、新工艺的运用。

3.1.6 应按可持续发展的要求为未来发展留有余地,以适应不断变化的城市生活的要求。

3.2 各地块的总体布局及建筑退红线要求。

33—4地块

该地块建筑须与中心区南北向主轴线保持协调;建筑南侧在福华一路可不退红线;紧靠建筑东侧和西侧边线须各设置不小于6m宽公共车行通道连接公共广场内环路和福华一路,并要求分别与中心四路和中心五路相对。

须设置8厅以上多功能影院。

· 地下一层东侧和西侧须根据设计设置公共水系与南侧相邻地块连接。

· 地下一层须设置公共通道与南北侧相邻地块连接。

· 地上一层屋面作为公共绿化公园,必须局部保证不小于2m覆土,并预留种植高大树木和行驶载客电瓶车的荷载。

· 地下车库应考虑中型货车和标准垃圾运输车出入。

· 须考虑与周边地块项目二层步行系统的连接。

· 地块须设置24小时通行公共楼梯不少于四座,并配置24小时运行垂直残疾人电梯不少于两部;地上一层和地下一层须设置全天开放公厕不少于四座。

33—6地块

· 该地块南侧和北侧不退红线,东侧和西侧各退用地红线不小于40m作为公共水系和堤岸的用地。

· 该地块地下一层设置不小于12m通道与南北相邻地下商业空间连通。

· 地块须设置24小时通行公共楼梯不少于四座,并配置24小时运行垂直残疾人电梯不少于两部;地块地上一层和地下一层须设置全天开放公厕不少于四座。

· 地上一层屋面作为公共绿化公园,局部须保证不小于2m覆土,并预留种植高大树木和行驶载客电瓶车的荷载。

· 该项目东侧和西侧地上一层建筑边缘线须退地下一层建筑边缘线6~12m。

· 该地块项目处于南中轴商业和福华路地下商业的交汇处,必须考虑与周边地下空间的相互连续,并应作为中央枢纽空间来设计。

· 须考虑与周边地块项目二层步行系统的连接。

19号地块

· 地上一层靠福华路一侧设置公交枢纽站。

· 该地块南侧和北侧不退红线,东侧和西侧各退用地红线不小于40m作为公共水系和堤岸的用地。

· 该地块地下一层设置不小于12m通道与南北地块连通。地块须设置24小时通行公共楼梯不少于四座,并配置24小时运行垂直残疾人电梯不少于两部;地上一层和地下一层须设置全天开放公厕不少于四座。

· 地上一层屋面作为公共绿化公园局部须保证不小于2m覆土,并预留种植高大树木和行驶载客电瓶车的荷载。

· 该项目东侧和西侧地上一层建筑边缘线须退地下一层建筑边缘线6~12m。

· 须考虑与周边地块项目二层步行系统的连接。

· 充分考虑行人与会展中心地上一层、地下一层的直接连通。

3.3 交通组织

在充分利用现有道路交通设施的前提下，合理组织与安排道路与各类交通设施，建立立体化的综合交通体系，便于多种交通方式安全、高效、便捷地接驳与换乘。

3.3.1 中心广场与深南路的关系已经确定保留金田路、益田路与深南大道的跨线立交，拆除原有两条左转匝道。金田路、益田路与深南大道在地面采用平面交叉的形式。

远期根据交通量的大小决定将深南大道通过性快速交通在金田路以东和益田路以西下穿通过市民广场和水晶岛，并预留与南北广场地下停车库的连通。

3.3.2 人行系统组织

1) 该项目设置连续的地下一层人行系统，即从市民广场到会展中心的地下一层全部贯通。在可能条件下，考虑用水平输送带连接33-4与19地块。

2) 二层人行系统从市民中心到会展中心保持连续。

中轴线设置连续的二层人行系统，形成从莲花山到会展中心完整的二层人行系统，环境设计应保证二层人行系统的连续与贯通。二层人行系统在跨越主次干道时的标高以保证市政道路净空5.5m为前提，具体标高和边界处理可根据方案构思来确定。

3) 地面人行系统

建议充分利用现有的下穿深南大道的非机动车道与新设计的人行系统连接起来。

4) 无障碍设计

结合设计方案和交通组织，合理安排残疾人使用的连续的无障碍系统。

3.3.3 机动车交通组织

1) 该项目的机动车主要从福中三路、深南大道、福华一路、福华路、福华三路进出。

2) 所有停车库出入口为右进右出交通组织方式，并要求保证中型货车和垃圾专用车进出。

3.3.4 地铁和公交

1) 地铁

与设计范围相关的地铁站点有：会展中心站（1号线与4号线站的垂直换乘站）、市民中心站。

2) 公交枢纽站

19地块内规划有公交枢纽站，该公交站需占地面积约7 000m²，在适当位置布置售票、调度房等配套用房。规划安排约20条公交线路。公交站出入口安排在福华路。并设置方便的垂直交通系统与地下一层和地上二层步行系统衔接。公交枢纽站与地铁会展中心站应有便捷、顺畅的步行通道联系。公交枢纽的布置应使会展中心和地铁车站的客流方便进出或通过商场。公交枢纽应尽可能减少对商场沿街立面的占用。

3) 公交停靠站

设计范围内深南路、福华一路、福华路、福华三路及中心四路、中心五路两侧设公交停靠站。以下所指公交停靠站均位于该项目相邻路段范围内。具体要求如下：

中心广场的公交停靠站设在水晶岛两侧的辅道，站台长度按40m控制。

福华路南中轴段南侧公交停靠站设置在19地块公交枢纽内，北侧为港湾式停靠站，站台长度按40m控制。

福华三路南中轴段两侧公交停靠站为港湾式，站台长度按26m控制，北侧停靠站结合19号地块地下车库出入口设计。

福华一路南中轴段预留港湾式停靠站，站台长度按26m控制，站台位置结合两侧地下停车库出入口设计。

中心四路、中心五路设置港湾式停靠站，站台位置结合用地两侧步行通道位置及地铁四号线会展中心站出站口位置综合安排，停靠站按港湾式停靠站考虑。

3.4 水系

1) 根据城市设计方案，在该项目中设置水系。水系的技术可行性报告已通过专家研究审定。水系能大大改善整个中心区的生态和环境质量，起到美化环境、调节气候、满足人的亲水性、改善地下空间的利用条件等作用。同时，水系也可作为消防备用水、空调冷却用水、市政用水及备用水源等用途。

水系的设计应包括以下内容：水系的规模与布局，水系的标高和系统设计，水系的岸线处理、水边景观设计，水系水源的确定以及水系的维护管理及水质消毒处理设施等的设计。

2) 水系应作相互连通方式考虑，从33-4地块一直延续到会展中心，地块之间两侧的水系连通。水系的具体布局与规模在本工程设计中确定。

3) 水系底板标高同地下一层商业的地面，水系两侧应设计连续的滨水人行系统，主要包括人行步道及相应的休闲设施。

4) 水系的水面宽度可控制在20m至35m之间，具体部位的宽度可根据方案设计确定。

3.5 绿化系统

绿化景观设计必须体现中国传统园林设计的意境及艺术手法。本项目中尽可能提高绿化覆盖率，绿化应体现亚热带地区城市园林特色。

中心广场两侧公园以大片草坪结合观赏植物形成与市民中心相匹配的开放空间，在广场周边种植高大乔木，以绿化围合广场，形成对广场的界定。市民广场的绿化配置应相对规整，南广场可比较灵活自由。南广场东、西两侧可利用人工堆山，形成地形的起伏，既为市民提供最佳观赏点，又增加绿化的空间层次。

屋顶上设置合理的覆土厚度，使屋顶绿化貌似自然绿化。绿化配置要求给四季不分明的深圳增加季节性变化的因素。

建议在地面一层及屋顶绿化中考虑电瓶车或其他无污染的小型观光车的路线。

3.6 中心广场功能与风格

市民广场、南广场在功能与风格统一协调的基本原则下，各自有所侧重。

市民广场以政治活动、节庆典礼为主，整体风格偏向于严谨、规整。

南广场以市民活动为主，整体风格偏向于活泼、自由。具体活动安排主要包括经济活动、文化活动、市民生活、观光旅游、防灾避难等内容。

对大型庆典、集会、游行以及烟火燃放等广场主要活动应提出流线与场地的安排。

环境设计中应为未来的发展与变化留有充分的余地。

3.7 环境设计总体深度要求

景观环境设计方案应对中心区中轴线的整体空间序列作总体的安排，体现源远流长的中国文化和哲学思想，形成从莲花山到会展中心完整的中轴线空间景观序列。同时景观环境设计应考虑建筑、小品、绿化和水系的室内外结合，以及商业、娱乐与休闲、文化、展示功能为主的城市重要景观轴线的结合。

1) 中心广场、南中轴立体绿化带及两侧公园交通组织和绿化组团的统一设计，要求设计详细的绿化组团植被名称、尺寸与比例关系和植被的季节性色彩搭配。

2) 要求确定各类交通组织形式的尺寸、铺砌形式和无障碍设计。

3) 确定水系的平面尺寸、标高，进行沿水堤岸、广场的详细设计。

4) 建筑小品、园林小品、标识系统（含标志牌、广告牌）、公共设施和地铁风亭、冷却塔设置形式的详细设计。

5) 声、光、电、监控、市政设施等系统的统一设计，提出中轴线的灯光夜景设计方案。

6）室外重要部位或装饰构件的详细装饰设计构造节点详图。

7）景观环境设计各构成元素实施工艺和控制原则。

3.8 市政管线与建筑设备

市政设施接自周边市政道路预留接口。须设置雨水收集、过滤、储存设施，用于绿化用水。

空调、电力、通风、供水等设施应按照不同需求分别设置回路或控制装置。

3.9 与地铁工程的协调

设计必须考虑地铁工程的现状条件，采取必要的保护措施。

4．设计成果

详工程设计合同

附：设计参考资料

- 中心区法定图则和详细蓝图
- 中心区市政工程设计
- 1999年中轴线公共空间系统城市设计
- 1999年中心区城市设计及地下空间综合规划方案
- 2000年中心广场与南中轴城市设计
- 水系研究
- 深南路下穿方案
- 福华路地下商业街设计
- 地铁会展中心站实施方案图
- 中心区雕塑规划
- 周边现有建筑工程设计的报建资料
- 地质勘察资料

第二部分

（投资商提出具体的商业设计要求）

19号地块

1）19号地块商场以经营高档百货和餐饮为主，具体布置、设置比例由设计单位建筑与商业策划设计人员提出专业意见。

2）19号地块地上一层和地下一层（包括福华三路连接体）为商业用房，拟经营主力高档百货店、服饰化妆品牌专卖店、新产品及名品展示区、休闲区、饮食区，层高6m地下二层为车库和仓储、设备用房，该层东西两侧的外轮廓可以延伸到水系堤岸，水系底板以下空间净空应满足小汽车通行，该层与地下一层对应的平面范围内层高8m，满足货车通行，并应为将来发展为大型仓储式超市预留必要的技术条件。建议增加地下三层为车库用房。

3）地下一层与会展中心之间的连接段及其他适当部位拟经营各类中外特色饮食，集聚全球美食精华，倡导世界美食文化。餐饮总面积10 000m²左右，设计时应有鲜明主题。考虑餐饮区的营业时间与商场的不同，水电、空调及出入口应满足与商场分开使用的要求。

4）各层商场应设置适度共享中庭，屋顶开设采光天窗。中庭、公共通道应考虑水景、园林等环境设计，适当考虑顾客休憩设施。在商场适当部位布置小食店。

5）地下一层贯穿南北的通道，应考虑到商场营业时间以外的通行和管理问题，道路宽度应尺度合理，结合人流组织需要和室内环境设计由建筑师确定，而不必强调不小于12m宽度。应分析公共通道对商场带来不利影响，并采取对策。

6）应分析会展中心开展和闭展期间不同时段商场消费群体的经营影响。避免商场尽端死角出现。

7）残障电梯应通达地下车库和各层商场，并且允许残障和非残障人士共用。公共厕所应与商场内专用卫生间一并考虑，其数量、规模由设计确定。建筑轮廓线以内的公共通道、楼梯间、电梯、公共厕所，设计应满足根据实际使用情况和管理需要灵活掌握开放时间。

8）商场的出入口既要方便吸引客流，又要便于商场安全管理。

9）公交枢纽的布置应该使会展中心和地铁车站的客流方便进出或者通过商场。公交枢纽应尽可能减少对商场沿街立面的占用，设计上应采取措施处理公交枢纽的废气排放、噪声，减少对商场的影响。

10）空调、电力、通风、供水等设施应按照管理使用人和使用时段的不同，分别设置回路或者控制装置，以便有效管理，节省能源。

11）本地块商场应有别于相邻地块的主题，其屋顶的园林景观主题应与本地块商场呼应。屋顶环境能够吸引游客驻足休息，屋顶与室内商场联系紧密。

12）19号地块与33-6地块之间的福华路连接段，与19号地块商场连接应畅通，过渡部位应衔接自然，尺度合理。应认真分析19号地块与福华路之间的电缆隧道对商场连接段的不利影响，并提出处理意见。

33-6地块

1．商业设计原则

1.1 把握大型商场（购物中心）的特征：统一性和全面性（综合功能）。

1.2 应考虑中心区内周围商业的状况。

1.3 充分考虑本项目所在南中轴商业中心位置及邻近地铁入口的特点。

2．市场定位

本项目给予优越的地理位置及较大的规模，拟建设成一个中高档的购物中心。充分表达现代购物中心的国际性、展示性、服务性、休闲性和文化性等商业和娱乐功能。

3．商业功能配比要求：

序号	功能	面积	占总面积(43 700m²)的百分比	备注
1	商业部分	32 775m²	75%	包括主力百货店、品牌专卖店、小型高档超市、食品店、便利店、家居饰品、服务、咨询等
2	休闲娱乐部分	4 370～6 555m²	10%～15%	包括咖啡厅、低成本的娱乐设施等
3	餐饮部分	4 370～5 244m²	10%～12%	包括品牌快餐、西餐厅等
4	停车库	16 900m²	/	停车库面积和层数可不限，增加部分设计费在设计合同签定后另行商定
5	其他辅助用房	/	/	设计师根据一般的规定确定包括货运、仓储、行政管理、设备用房等

4. 设计要求

4.1 在购物中心业态形式下，本地块要求的主题内容：潮流、时尚、典雅，新产品发布信息的中心。要求根据这些内容设计一个主题概念。

4.2 要进行建筑内的商业功能分析。通过设计获得一个理想的商业销售平面，满足商业娱乐活动的要求。商业包括一个核心主力百货店与其他商业娱乐设施。

4.3 合理而有效地组织人流交通，解决好各种流线之间的关系，包括步行人流明确及与地铁、附近商厦的衔接。

4.4 为了适应深圳市汽车拥有量的高速增加，为今后发展留有空间，充分利用好地下空间的开发，建议在该地块地下三层扩大停车库面积。

4.5 地下一层建议12m公共通道，不要人为定义为从南到北直通的公共通道，应该让建筑师根据地下人流组织及功能要求，根据设计师的思路考虑。

4.6 南北两端入口设置局部中庭，并以此连接室内主要通道及地上、地下商业空间。

4.7 公共开放的厕所、公共楼梯及残障电梯的设置位置及管理应充分考虑主体建筑的合用与区分。

4.8 在结构方面，尽量用单一柱网统一起来。确定适当进深和柱距，使面积划分具有灵活性。

4.9 合理有效地布置辅助用房，包括货运、行政管理、员工用房、空调设备、电气设备、防灾设备。

4.10 在垂直结构形式上，要求处理好中庭空间和步行系统之间的关系。处理好商业设施内环境设计，以赋予设施个性魅力。

4.11 在娱乐设施方面，除部分设施外，主要应选择低成本设施。可考虑引进外国一些新型、潮流、老、少、男、女都能使用的设施。

4.12 本地块除室内照明设计要满足展示商品的功能需要和美学的要求外，要着重考虑地上一层南北两主入口，局部中庭和地下一层主要通道，东西两侧水系旁边步行系统的夜间灯光效果。

4.13 停车库的设计要求：既要符合商业柱网尺寸的要求，又要符合地下停车场的需要，同时也要满足停车库消防法规的规定，及人防功能的要求。

4.14 本地块的节能设计要求：要从减少能源损耗和提高设备效率两方面考虑。

4.15 智能化设计要求：要符合技术先进、经济合理的原则。区内信息网络（电话、有线电视、保安监控、消防监控、物业管理及网络的宽带接入）要求按智能化系统设计。

4.16 广告和标识设计要求：外部标识，主要考虑招牌、广告及图案设计，除了增加艺术和美感之外，要能引导购物人流，指明方向。内部标识，主要是考虑功能性标志，以方便购物者确认位置和方向，如指路标、标志牌、报时钟、导游图。

33-4地块

1. 主要技术经济指标

1.1 总用地面积 76 370.3m²。

1.2 商业建筑面积约 72 000m²。

1.3 地面一层商业建筑面积约 12 000m²。

1.4 地下一层建筑面积约 60 000m²，包括营业面积、交通组织空间、公共通道等。

1.5 地下二层建筑面积约 60 000m²，可设置8厅多功能影院一座；其余面积建设为汽车超市、汽车美容店等。

2. 购物中心的主要规划功能

商业建筑面积约 72 000m²，主要规划功能由六部分组成：

2.1 主力店2个（百货公司和大型超市），占商业建筑面积约30%。

2.2 专业名店，占商业建筑面积约35%。经营名牌服装及其附属品、运动类商品、电脑及电子通讯产品、家用电器等。

2.3 休闲、娱乐、文化、服务店，占商业建筑面积约20%。经营运动商品、音像商品及器材、健身馆、电子游戏厅、儿童游乐天地等。

2.4 餐饮服务店，占商业建筑面积约10%。包括主题中西餐馆、咖啡厅、酒吧、风情食园等以及大型美食广场一个。

2.5 其他配套服务设施店约占商业建筑面积的5%。

2.6 8厅多功能影院、汽车超市及配套服务设施（未计入72 000m² 商业建筑面积中）。

以上主力店和专业零售店的建筑面积包含了室内公共交通走道、休闲景观绿化、表演促销场地、入口广场以及各主力店和专业零售店所需的配套仓库、办公室、会议室、休息室、更衣室、盥洗室等共用设施的分摊。

3. 设计总体要求

3.1 地面和地下建筑在服从中心区整体规划要求，与中心区环境相协调的同时，能体现自身特点，一方面对地块的整体环境作出贡献；另一方面能吸引顾客，考虑经济效益。

3.2 适应地方气候特点，设计富有创意，突出城市地下商业中心的标志性。

3.3 根据商业运营需要和室内采光需求，科学合理地设计该地块的环绕水系。

3.4 满足购物、饮食、娱乐及辅助服务等各方面使用功能的要求，便于项目的总体经营和统一管理。

3.5 交通设计便捷顺畅，解决好大型商业综合体人流、货流、车流的分流与集散，充分利用中心区规划中的交通设施，处理好地上交通与地下交通以及与前后其他商业设施的联系。

3.6 注重环境设计，处理好地上建筑与地下建筑的过程和衔接，创造环境优雅、空间丰富的购物中心。

3.7 充分考虑可持续发展的需要，使项目随未来社会的发展以及商业活动的变化，有适应性调整的可能；充分考虑项目建成后的可运营性，努力降低运营成本。

3.8 考虑地下空间的安全性设计，按规范要求设置出地面防灾通道和最快捷人流组织方式。

3.9 考虑地下空间的标识性设计，通过建筑空间的变化实现人的方位感和空间定位感。

3.10 考虑地下空间的舒适性设计，通过层高、共享共间、环境设计，克服地下空间给人造成的压抑感、不适感和恐惧感。

4. 建筑设计内容和要求

空间组织和交通环境设计方面：

4.1 地面均匀分布设计出入口与地面广场、周边道路衔接，以实现畅通的人流、车流、货流组织，人流出入口要尽量同地面交通站相近，并与商业大堂、过厅相结合。

4.2 车流及货物进出设单独通道及出入口，停车库同周边城市主干道相通，并设站台同商业中心相接，以方便出租车、大型游览车及顾客购物用车的停泊。

4.3 可根据产业空间的组织，布置设计主力店、零售店面及商业配套的休闲、餐饮、娱乐等功能，设计理念应突出以人为本，闹、动、静分区明确。

4.4 交通规则以流畅方便、无死角为原则，应结合中心区的交通组织合理安排车流和停车，尽可能同城市公共交通系统接驳，并保证人车分流。交通组织要求顾客流向、内部人员流向、货物流向清晰，主线明确。各种通道的宽度应适当，各功能分区布局应既明确又合理。

4.5 要结合地面市民广场的规划，尽量使地面的休闲、观光广场同地上、地下的商业购物中心取得自然的过渡；通过中心区水系、采光井等实现丰富的空间变化。

4.6 根据总体功能布局设计中央大厅和多个不同特色的中庭，作为水平和竖向交通的中枢，同时作为各种客流休闲、交流的场所，也是提供聚会、布置节庆、表演节目、举办展览和促销活动的主要场地，布置问讯台、电话、婴儿车出租、存包、自助银行等服务处。

4.7 各功能分区布局应满足人防、消防的技术经济指标要求，主力店的分区通过室内公共交通活动空间有机联系，在经济合理的前提下，各层高可适当提高，给人以开阔、舒适的感觉，同时实现良好的内部空间变换和人造景观设计。

4.8 建筑层高应满足功能要求，各功能区人行通道分流，楼层间人行交通通道主要采用自动扶梯，辅助以步行楼梯。设计要在人流集散方面能处理最大人流密度。楼层间设置部分专用货梯，用于批量货物的运输。

4.9 提供怡人的购物、饮食、娱乐环境，空间设计应既符合功能要求，又具有鲜明特色及个性。在适当位置设置绿化小品及休闲空间。

色彩与照明设计方面：

4.10 装饰设计以及室内外照明设计应体现各分区商业活动空间的特色格调，引入高科技的光控系统，创造多彩的气氛，起到吸引、引导、刺激消费的作用。

4.11 充分利用自然通风，并且应尽量使地下购物中心利用自然采光，减少电照明；尽量避免阳光直接射入室内，降低空调制冷能耗。

4.12 室外场地声、光、电系统应能满足夜间室外表演、庆典等功能，要使项目成为城市夜间具显著特色的景点。

(四)SOM 公司概念设计方案

场地透视图方案一

深圳市中心区中心广场
及南中轴景观环境方案设计

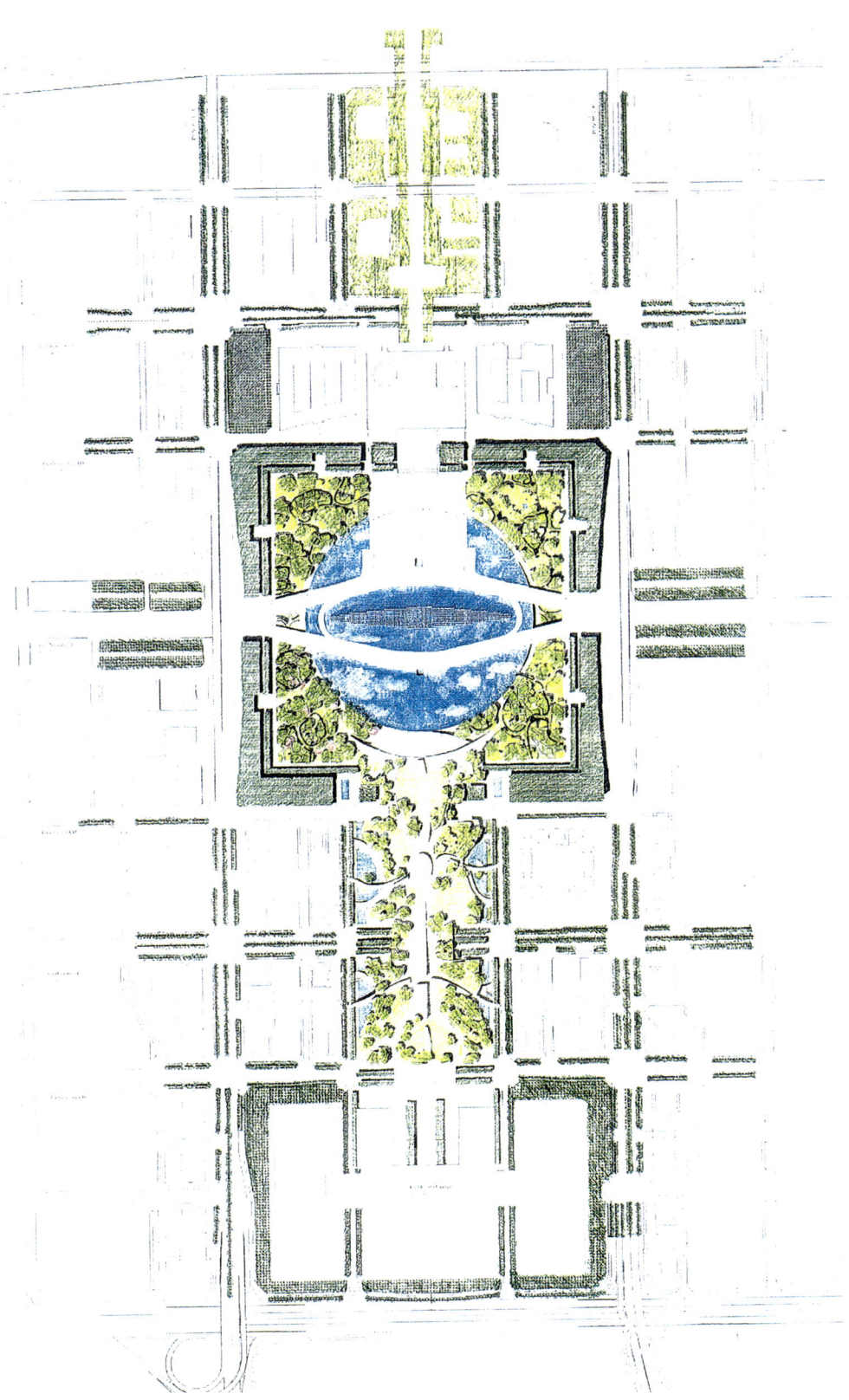

方案一 总平面图

深圳市中心区中心广场
及南中轴景观环境方案设计

方案一 屋顶层园林设计平面

深圳市中心区中心广场
及南中轴景观环境方案设计

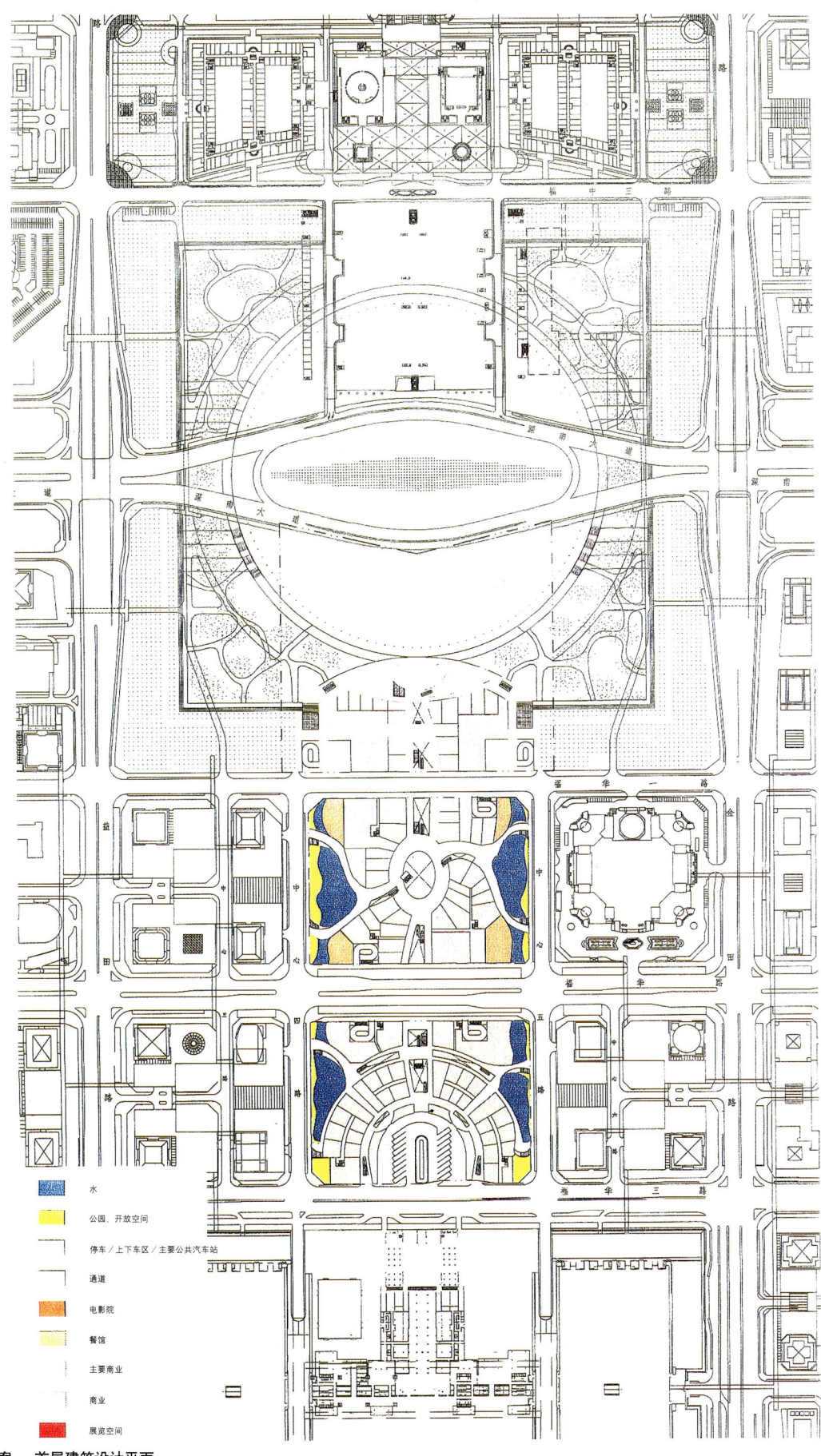

方案一 首层建筑设计平面

《深圳市中心区城市设计与建筑设计1996—2004》系列丛书

深圳市中心区中心广场
及南中轴景观环境方案设计

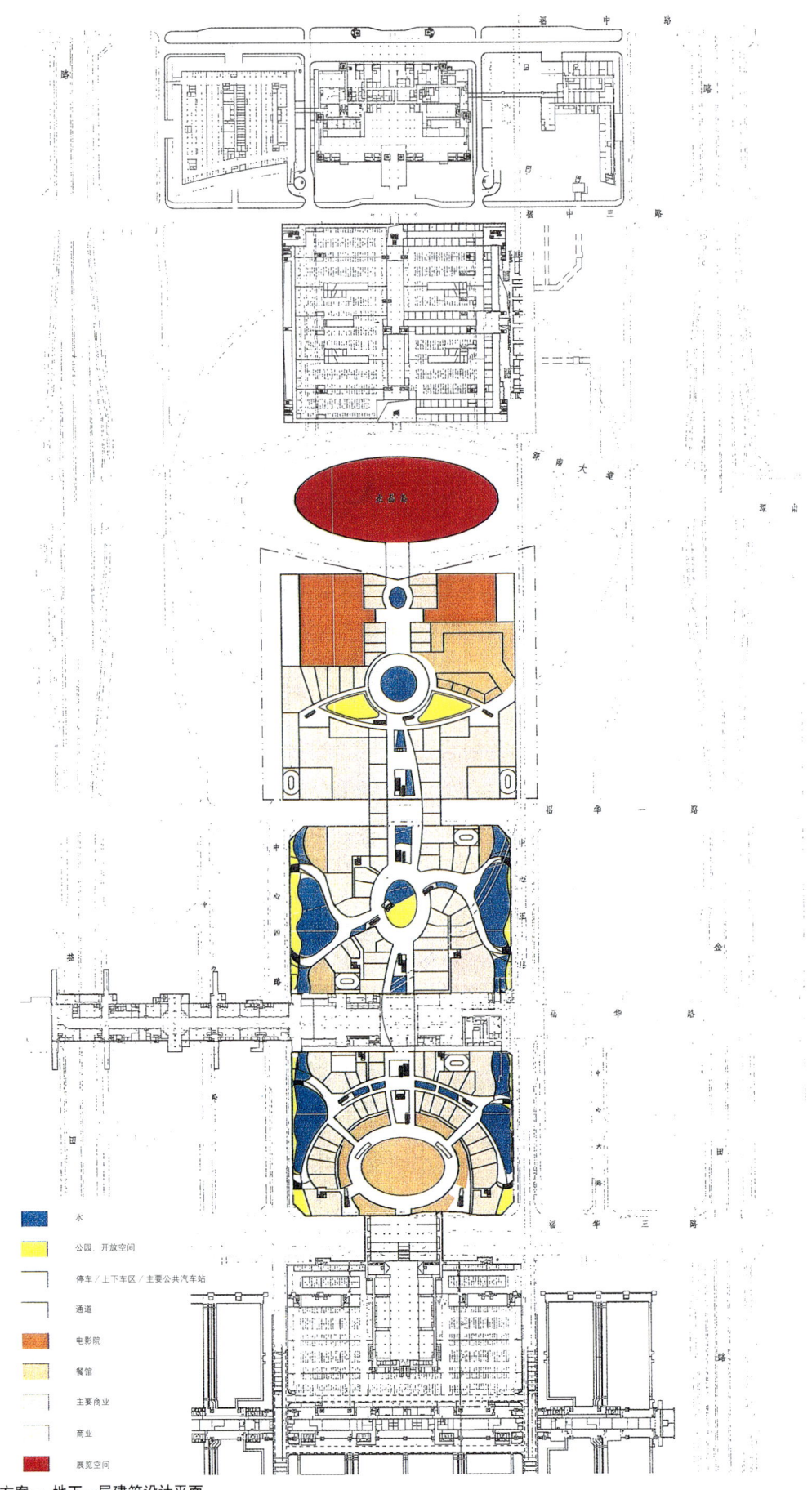

方案一 地下一层建筑设计平面

深圳市中心区中心广场
及南中轴景观环境方案设计

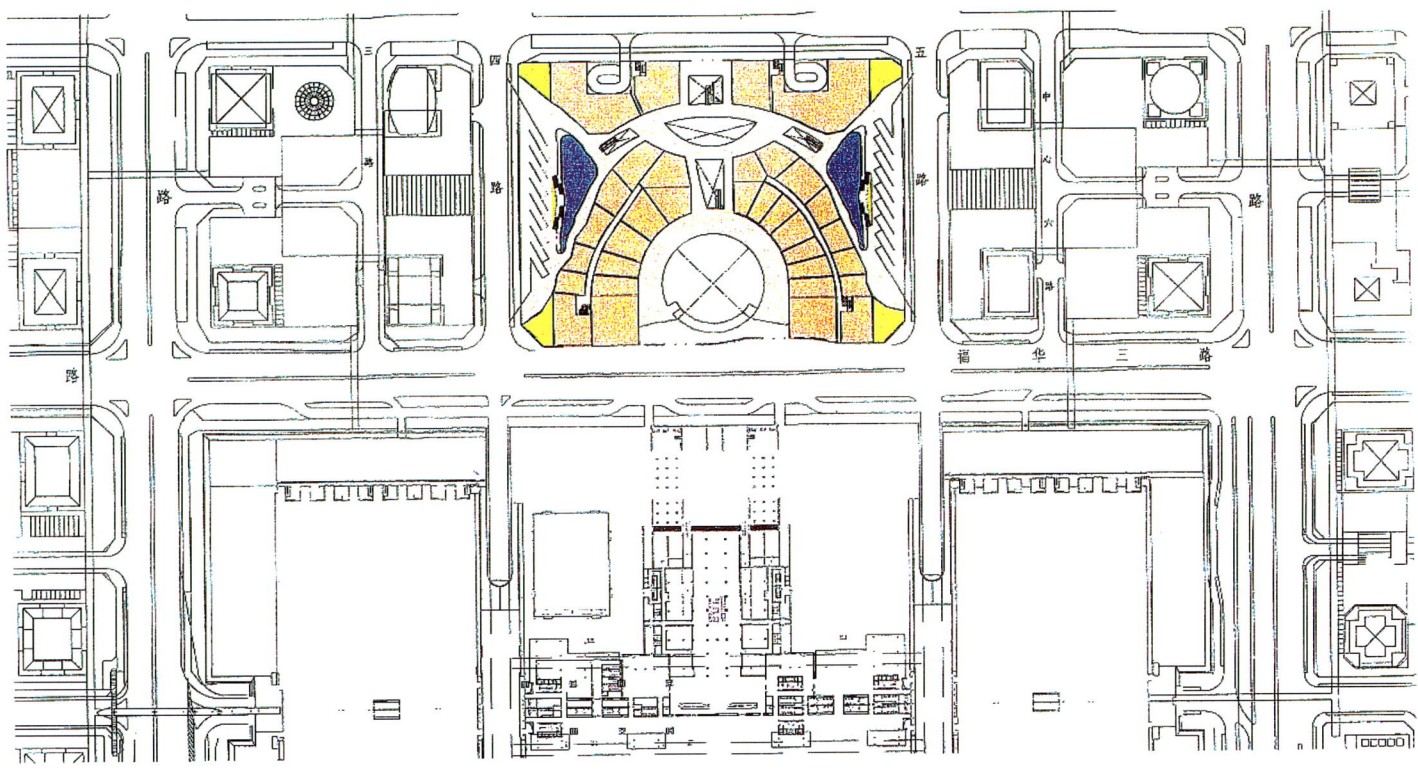

方案一 候选公交枢纽站首层平面图

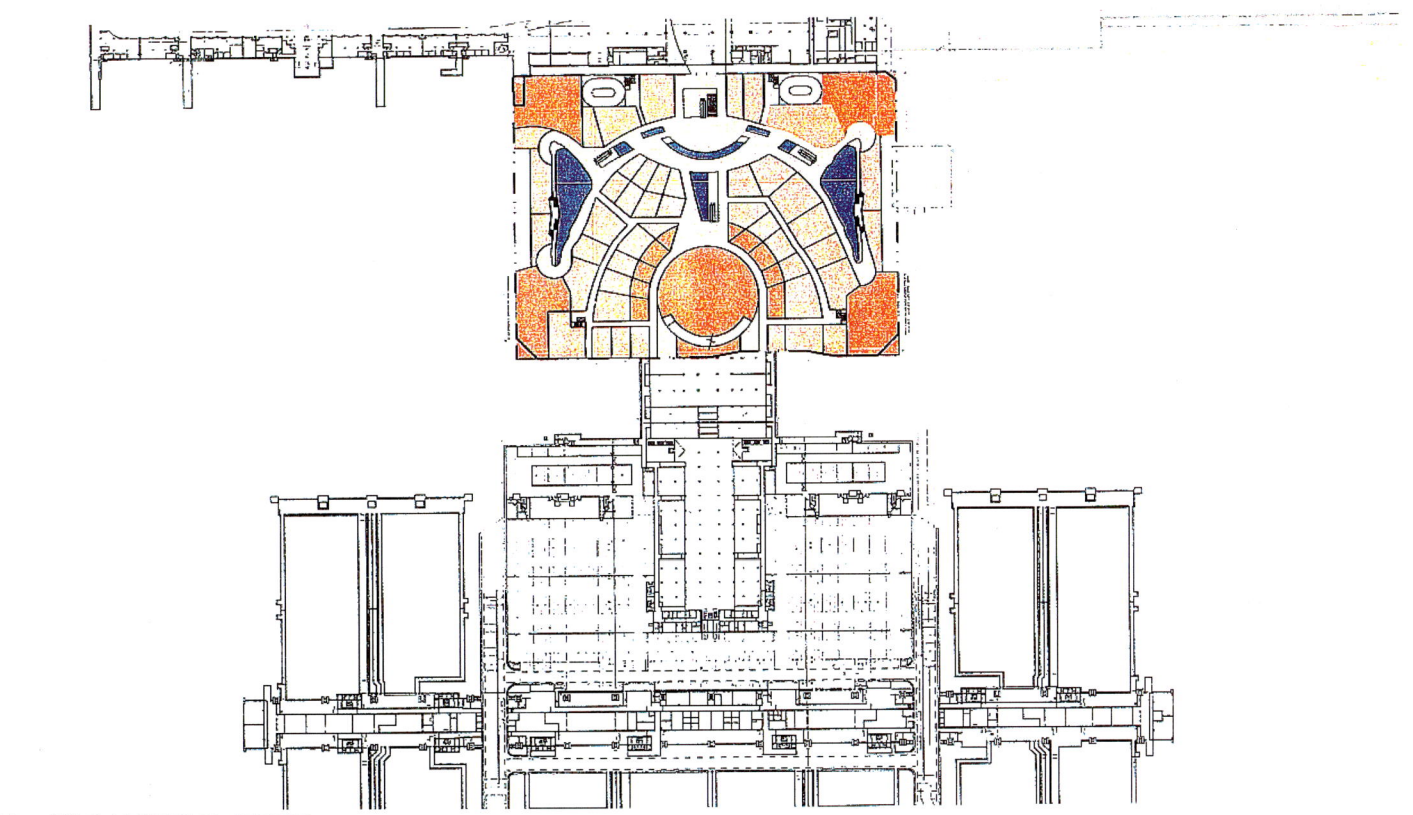

方案一 候选公交枢纽站地下一层平面图

《深圳市中心区城市设计与建筑设计1996—2004》系列丛书

方案一 商业娱乐设施室内透视

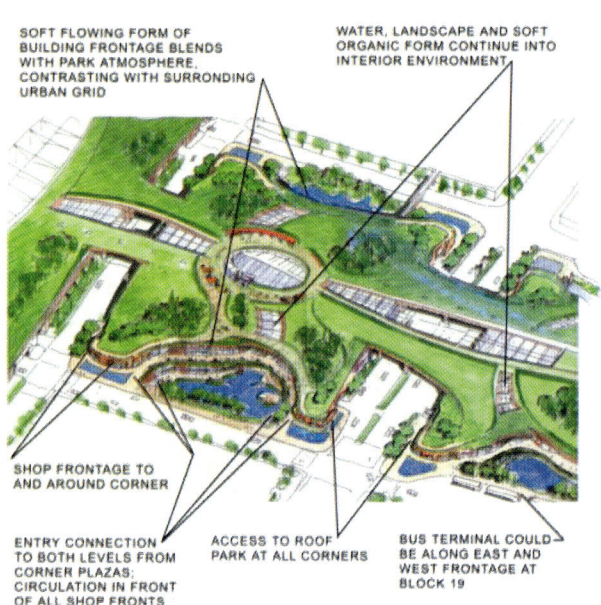

方案一 商业娱乐设施室外透视

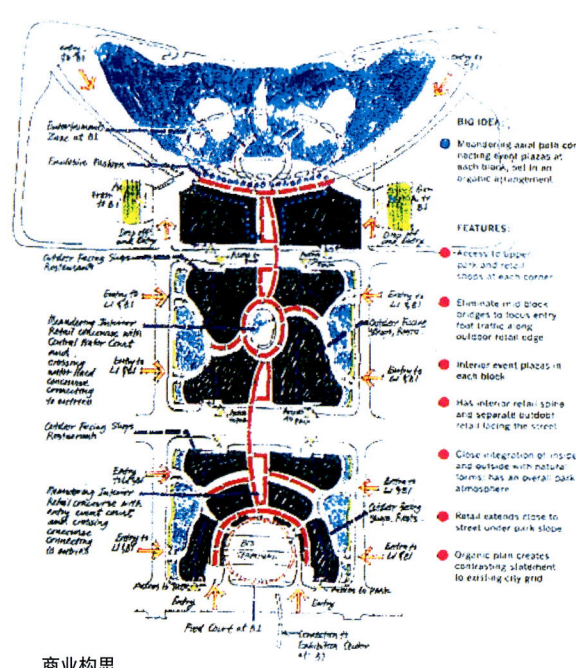

商业构思

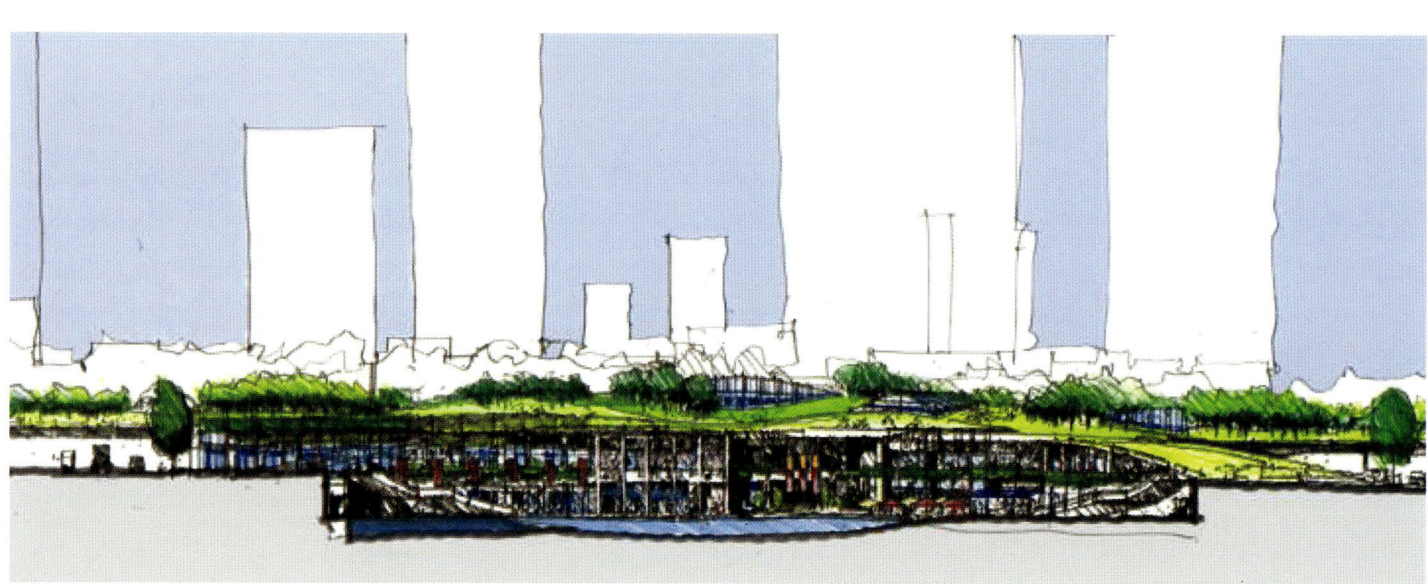

方案一 商业娱乐设施室外立面图

深圳市中心区中心广场
及南中轴景观环境方案设计

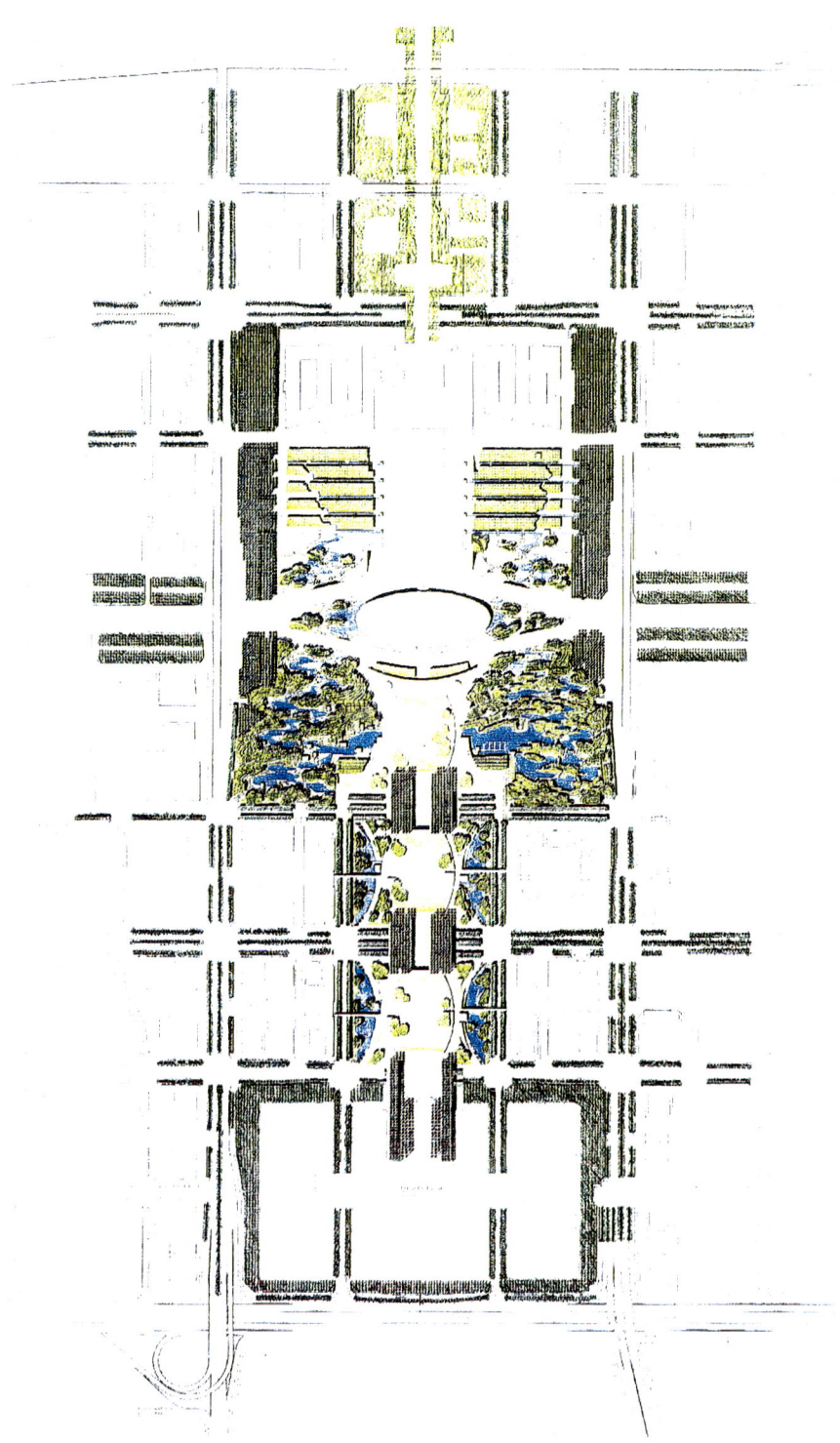

方案二 总平面图

深圳市中心区中心广场
及南中轴景观环境方案设计

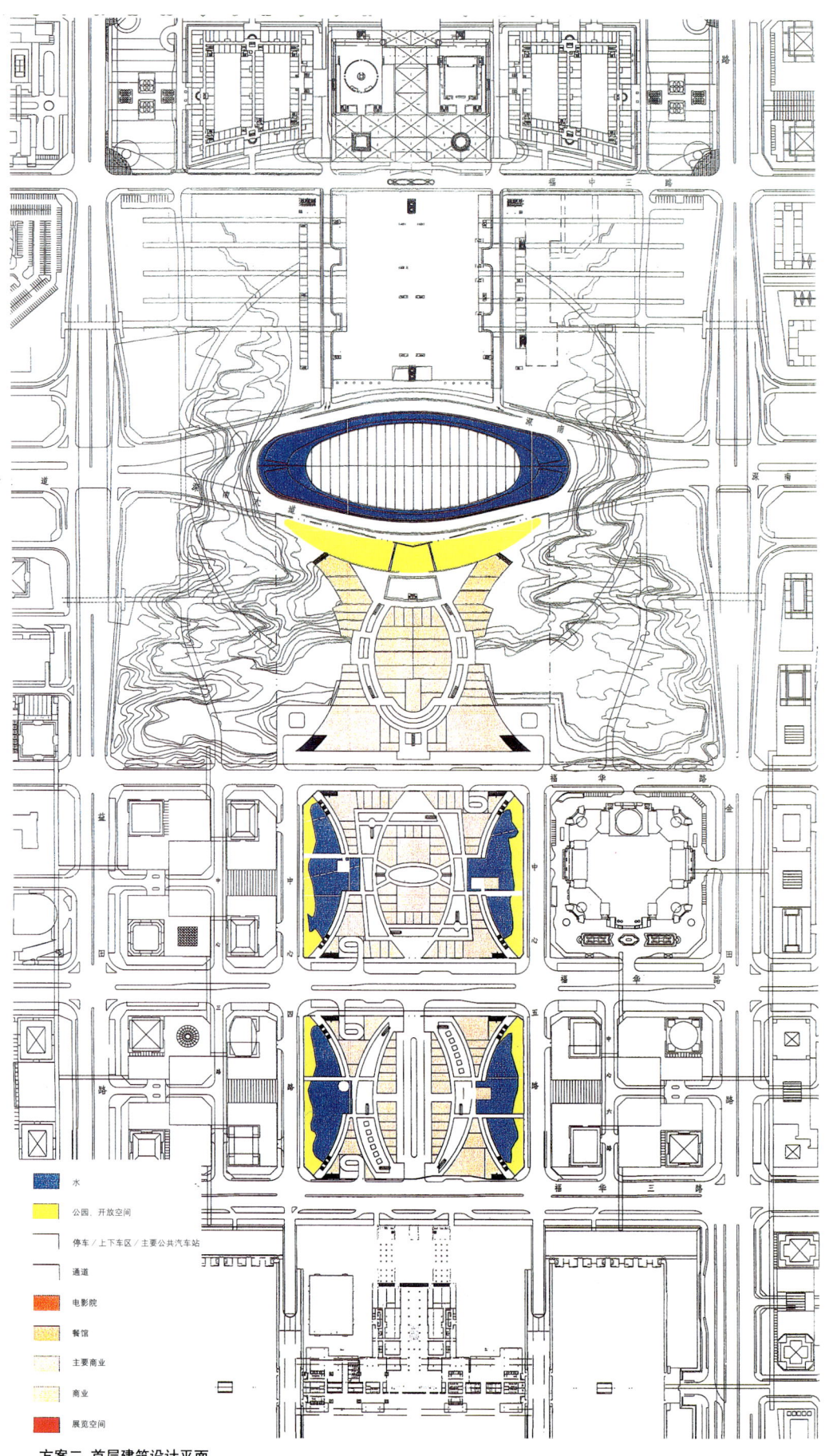

方案二 首层建筑设计平面

深圳市中心区中心广场
及南中轴景观环境方案设计

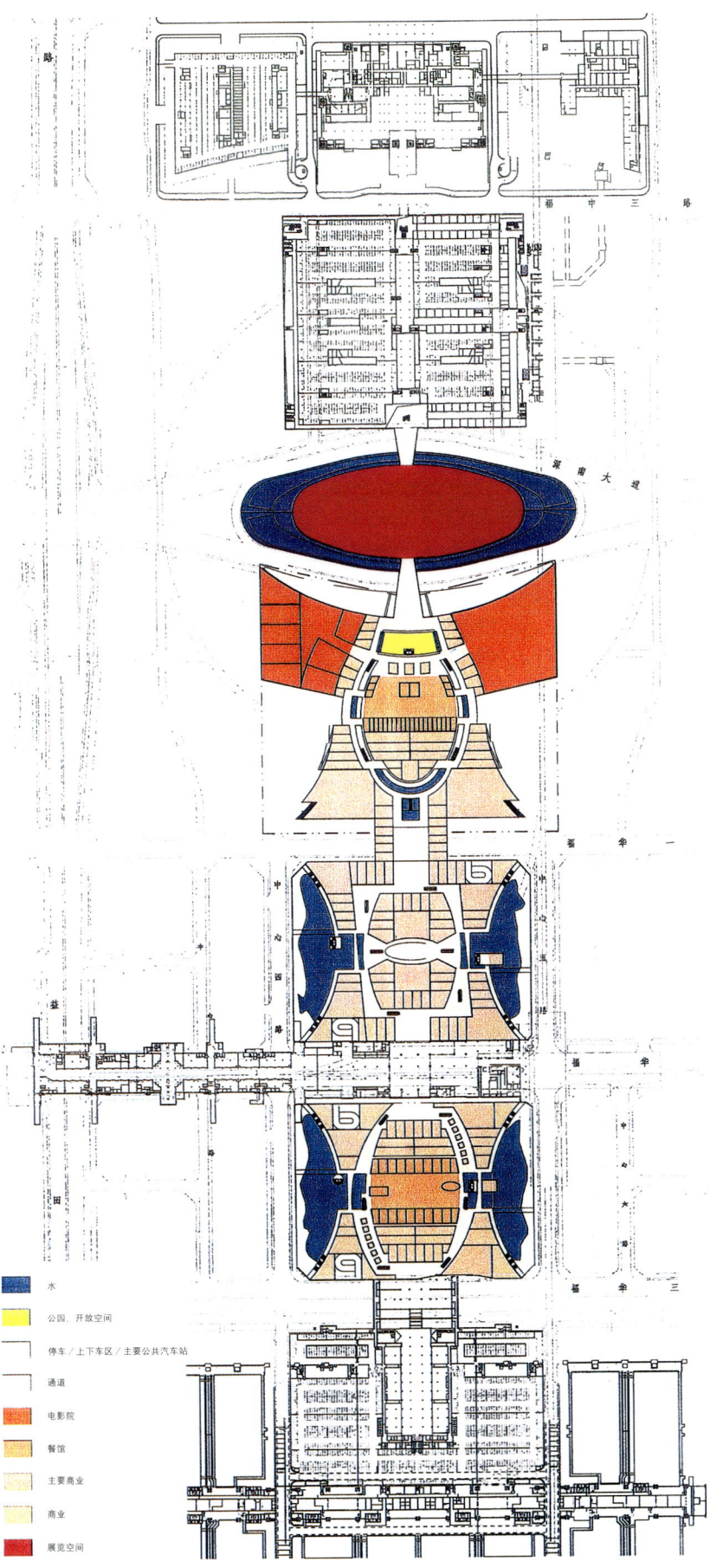

方案二 地下一层建筑设计平面

《深圳市中心区城市设计与建筑设计1996—2004》系列丛书

深圳市中心区中心广场
及南中轴景观环境方案设计

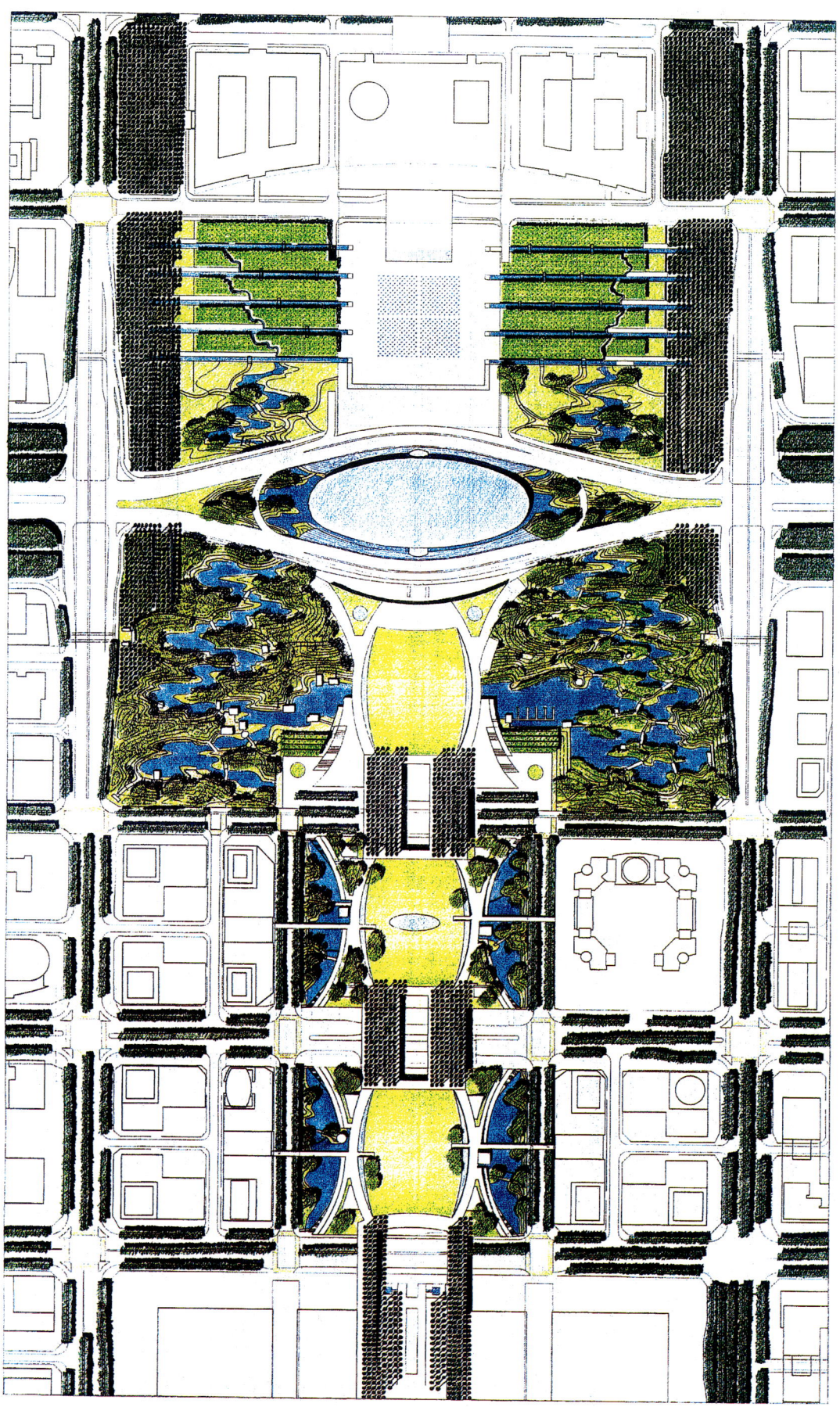

方案二 屋顶层园林设计平面

方案二 商业娱乐设施屋内透视

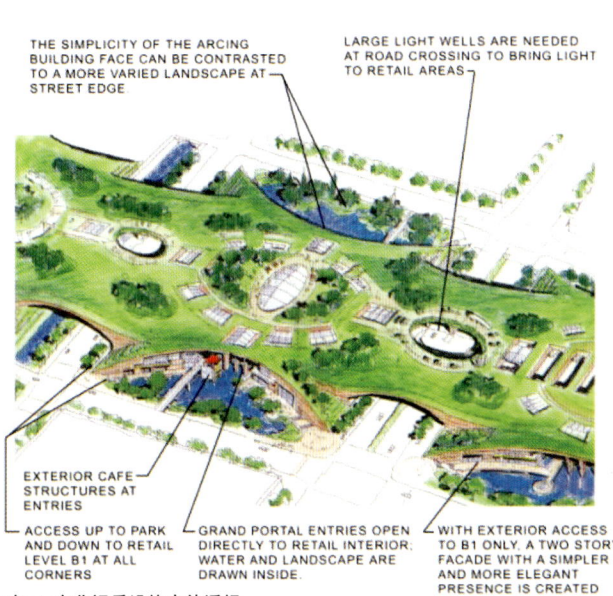
方案二 商业娱乐设施室外透视

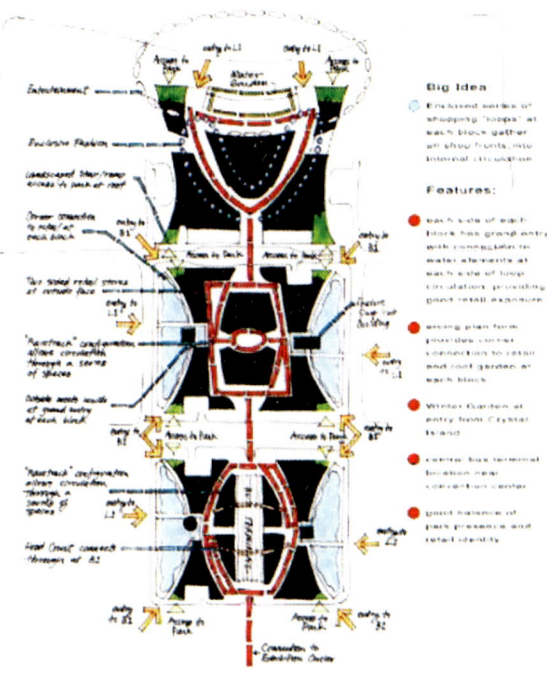
商业构思

方案二 商业娱乐设施室外立面图

深圳市中心区中心广场及南中轴景观环境方案设计

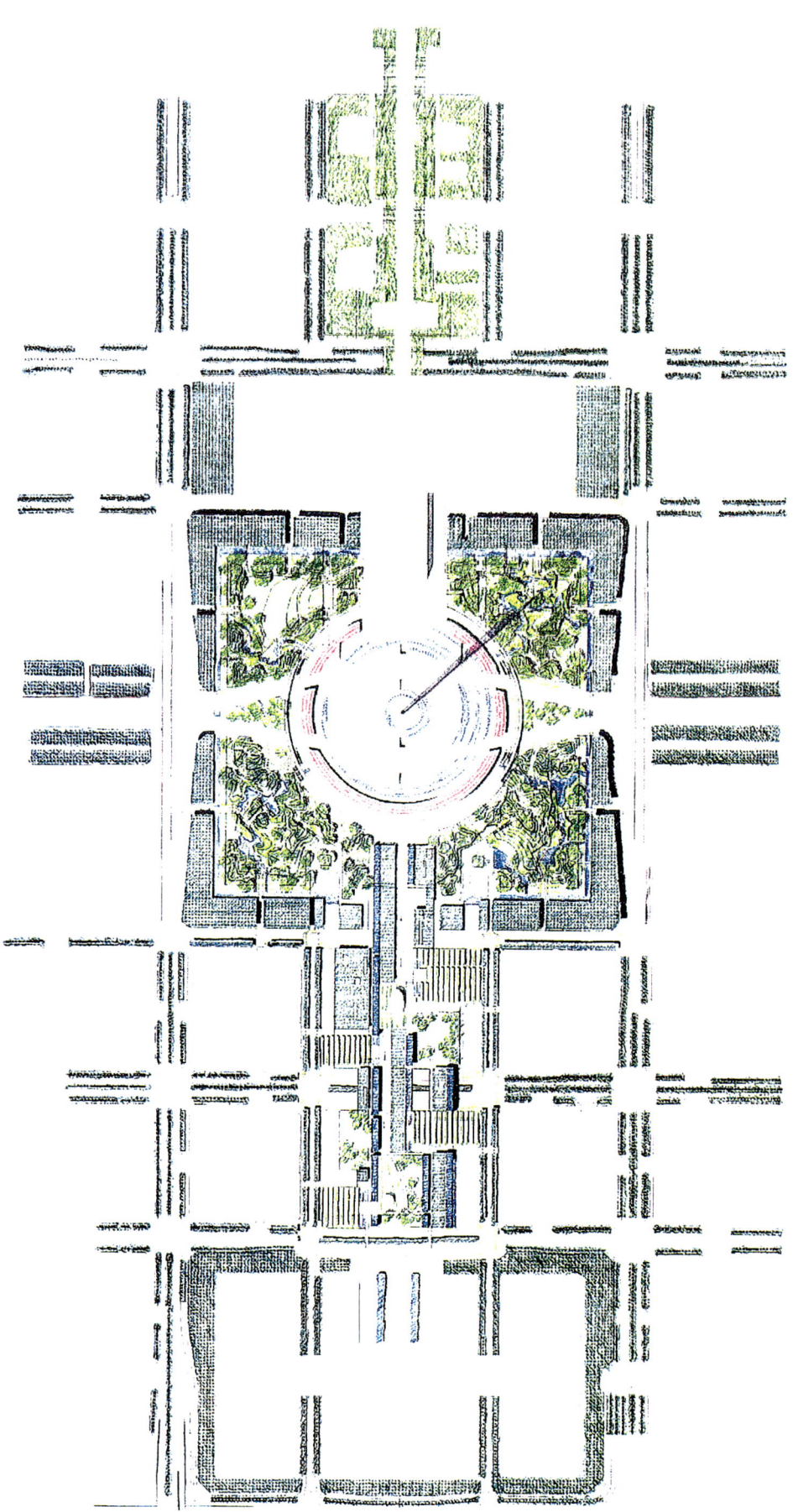

方案三 总平面图

深圳市中心区中心广场
及南中轴景观环境方案设计

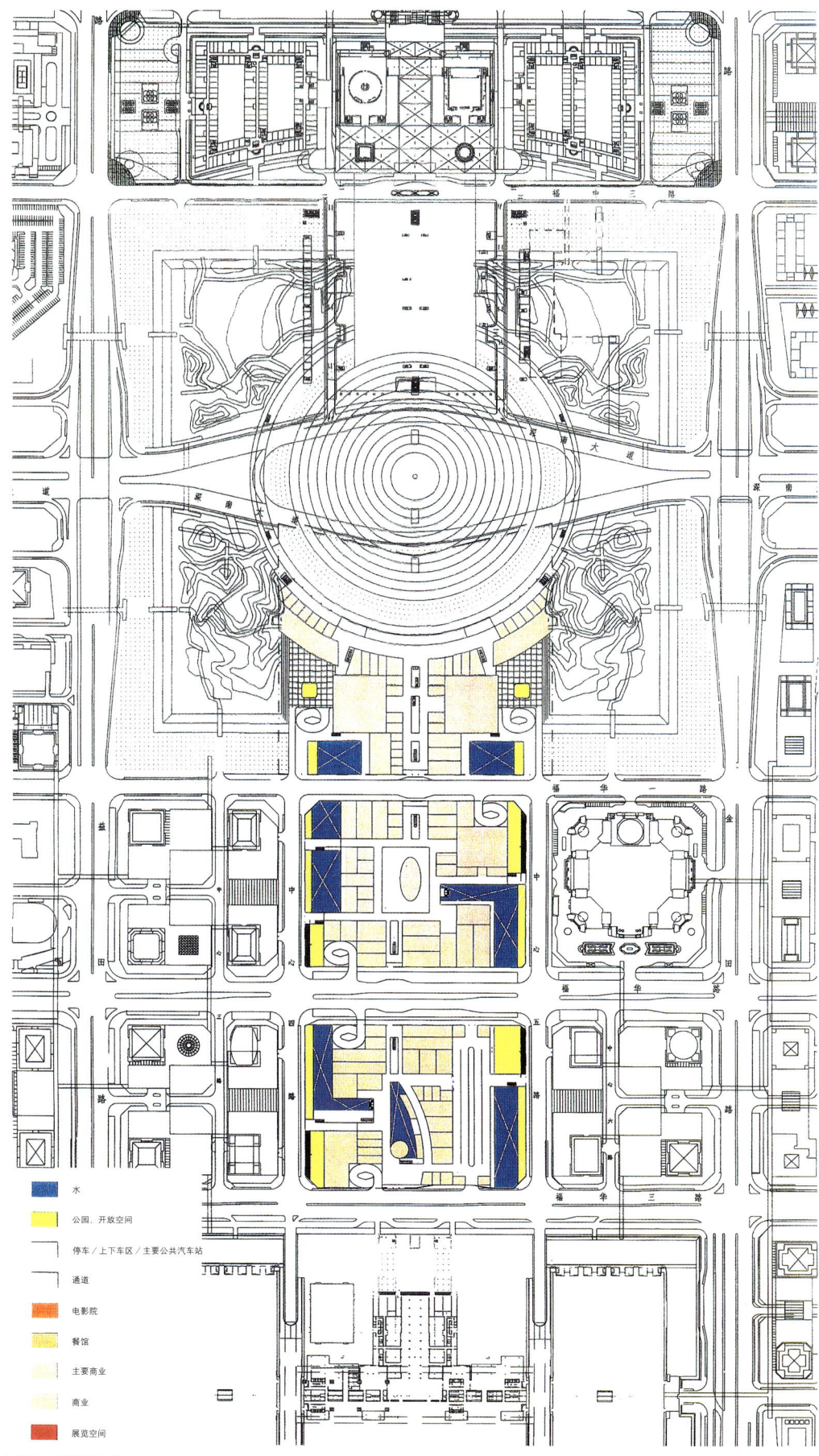

方案三 首层平面图

深圳市中心区中心广场
及南中轴景观环境方案设计

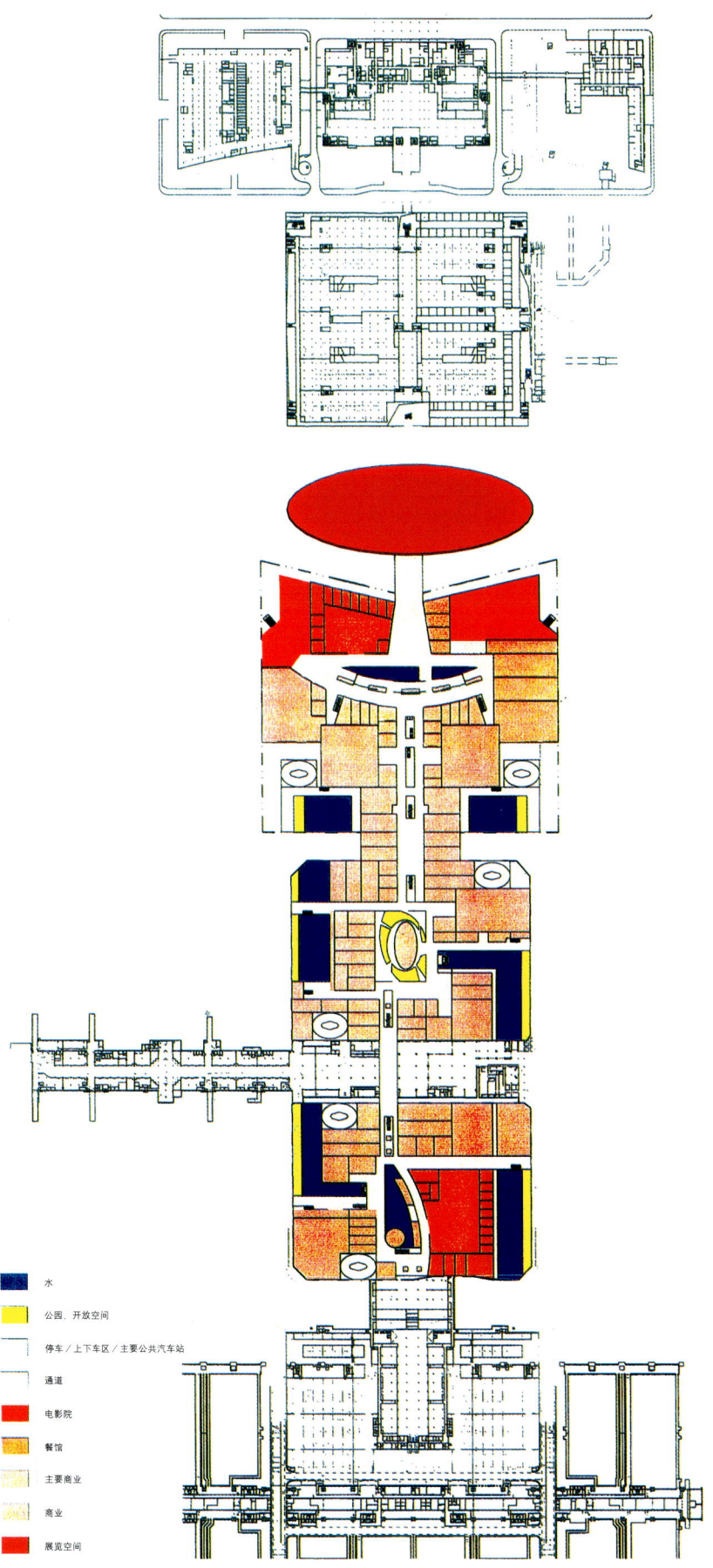

方案三 地下一层平面

深圳市中心区中心广场
及南中轴景观环境方案设计

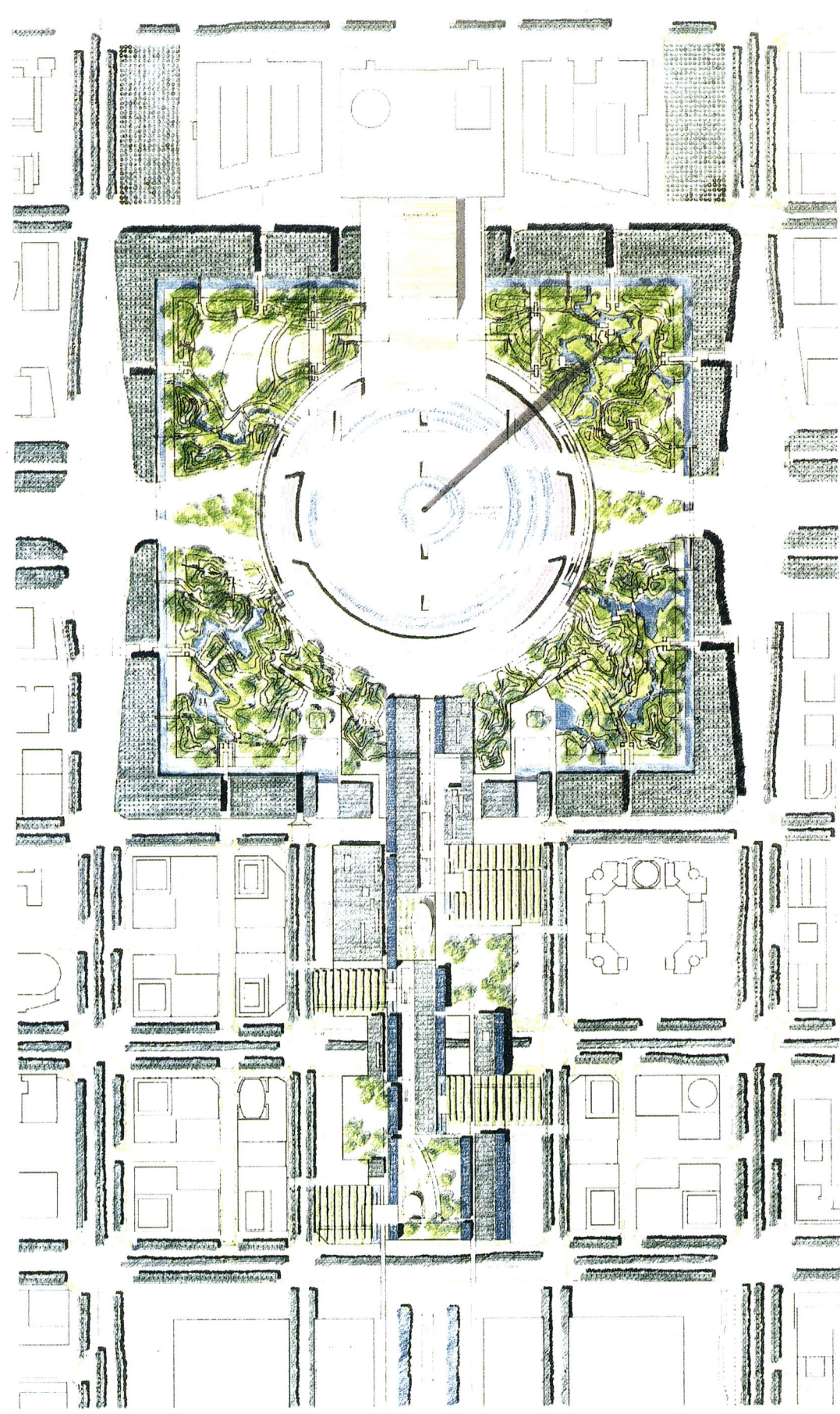

方案三　屋顶层园林设计平面

方案三 商业娱乐设施屋内透视

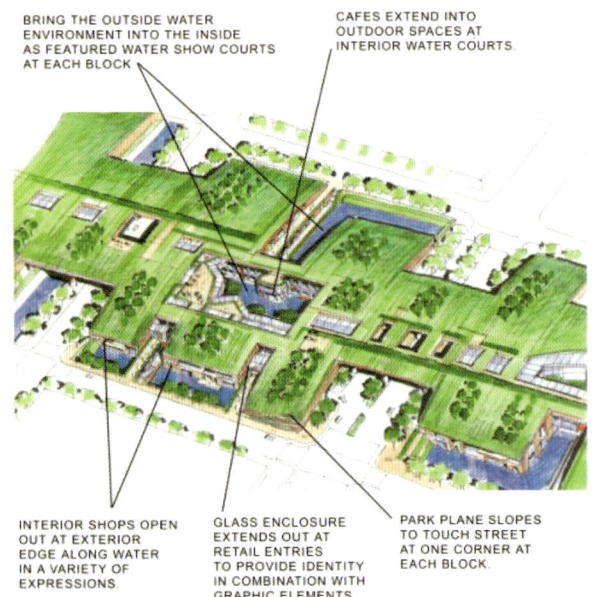

方案三 商业娱乐设施室外透视

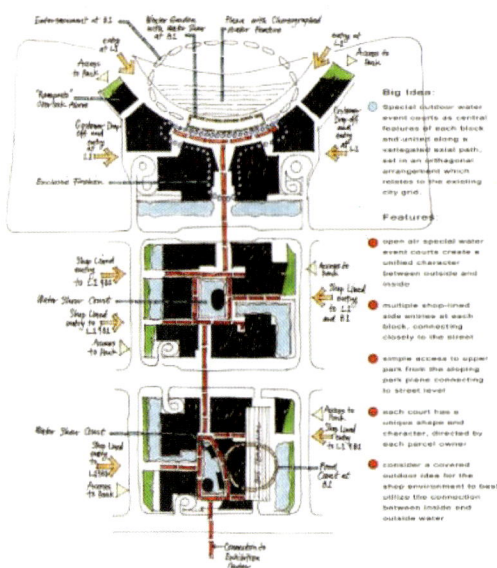

商业构思

方案三 商业娱乐设施室外立面图

深圳市中心区中心广场
及南中轴景观环境方案设计

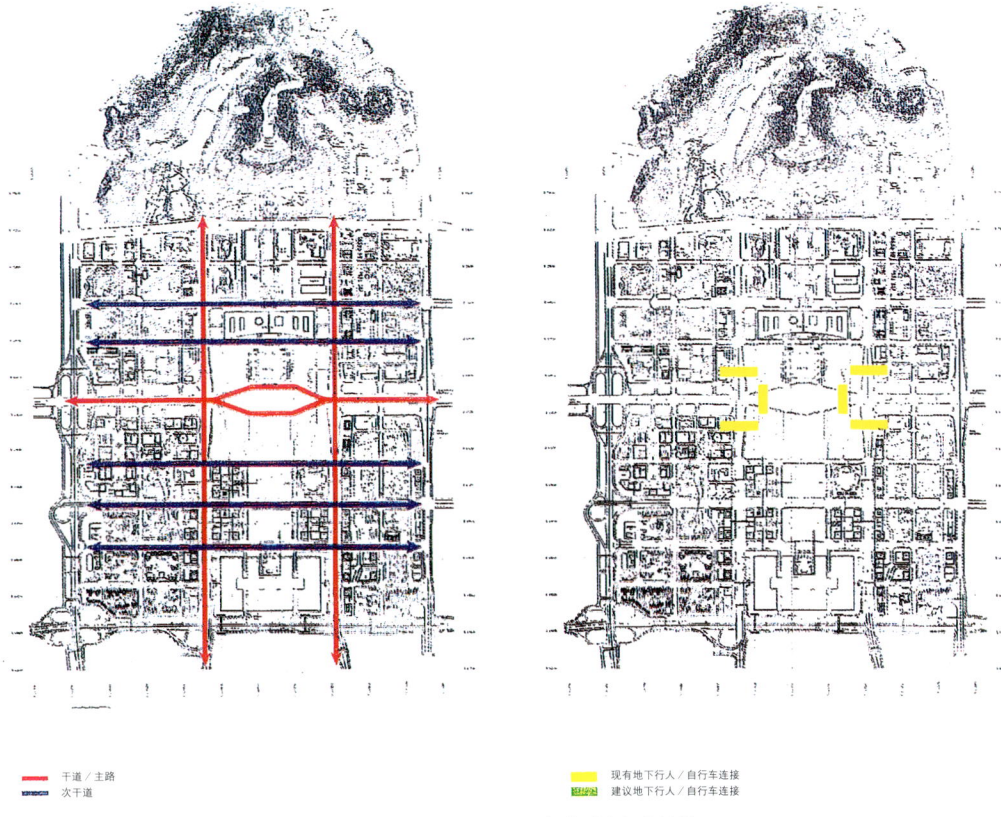

干道／次干道

行人／自行车连接

主要公共汽车线路和换乘点

地铁线路与地铁站

深圳市中心区中心广场
及南中轴景观环境方案设计

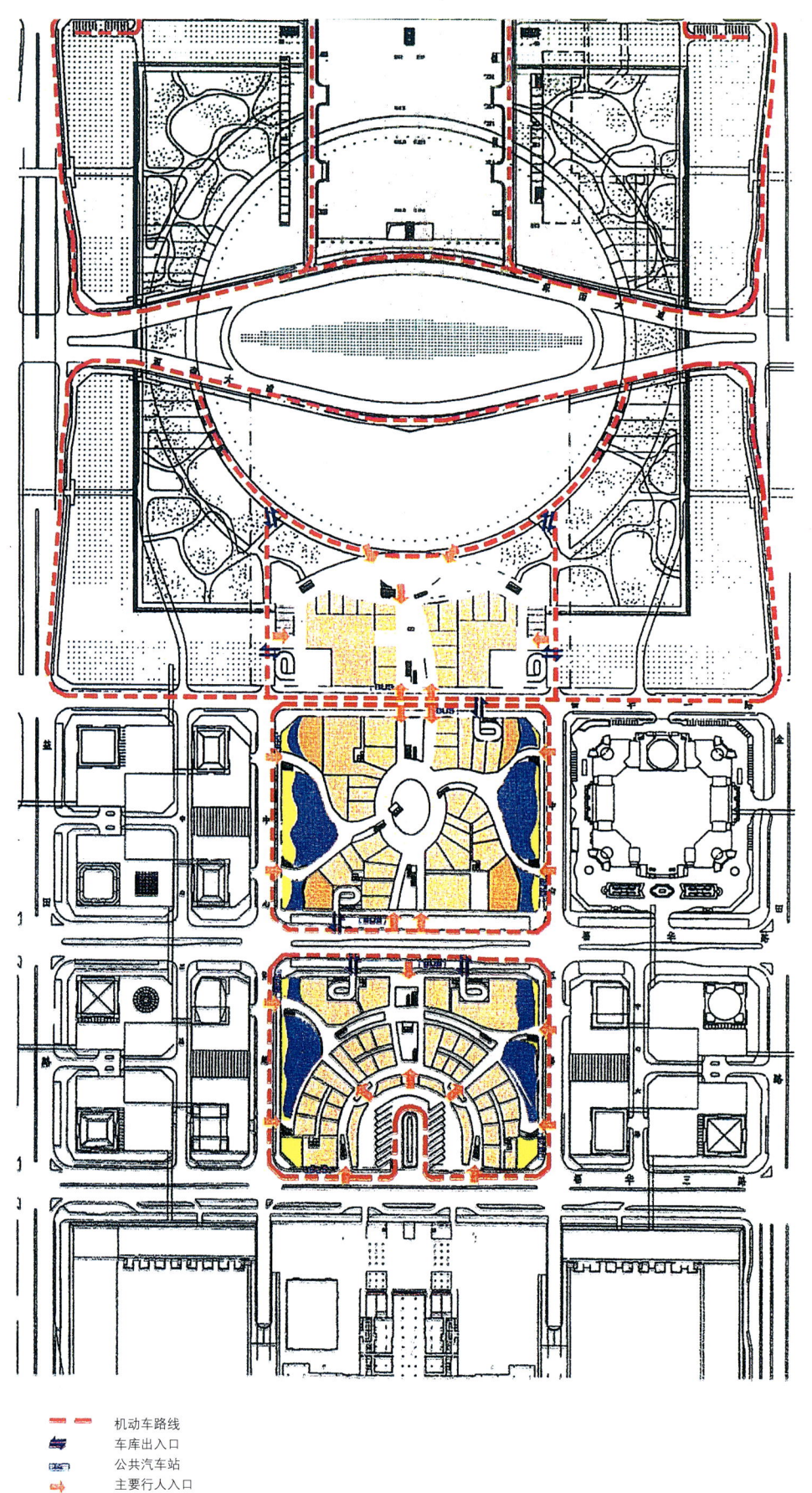

机动车路线
车库出入口
公共汽车站
主要行人入口

方案一

深圳市中心区中心广场
及南中轴景观环境方案设计

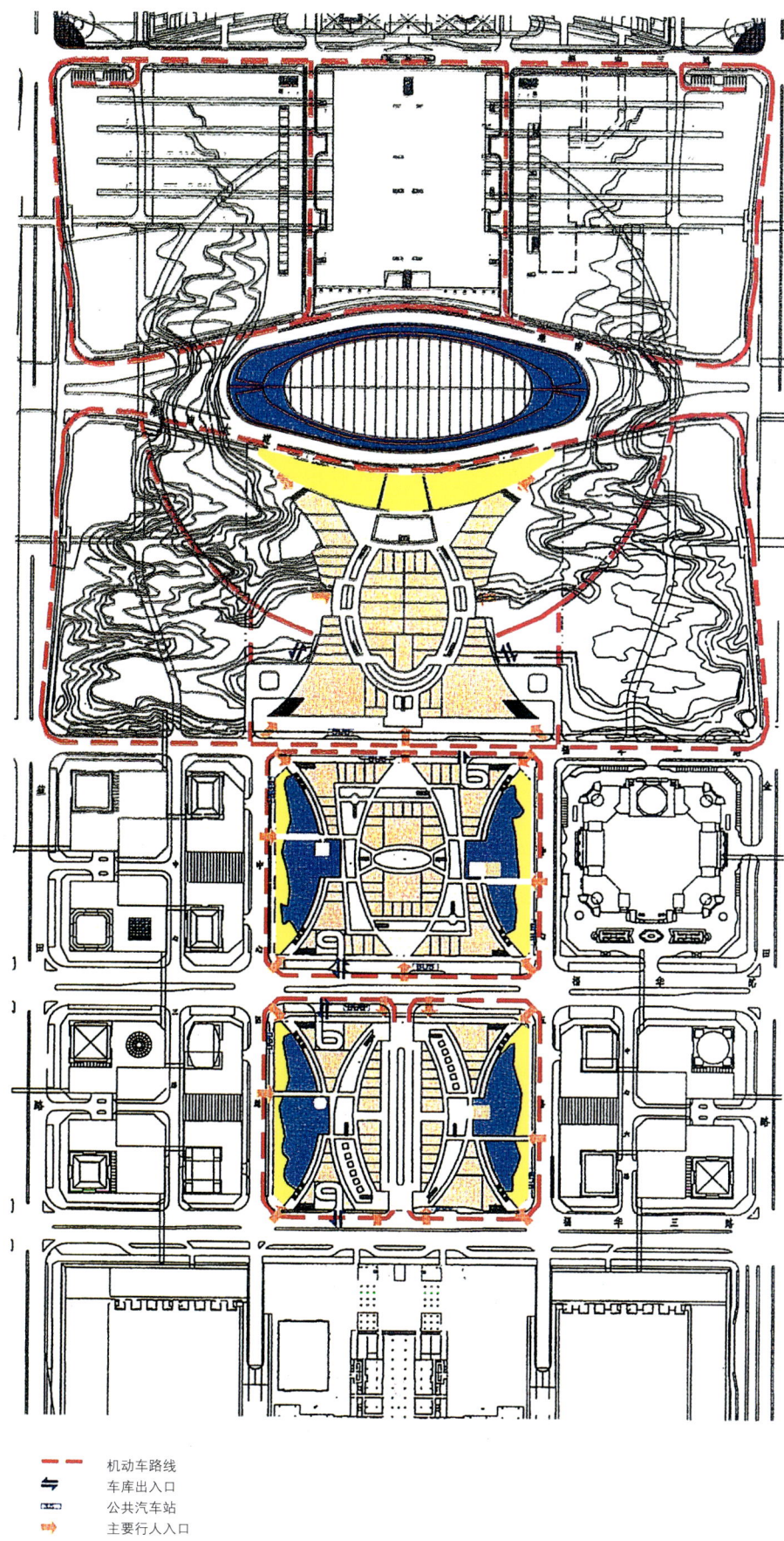

- --- 机动车路线
- ⇌ 车库出入口
- ▬ 公共汽车站
- ⇨ 主要行人入口

方案二

深圳市中心区中心广场
及南中轴景观环境方案设计

2003年2月10日深圳市规划与国土资源局在深圳市山水宾馆召开深圳市中心区中心广场及南中轴建筑与景观环境工程项目概念设计阶段评审会。邀请国内外专家：吴良镛、周干峙、李名仪（美国）、Klaus Kohlstrung（德国）、陈世民、吴家骅、费晓华、朱荣远、王富海、孟建民、刘鲁鱼、朱菁等组成评审委员会，对SOM设计公司提交的三个概念设计方案进行选择评审。原计划连续三天的会议于第二天上午被迫提前结束。本次会议未形成正式的会议纪要。

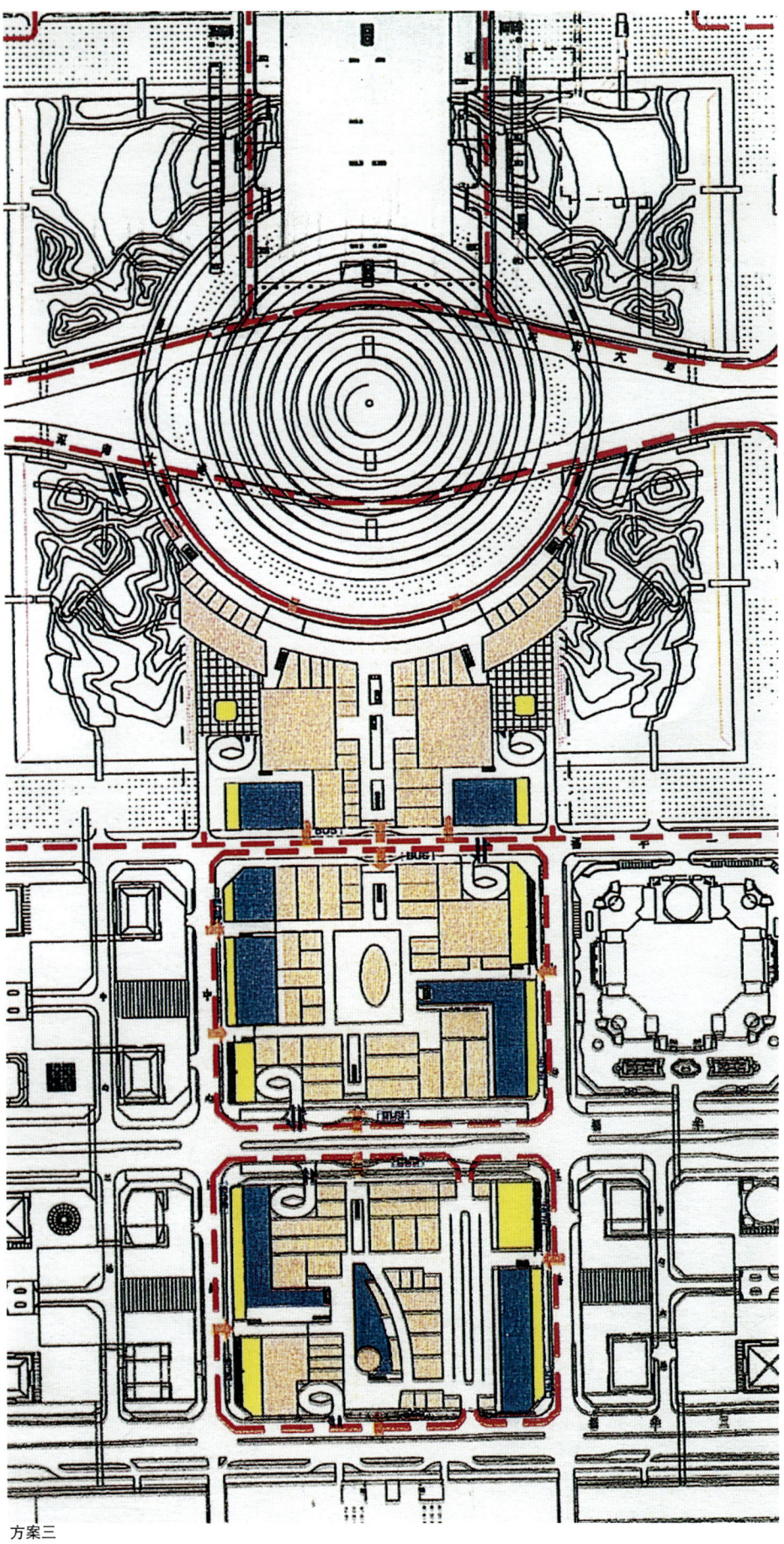

方案三

（五）中心广场及南中轴规划重新调整

2003年6月2日上午在市政府一办五楼会议室，黄丽满书记、李德成副市长、卓钦锐副市长听取中心区中心广场及南中轴规划设计调整方案汇报。

经研究讨论，同意本图册的方案一为中心区中心广场及南中轴规划设计实施方案。

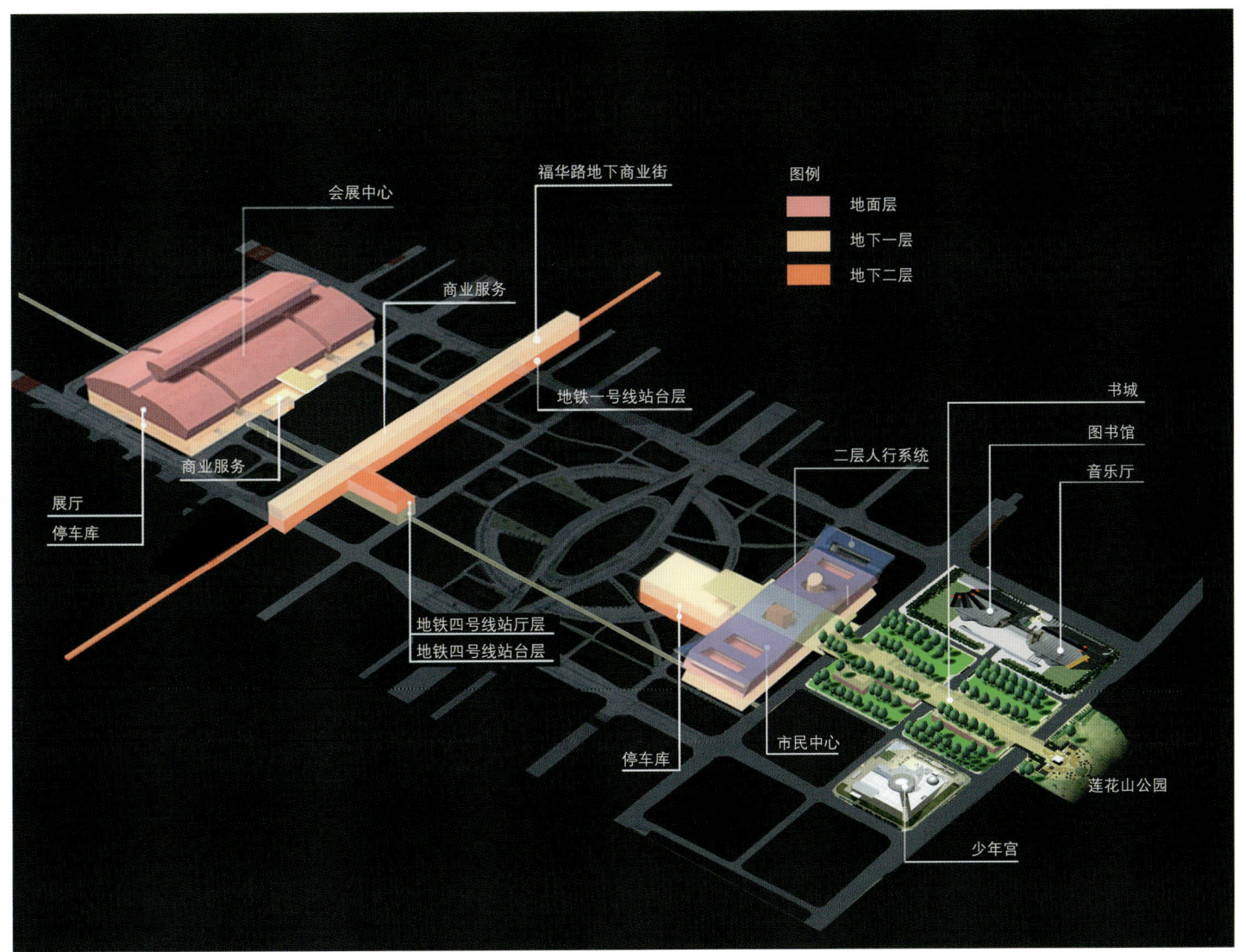

既定条件图

深圳市中心区中心广场
及南中轴景观环境方案设计

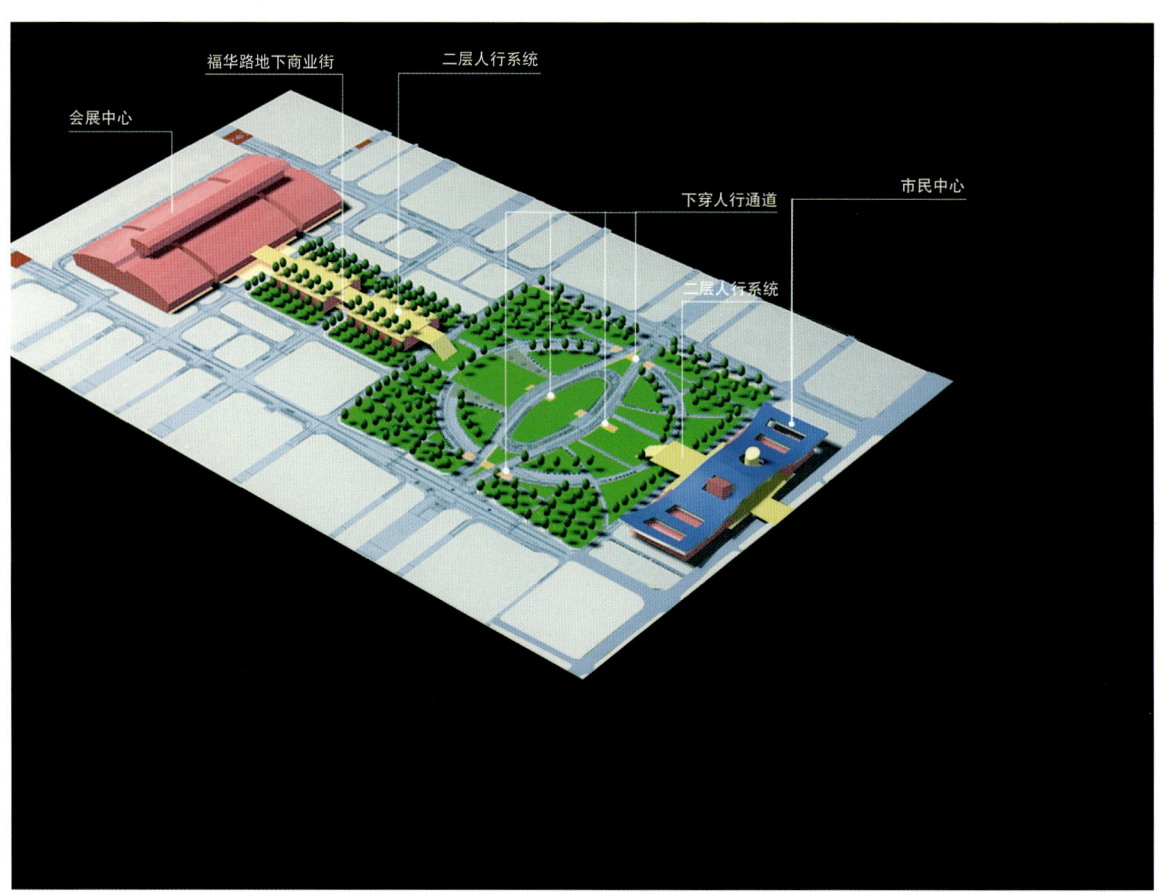

方案一　模型简图

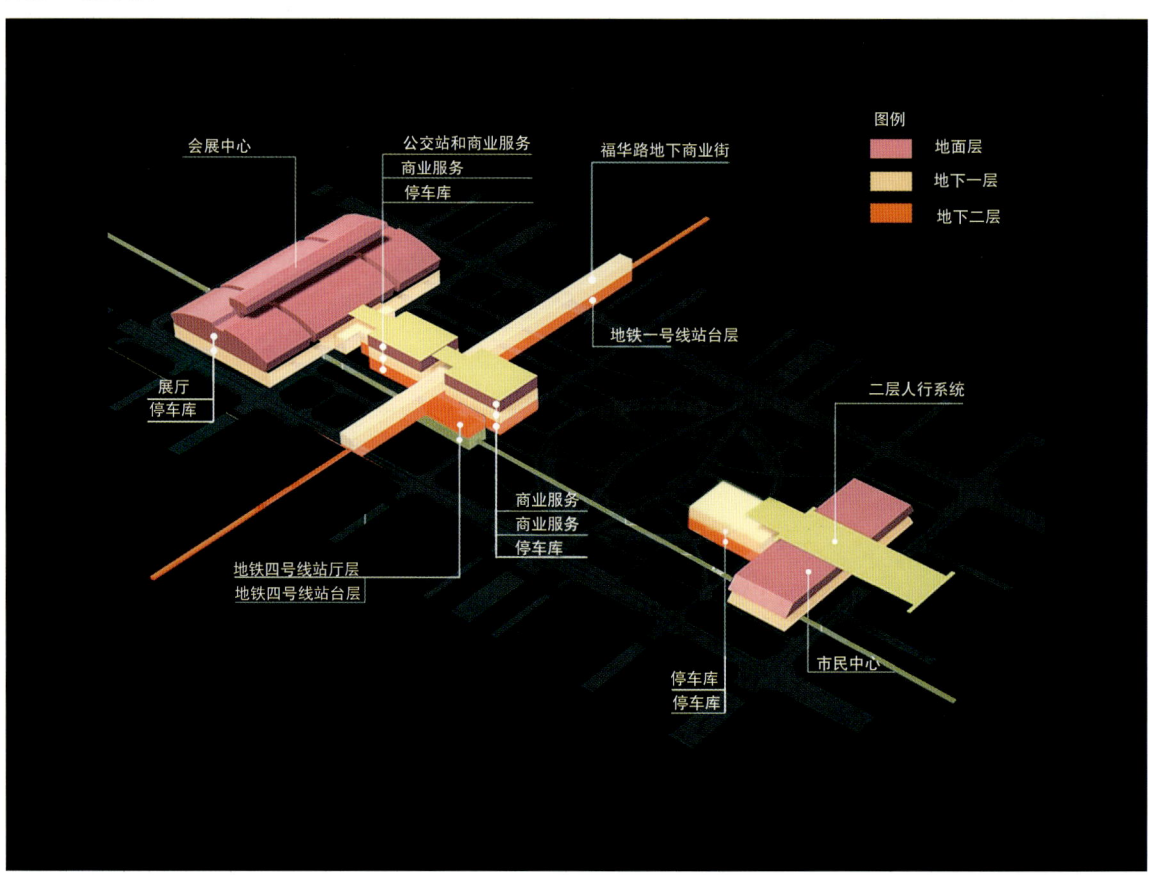

方案一　功能结构图

深圳市中心区中心广场
及南中轴景观环境方案设计

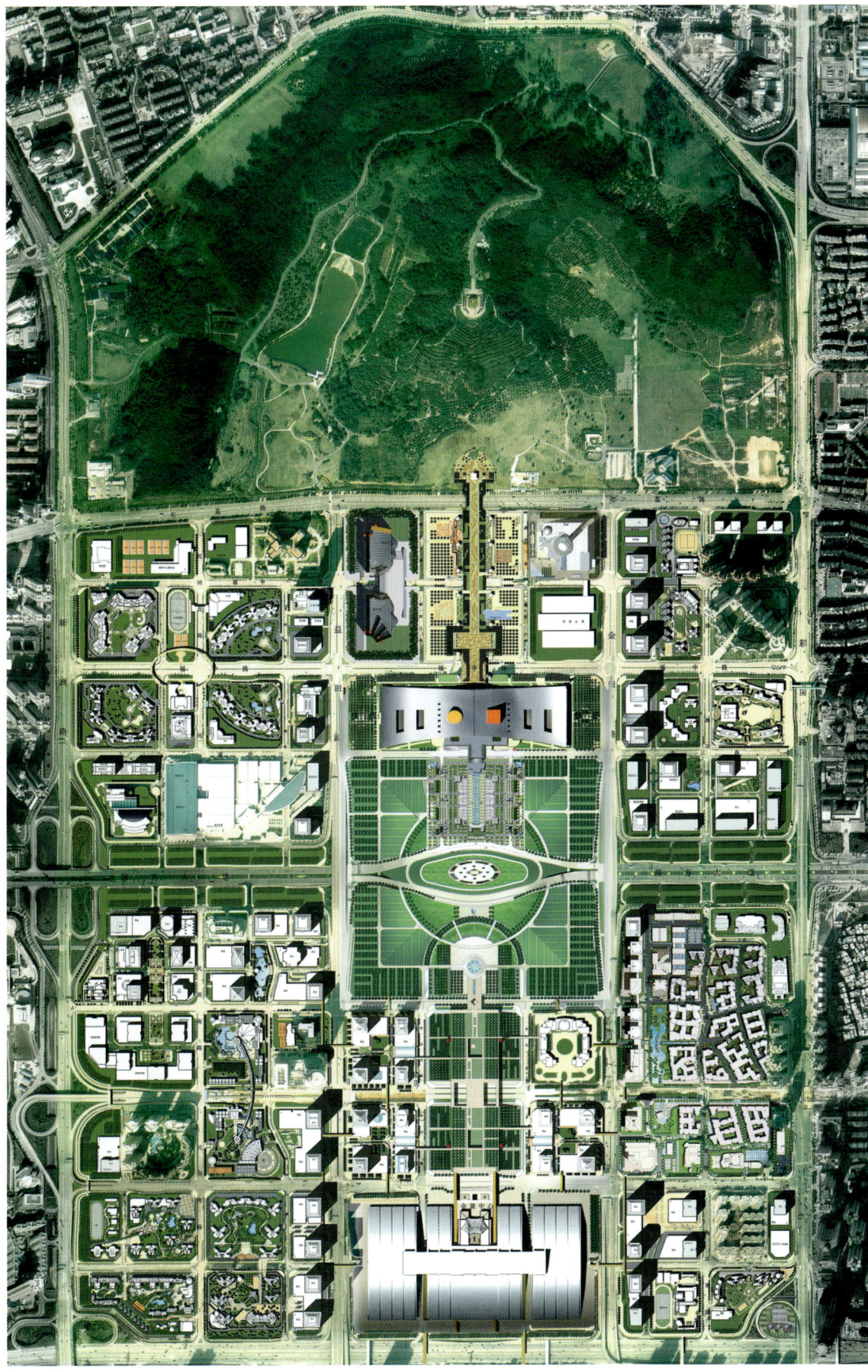

中心区总平面图

深圳市中心区中心广场
及南中轴景观环境方案设计

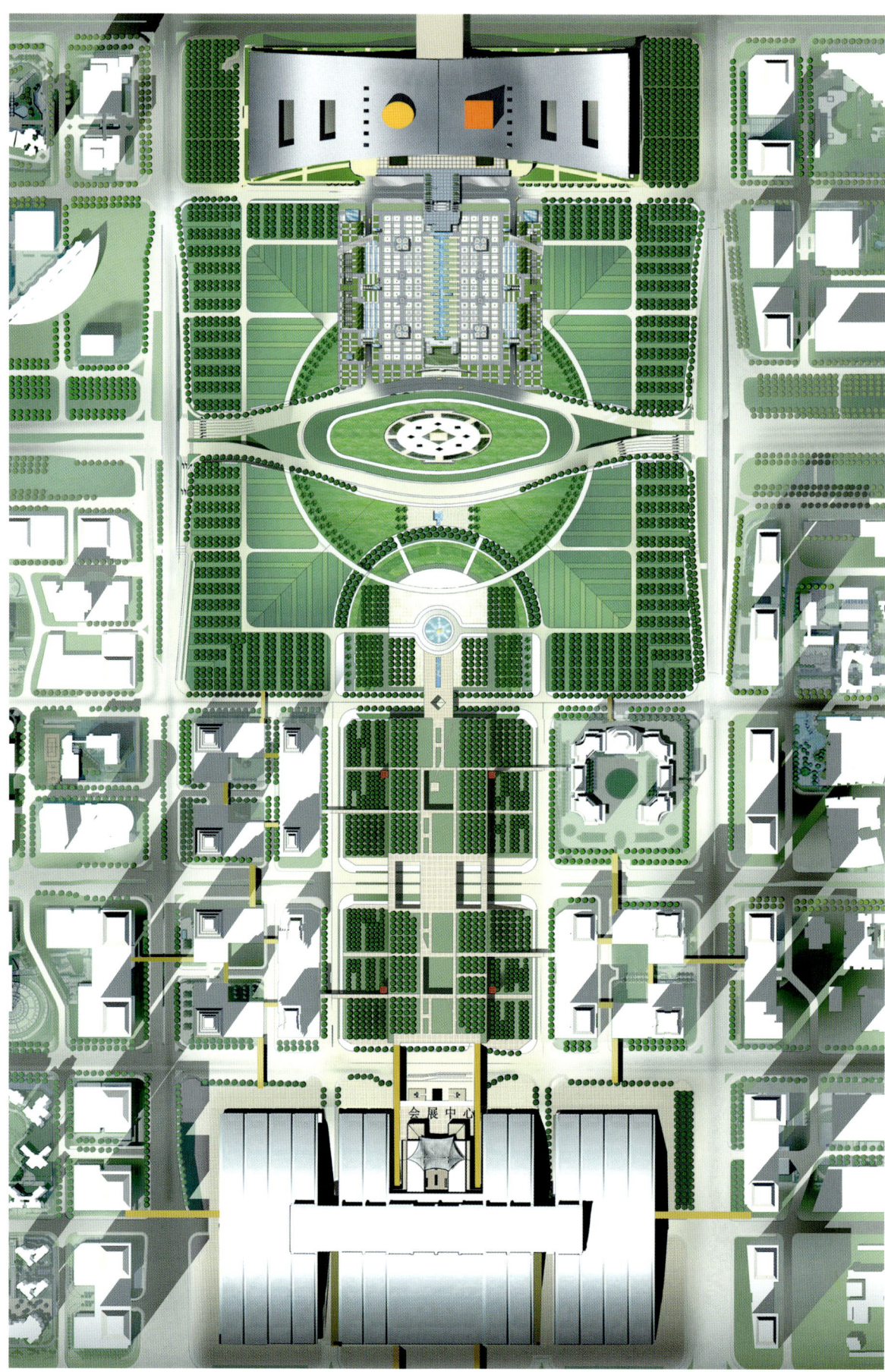

方案一 总平面

方案一 鸟瞰图

深圳市中心区中心广场
及南中轴景观环境方案设计

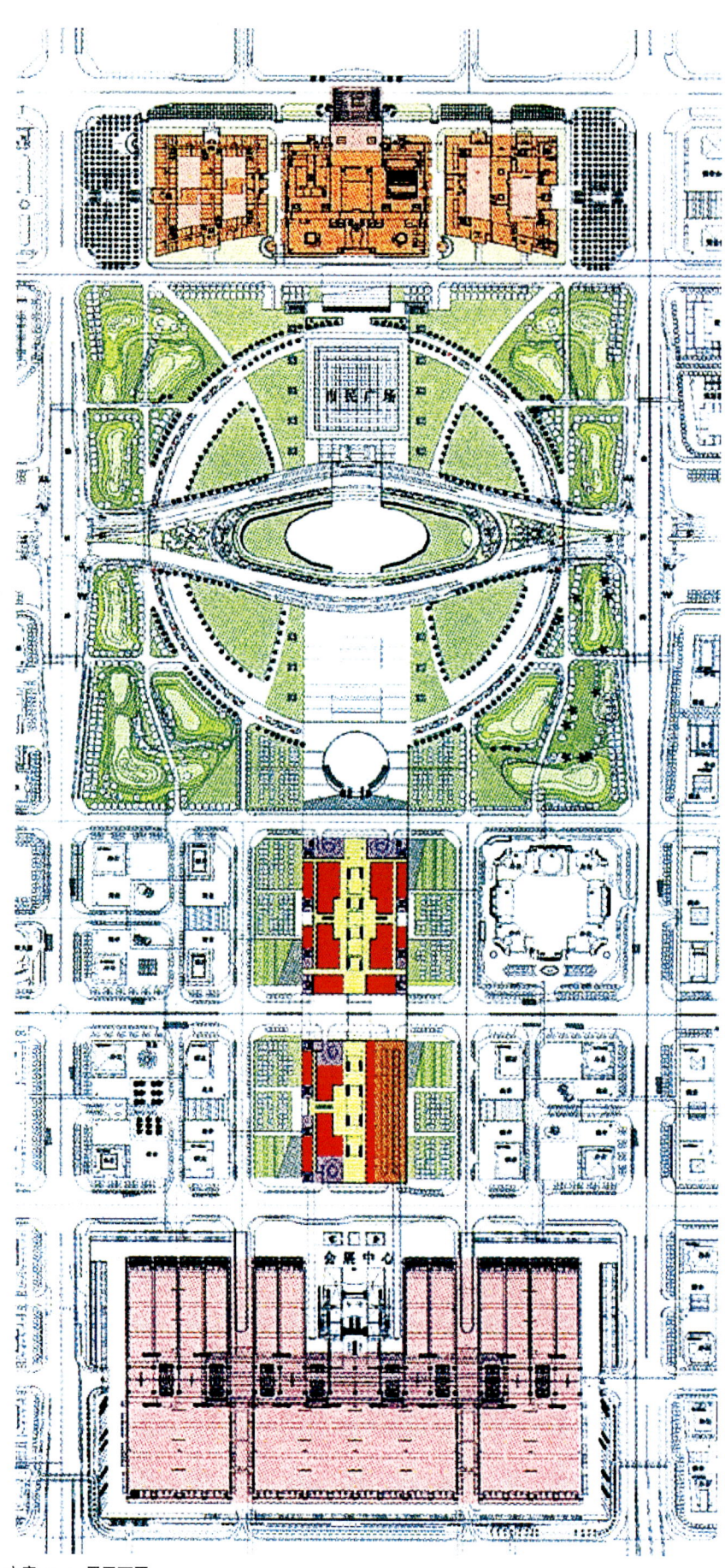

方案一 一层平面图

建筑面积统计（万m²）			
地块编号	商业	车库	小计
33-2	0	9.8	9.8
33-4	0	0	0
33-6	4.37	1.69	6.06
19	3.91	2.47	6.38
总计	8.28	13.69	22.24

资金投入（亿元）			
地价	政府实际投入	社会投入	总投入
1.9	4.3	5.3	11.5

深圳市中心区中心广场
及南中轴景观环境方案设计

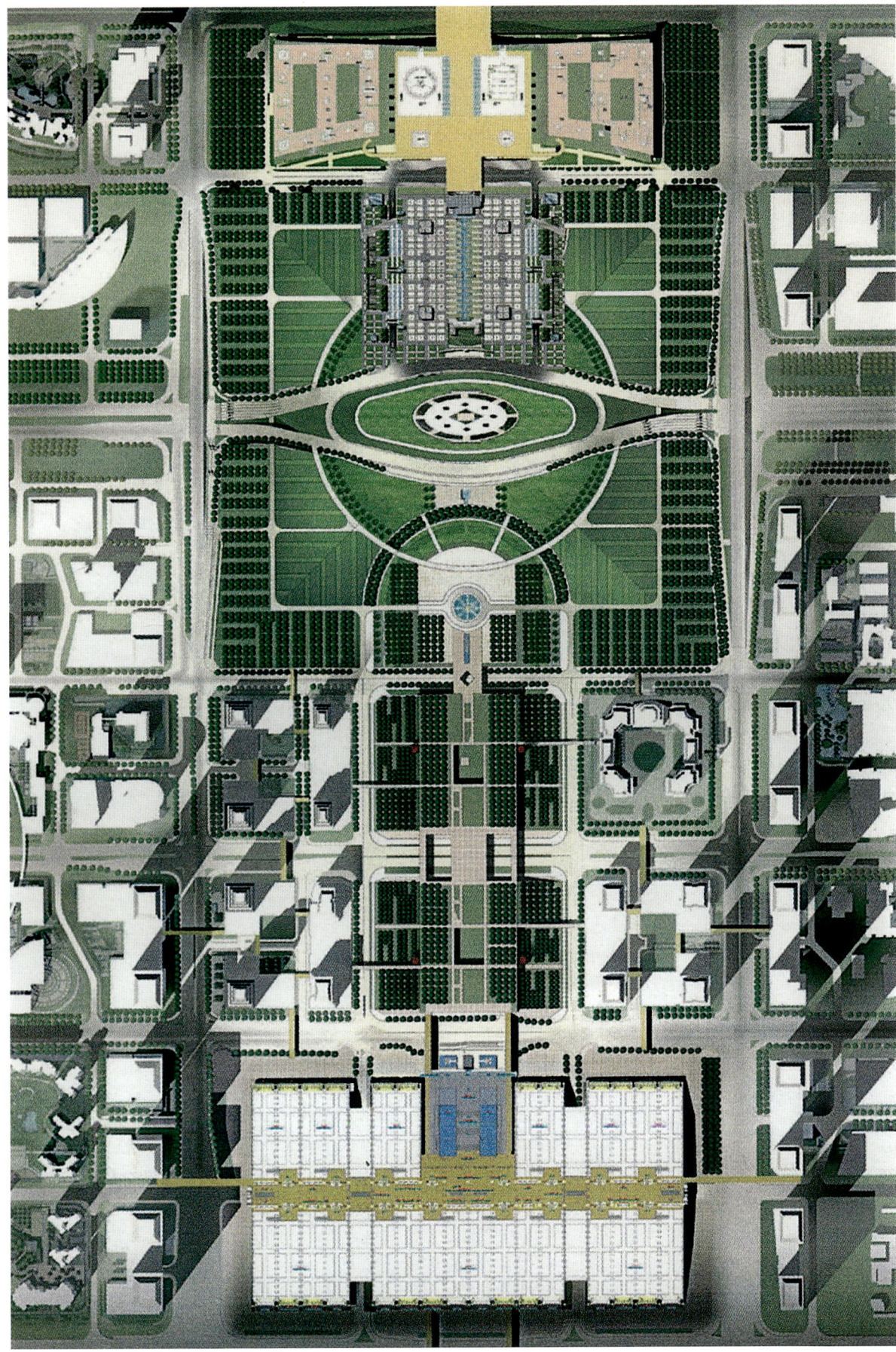

方案一 二层平面图

深圳市中心区中心广场
及南中轴景观环境方案设计

方案一 地下一层平面图

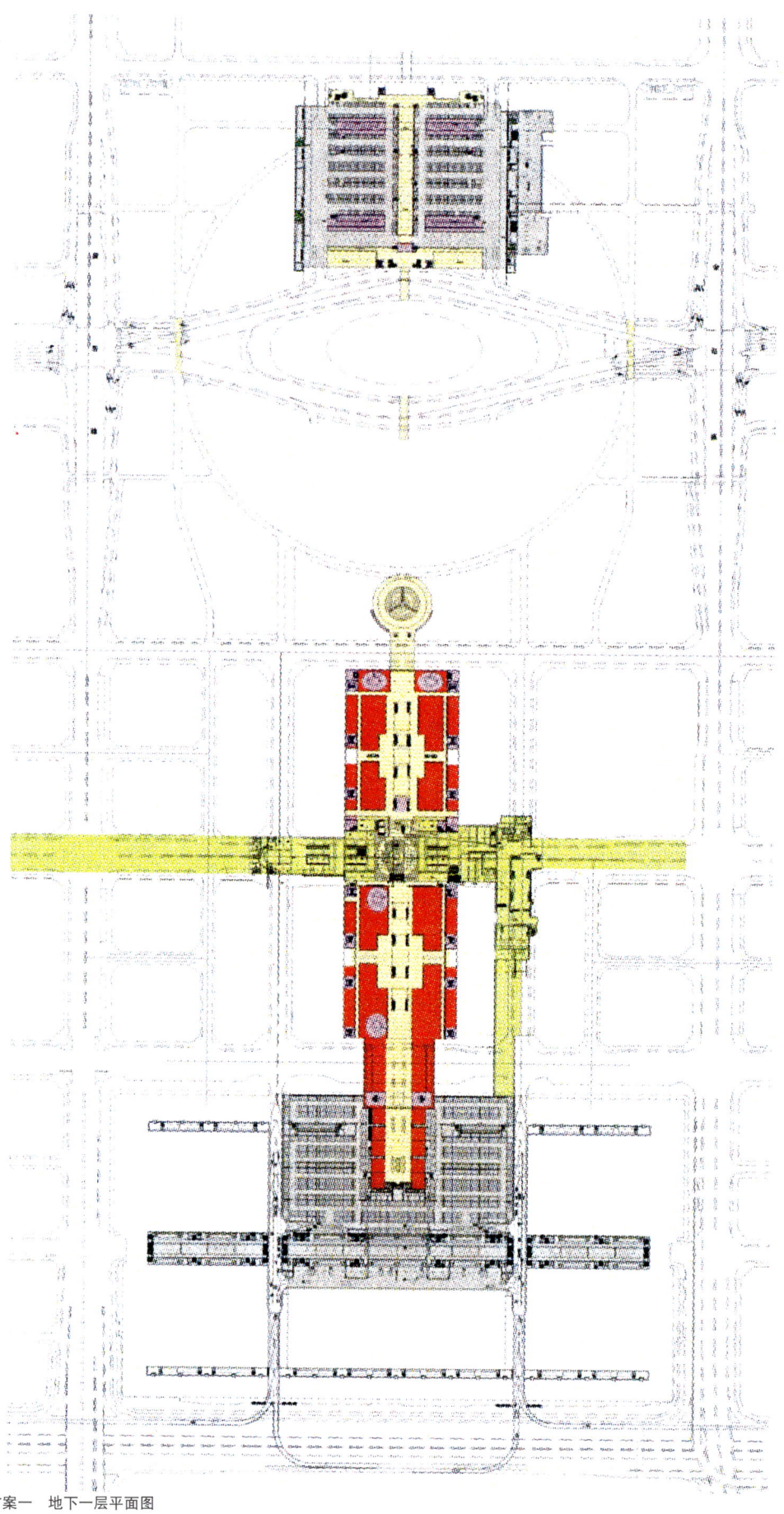

深圳市中心区中心广场
及南中轴景观环境方案设计

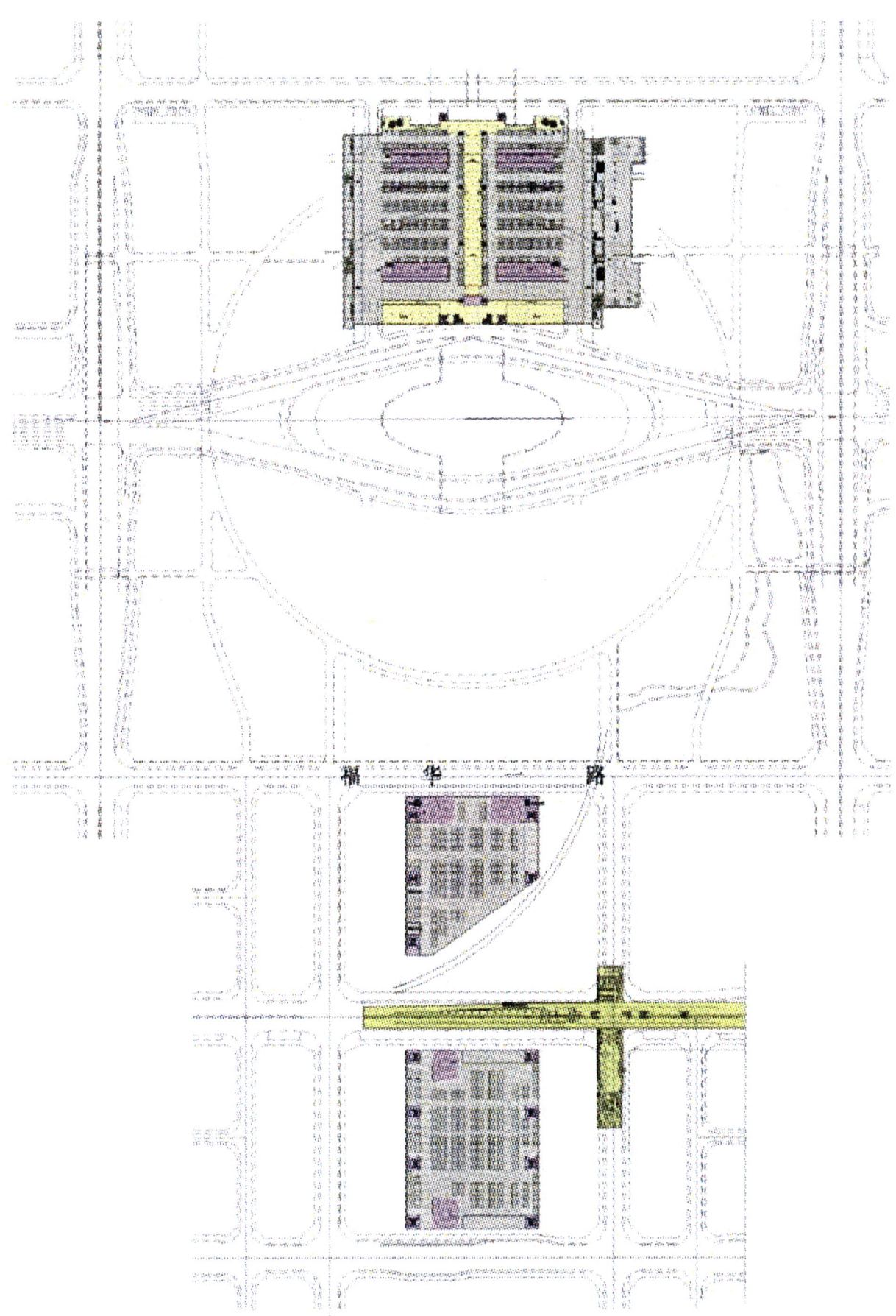

方案一 地下二层平面图

深圳市中心区中心广场
及南中轴景观环境方案设计

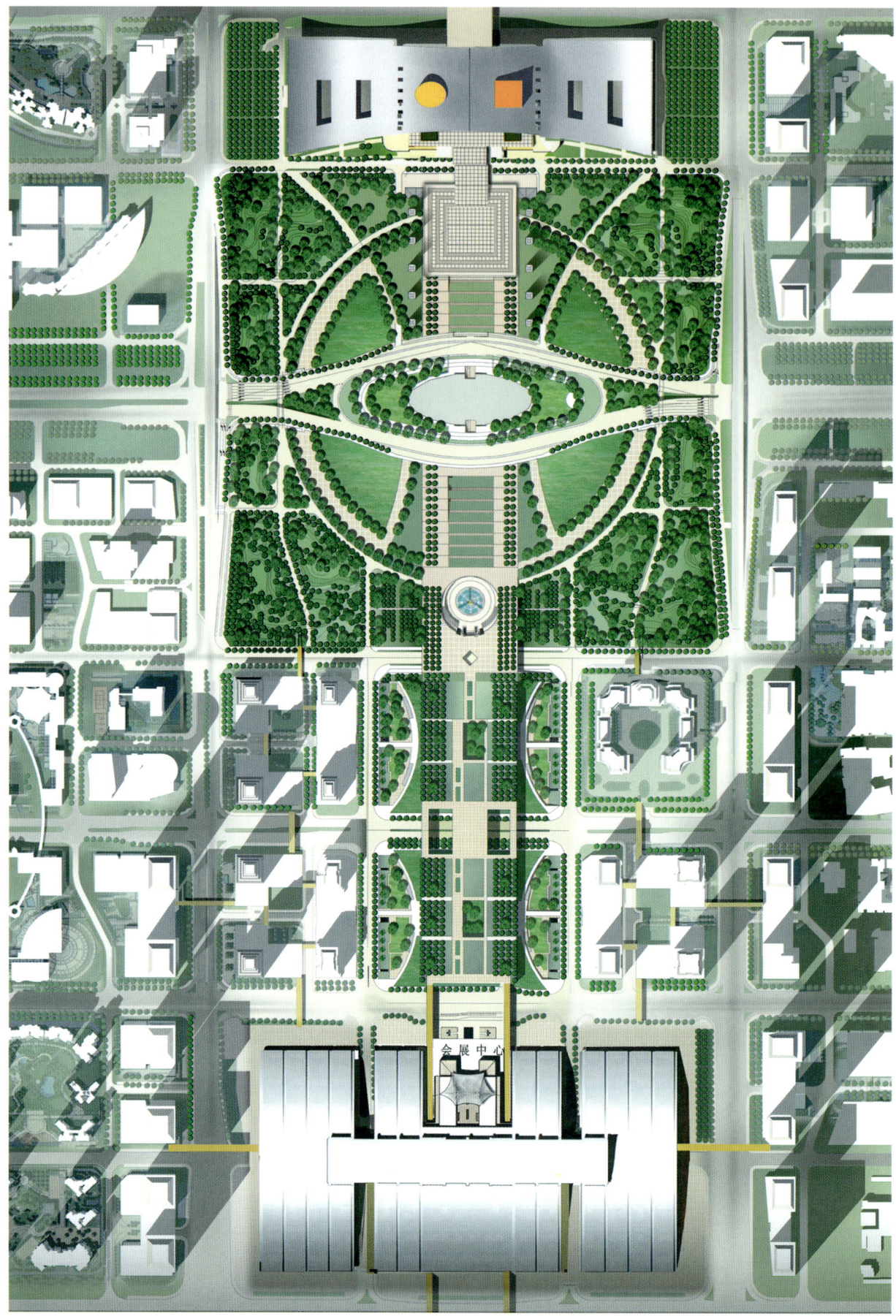

方案二 总平面

深圳市中心区中心广场
及南中轴景观环境方案设计

方案二　鸟瞰图

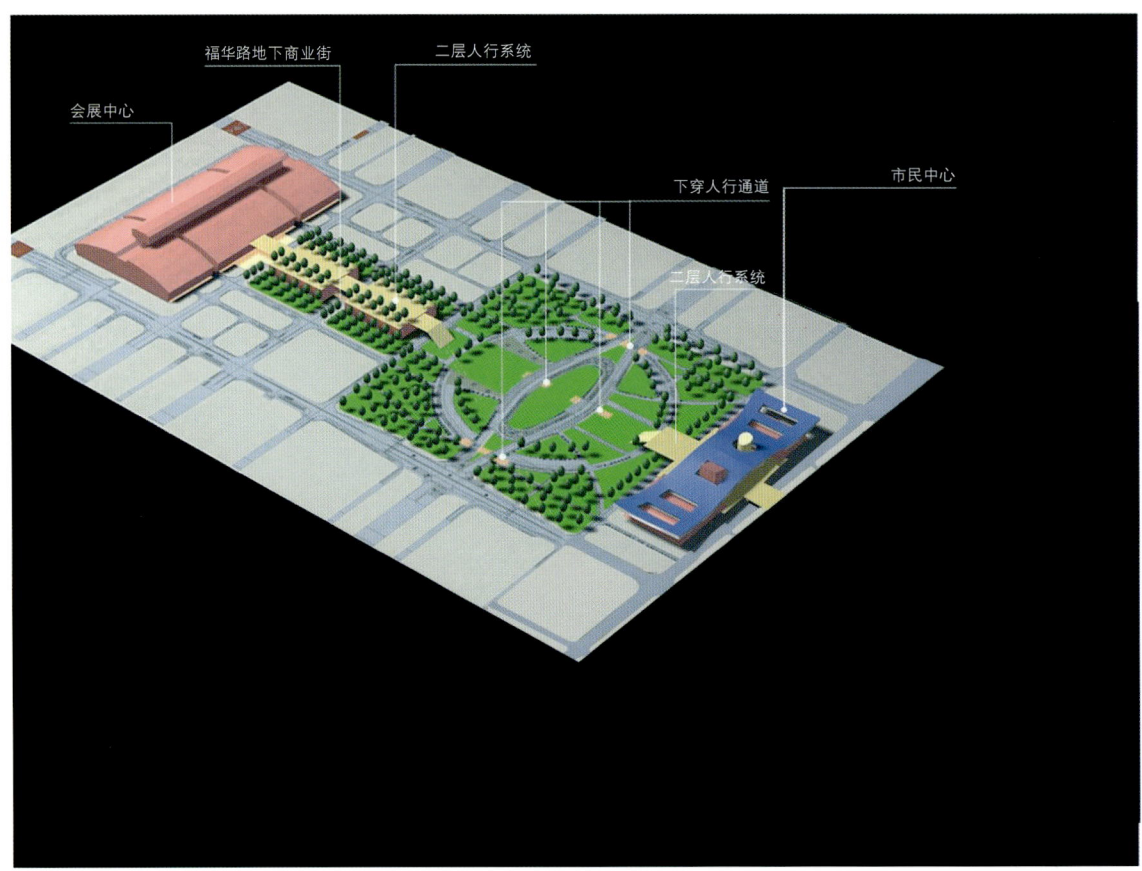

方案二　模型简图

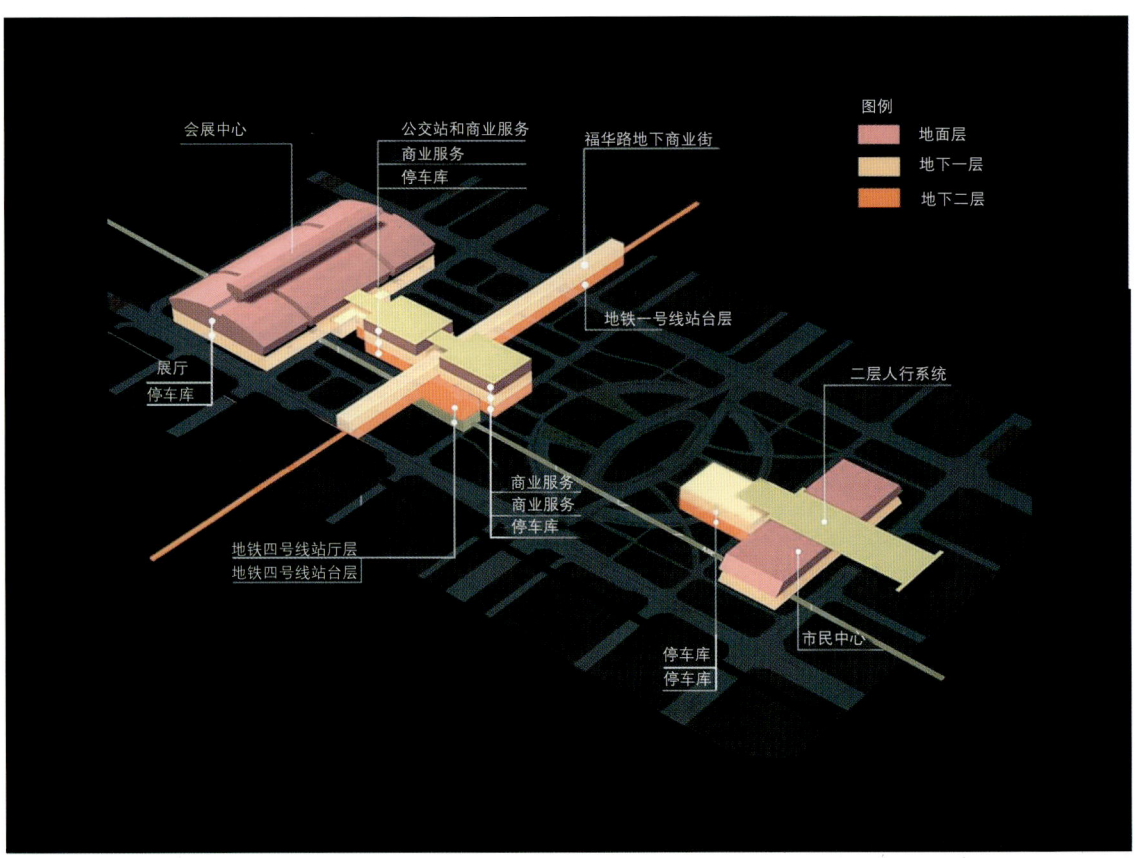

方案二　功能结构图

深圳市中心区中心广场及南中轴景观环境方案设计

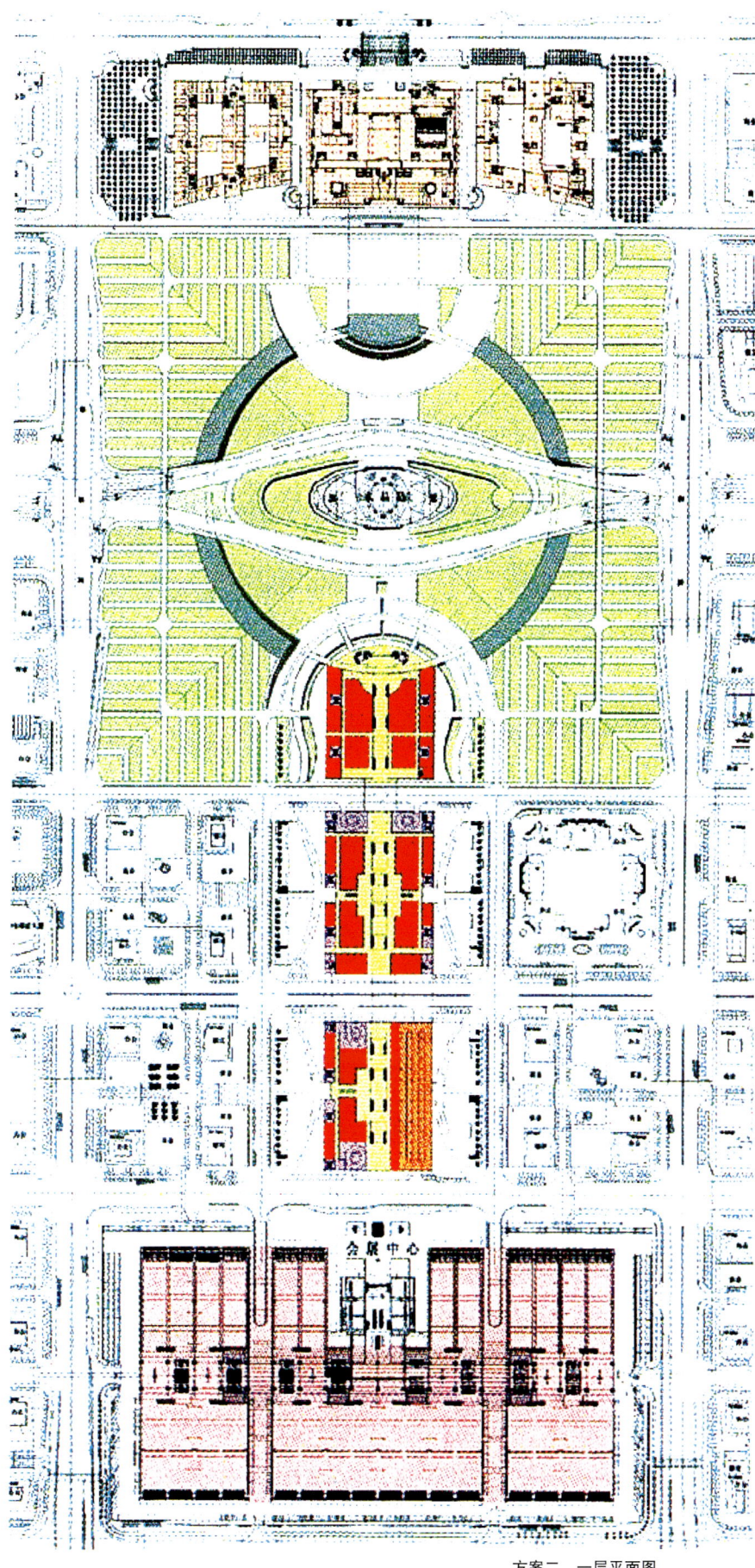

建筑面积统计（万 m²）			
地块编号	商业	车库	小计
33-2	0	9.8	9.8
33-4	3	1.5	4.5
33-6	4.37	1.69	6.06
19	3.91	2.47	6.38
总计	11.28	15.46	26.74

资金投入（亿元）			
地价	政府实际投入	社会投入	总投入
2.6	3.4	6.9	12.9

方案二 一层平面图

深圳市中心区中心广场
及南中轴景观环境方案设计

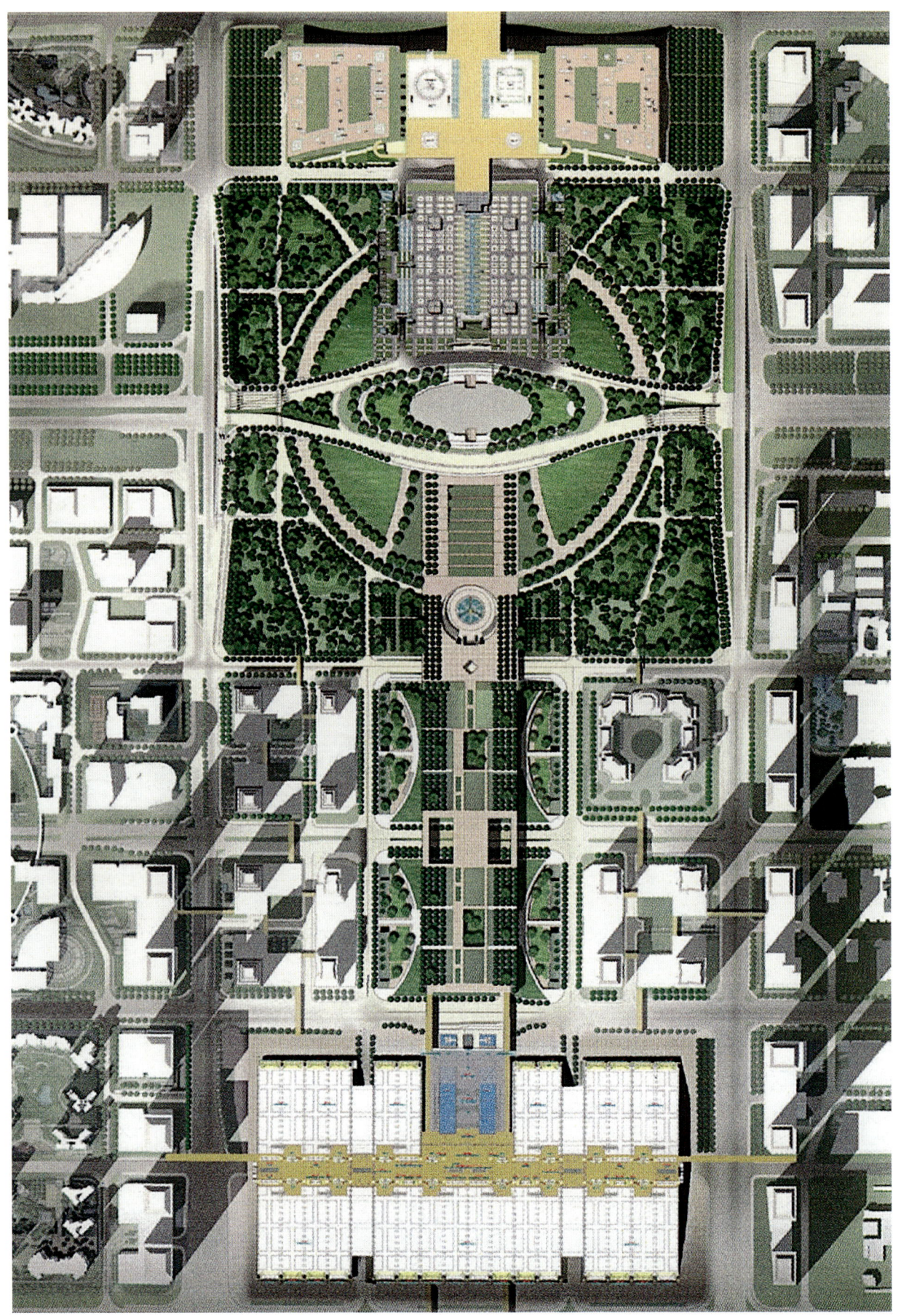

方案二 二层平面图

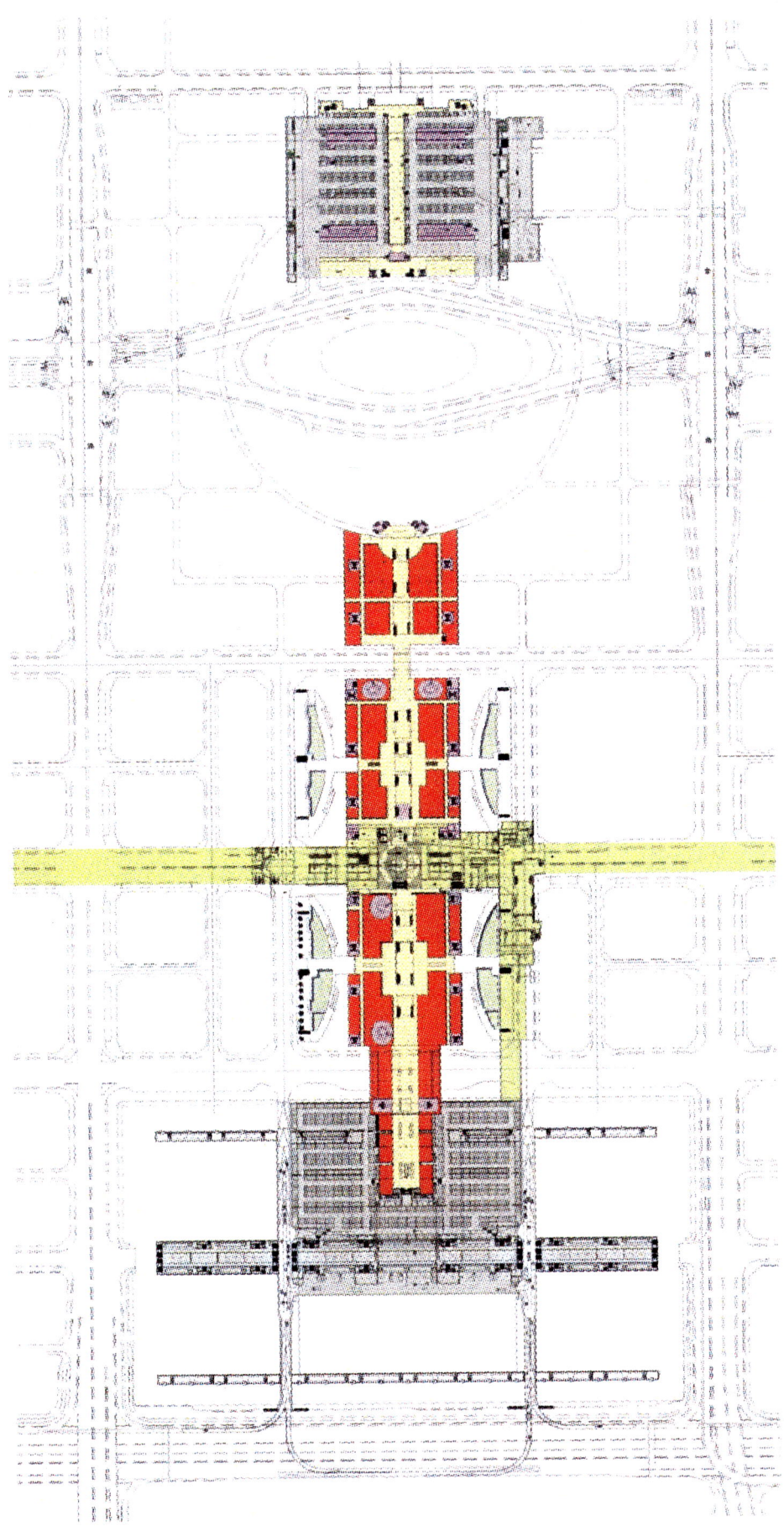

方案二 地下一层平面图

深圳市中心区中心广场
及南中轴景观环境方案设计

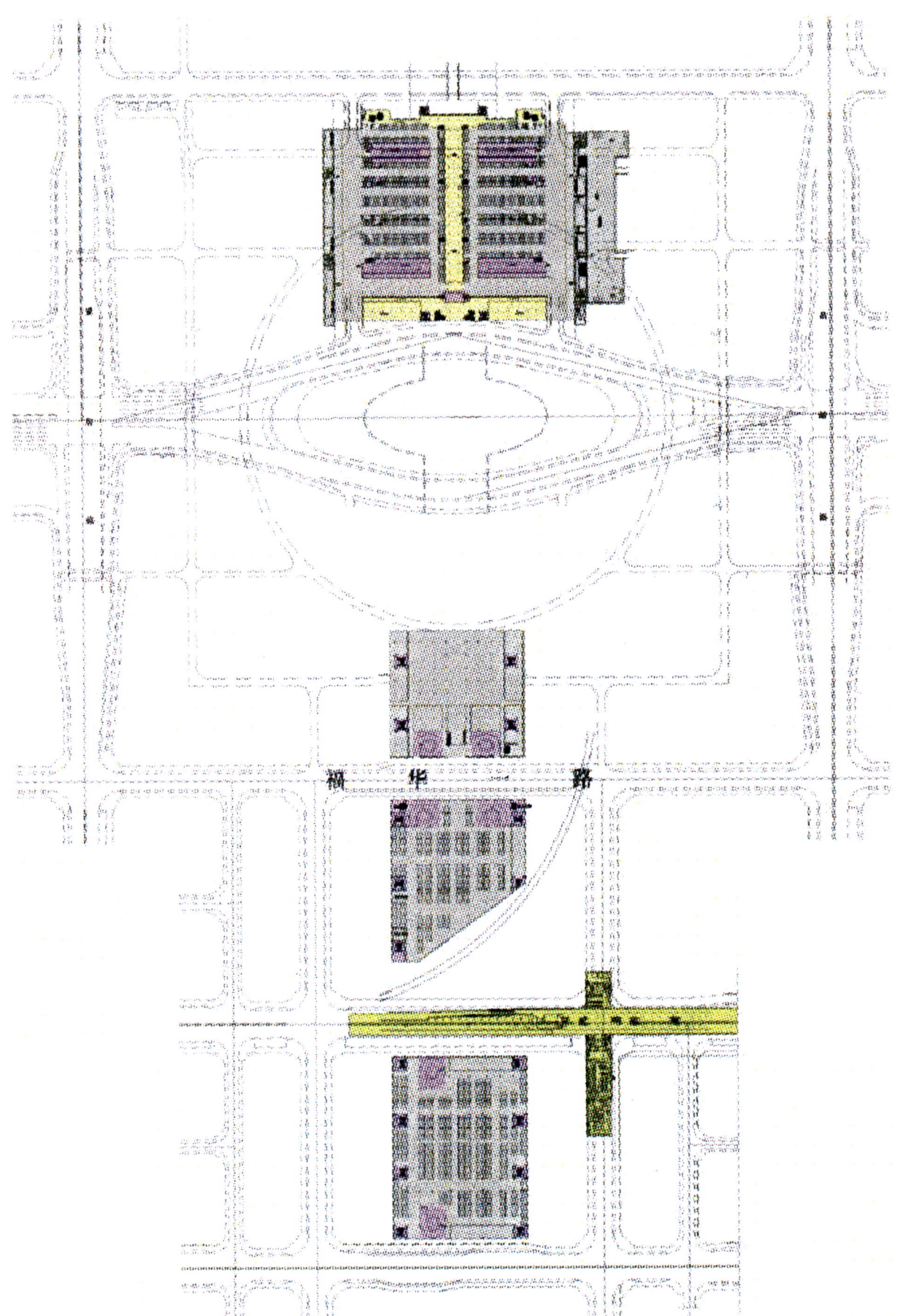

方案二 地下二层平面图

二、中心广场及南中轴景观环境工程方案设计招标

（一）招标公告

深圳市中心区中心广场及南中轴建设项目是深圳市政府重点工程，是深圳市最大、最重要的城市广场及超大型公共空间，是中心区从行政、文化功能区向商务区过渡的空间，是深圳市集大型广场、绿地、休闲娱乐、旅游观光、交通集散等功能为一体的新型城市空间。经深圳市人民政府批准，现就深圳市中心区中心广场及南中轴景观环境工程方案设计招标事宜公告如下：

1. 项目名称

深圳市中心区中心广场及南中轴景观环境工程。

2. 主办单位

深圳市规划与国土资源局。

3. 建设单位

深圳市土地投资开发中心。

4. 项目概况

该项目占地面积约 45.6hm^2，总投资约 2.5 亿元，资金来源为政府投资。工程预计 2005 年竣工。建设内容为中心广场、南中轴室外和屋顶景观工程、该项目的二层步行连接系统。

5. 招标内容和目标

招标内容：工程设计方案。

招标目标：确定该工程的设计中标单位和实施方案，中标单位须负责整个工程设计和施工现场配合，直至竣工验收。

6. 报名条件

（1）国内外规划、建筑及景观设计单位。

（2）具有大、中型景观环境设计及实践经验的单位优先。

7. 资格预审

报名截止后，由招标单位组织的方案招标工作小组对报名的设计单位进行预审，从中选择不少于6家单位正式参加设计投标，并发出邀请函。未入选单位恕不另行通知。

8. 报名方式

（1）接受网上报名和传真报名。请先下载并填写报名表。

（2）可通过特快专递将报名资料邮寄给主办单位。

（3）所需报名详细资料及相关设计参考资料在以下网站查阅：

http：//www.cingov.cn；

http：//www.szhome.com。

9. 时间要求

报名时间为 2003 年 9 月 26 日至 10 月 25 日，报名时间以特快专递邮戳时间为准。

投标方案设计时间：2003 年 11 月至 12 月。

10. 奖励办法

经评审，选择 2 至 3 个入围方案，从中确定一家设计中标单位签订工程设计合同，主办方不向中标单位提供奖金或设计工本费；对未中标的入围方案，每个奖励15万元人民币；对未入围方案，给予10万元人民币的设计工本费。

11. 联系方式

联系人：朱先生、许先生，联系电话：0755-83786418

传真：0755-83788227

联系地址：深圳市振兴路3号建艺大厦

深圳市规划与国土资源局

市中心区开发建设办公室

邮编：518031

特此公告。

深圳市规划与国土资源局
2003 年 9 月 26 日

（二）投标邀请函

株式会社日本设计，北京土人景观规划设计研究所，MAD（MADesign office）、Balmori Associates、SWA Group 公司、深圳市北林苑景观设计有限公司，马来西亚汉沙杨有限公司、北方一汉沙杨建筑工程设计有限公司，深圳市城市规划设计研究院、香港阿特森泛华规划建筑与景观设计有限公司，中建国际（深圳）设计顾问有限公司、PTW建筑设计公司、Mather&Associates 有限公司：

你公司关于参加"深圳市中心区中心广场及南中轴景观环境工程"方案设计投标的报名资料已收悉。经本项目方案设计投标单位预审小组审查推荐，我局现正式邀请你公司参加本项目的方案设计投标。

我局将于 2003 年 11 月 10 日全天举行发标会，届时将安排项目情况介绍、现场踏勘和集体答疑，并向投标单位提供设计招标文件及相关材料。请你公司安排项目负责人、首席设计师等主要设计人员准时参加会议。

2003 年 11 月 10 日发标会议地点：深圳市福田区振兴路建艺大厦4楼会议室。日程安排：上午9：00开始，项目情况介绍和现场踏勘；下午2：30开始，答疑会。

特此函告。

2003 年 11 月 3 日

(三)招标文件

1. 项目概述

深圳市中心区中心广场及南中轴建设项目是深圳市政府重点工程，是深圳市最大、最重要的城市广场及超大型公共空间，是中心区从行政文化区向商务区过渡的空间，是深圳市集大型广场、休闲绿地、商业娱乐、旅游观光、交通集散、城市标志和象征等功能为一体的城市复合空间。经深圳市人民政府批准，现就深圳市中心区中心广场及南中轴景观环境工程方案设计进行招标。

(1) 项目名称：深圳市中心区中心广场及南中轴景观环境工程方案设计（以下称该项目）

(2) 项目地点：深圳市中心区

(3) 招标人：深圳市规划与国土资源局

(4) 建设单位：深圳市土地投资开发中心。该项目占地面积约45.6hm²，总投资约2.5亿元人民币，资金来源为政府投资。工程预计2005年竣工。

(5) 设计内容

①设计范围：地块编号为33-2（市民广场）、33-3（水晶岛）、33-4（南广场）、33-6（南一区）、19（南二区），共计5个地块，用地红线面积总计约45.6万 m²，其中市民广场、水晶岛和南广场合称为中心广场，南一区和南二区合称为南中轴。设计范围同时也包括穿过深南大道的地下人行通道、各地块之间以及地块与周围建筑之间的二层人行连接平台（天桥）。

②工程设计包括中心广场及南中轴的室外和屋顶景观环境工程、该项目与周边连接的二层步行平台（天桥）、深南路地下人行过街通道的方案设计、初步设计、施工图设计及施工现场配合服务。

(6) 项目定义

中心广场是深圳市中心区中轴线公共空间系统的重要组成部分，是中心区从行政、文化到商务区的过渡，也是展示深圳国际化城市形象以及现代城市先进理念的重要场所。深圳这一未来最大最重要的开放空间，是中心区的核心，也是深圳市未来都市生活和城市精神的中心所在。

南中轴由商务办公楼、酒店、会展中心所环绕，既是中轴线公共空间系统的重要部分，也是深圳商务中心区（CBD）的中心。其商业开发一方面连接了被轴线分隔的两侧商业、酒店，另一方面为大面积绿化提供了必要的配套服务设施，同时商业所带来的人气为绿化公共空间提供了较好的安全性。

2. 招标内容

(1) 五个地块的景观环境及配套建筑小品的方案设计。

(2) 各地块之间及其与周边连接的二层步行平台（天桥）的方案设计。

(3) 设计费率报价。

3. 设计要求

(1) 设计原则

①应将该项目和南北中轴作为一个整体的城市空间来考虑，在功能、交通、绿化景观等方面均应保持整体性，贯彻生态—信息的主题。

②应按照城市空间复合利用和塑造多层次城市空间景观的要求为市民提供多样化的场所和设施。超大尺度的广场应通过必要的划分和系统的设计，使宏大气魄与人性尺度、政治文化与商业、硬地和绿化、车行和人行等都兼顾平衡。

③应提供继承中国传统文化和反映深圳城市特质（如移民城市）的场所与设施。

④在设计与实施过程中，应加强高新技术、新材料、新工艺的运用。

⑤设计方案应考虑分期建设和可持续发展，既能配合近期的形象要求，又要适当为未来发展留有衔接余地，以适应不断变化的城市生活的要求。

(2) 设计条件要求

①市民广场

市民广场占地16.07hm²，以政治活动、节庆典礼为主，整体风格偏向于严谨、规整。市民中心的中央部分要考虑集会、升旗及大型庆典仪式的需要；广场两侧为自然绿化公园。

市民广场设置地下两层停车库，总建筑面积10万 m²，已开工建设。该停车库主要服务于市民中心以及中心广场，此次设计必须综合考虑地下停车库的屋顶广场的过渡性方案；同时要考虑地铁站等地下空间的通风、采光、消防疏散的要求，并有足够、有效的绿化遮荫、照明、音响、环卫设施和必要的旅游观光服务设施。

②水晶岛

水晶岛占地3.09hm²，是中轴线与深南大道的交点，其主要功能为中轴线步行系统提供驻足停留的重要观景点，它将与市民中心一起构成中心区的标志，是中心区的画龙点睛之笔。但上述功能将在今后另行设计和分期实施。此次设计主要考虑景观绿化，并与市民广场、南广场形成统一协调的景观效果。同时对未来水晶岛的设计应提出概念性建议。

③南广场

南广场占地17.91hm²，主要功能是休闲和娱乐，是行政文化区向商务区的过渡，以市民活动为主，整体风格偏向于活泼、自由。它将与水晶岛、市民广场一起成为深圳的"城市客厅"。

整个中心广场在功能与风格上在统一、协调的基本原则下，各自有所侧重，应对大型庆典、集会、游行、长跑、观光旅游、防灾避难等文化娱乐活动提出合理的流线与场地安排。本次招标要求设计师为广场配置必要的公共厕所、建筑小品和休息设施。

④南中轴

南一区占地4.33hm²，南二区占地4.23hm²，两区均设有商业（局部地上一层和地下一层）和停车库（局部地下二层），商业建筑南侧和北侧不退红线，东侧和西侧各退用地红线不小于40m。此次招标设计内容包括商业建筑屋顶的绿化和商业两侧下沉的自然绿化景观设计。屋顶局部须保证不小于2m覆土，并预留种植高大树木和行驶载客电瓶车的荷载。

本次招标要求在南中轴两侧下沉的自然绿化景观中配置必要的休息设施。

注1：南中轴作为中心区CBD中央的开敞空间，北连南广场，南接会展中心，中间与地铁站及福华路地下商业街相接，因此具有一定的人行交通集散、休闲娱乐的空间特性。

注2：南二区地块内规划有公交枢纽站，该公交站占地面积约7 000m²。规划安排约20条公交线路。公交站出入口安排在福华路和福华三路。并设置方便的垂直交通系统与地下一层和地面二层步行系统衔接。公交枢纽站与地铁会展中心站应有便捷、顺畅的步行通道联系。

注3：中心广场及水晶岛要预留未来布置连续的二层步行系统的可能性，并与将来水晶岛设计的协调。

⑤步行系统

此次设计范围包括与周边项目二层步行系统连接的绿化平台、天桥，也包括南广场至会展中心应设置连续的二层人行系统以及新建的穿过深南大道的地下人行通道。

二层人行系统在跨越主次干道时的标高以保证市政道路净空4.5m为前提，具体标高和边界处理可根据方案构思来确定。

应预留从莲花山到会展中心完整的二层人行系统的可能性。结合设计方案和交通组织，合理安排残疾人使用的连续的无障碍系统。对于中心广场上的行人穿越深南大道的问题，规划建议：

a.利用现有的下穿深南大道的非机动车道；

b.在水晶岛的南北中心线与深南大道的交点处，设置地下人行过街通道。

⑥绿化系统

绿化景观设计宜体现中国传统园林设计的意境及艺术手法。本项目中尽可能提高绿化覆盖率，绿化应体现亚热带地区城市园林特色。

中心广场两侧公园以大片草坪结合观赏植物形成与市民中心相匹配的开放空间，在广场周边种植高大乔木，以绿化围合广场，形成对广场的界定。市民广场的绿化配置应相对规整，南广场可比较灵活自由。南广场东、西两侧可利用人工堆山，形成地形的起伏，既为公众提供最佳观赏点，又增加绿化的空间层次。

屋顶上设置合理的覆土厚度，使屋顶绿化貌似自然绿化。绿化配置要求考虑不同季节性植物的色彩搭配。

建议在地面及屋顶绿化中考虑电瓶车或其他无污染的小型观光车的路线。

⑦与设计范围有关的交通组织

a.中心广场与深南大道的关系

已经确定保留金田路、益田路与深南大道的跨路立交，拆除原有两条左转匝道。金田路、益田路与深南大道在地面采用平面交叉的形式。

远期根据交通量的大小可采取深南大道通过性快速交通在金田路以东和益田路以西下穿通过市民广场和水晶岛，并预留与南北广场地下停车库的连通。

b.人行系统组织

中轴线规划设置连续的二层人行系统，形成从莲花山到会展中心完整的二层人行系统，与地面车行交通形成人车分流、分层的交通体系。

c.机动车出入口

该项目的机动车主要从福中三路、深南大道、福华一路、福华路、福华三路进出。

所有停车库出入口为右进右出交通组织方式，并要求保证中型货车和垃圾专用车进出。

d.地铁

与设计范围相关的地铁站有：会展中心站（1号线与4号线站的垂直换乘站）、市民中心站。

e.公交枢纽站

19地块内规划有大型公交枢纽站，该公交站占地面积约7 000m²，在适当位置布置售票、调度房等配套用房。规划安排约20条公交线路，并设置方便的垂直交通系统与地下一层和地上二层步行系统衔接。公交枢纽站与地铁会展中心站应有便捷、顺畅的步行通道联系。

f.公交停靠站

设计范围内深南大道、福华一路、福华路、福华三路及中心四路、中心五路两侧规划设有一些公交停靠站。以下所指规划公交停靠站均位于该项目相邻路段范围内。具体情况如下：

中心广场的公交停靠站设在水晶岛两侧的辅道。

福华路南中轴段南侧公交停靠站设置在19地块公交枢纽内。

福华三路南中轴段两侧将设置港湾式公交停靠站，北侧停靠站将结合19号地块地下车库出入口设计。

福华一路南中轴段预留港湾式停靠站，站台位置将结合两侧地下停车库出入口设计。

中心四路、中心五路规划设置港湾式停靠站，站台位置结合用地两侧步行通道位置及地铁4号线会展中心站出站口位置综合安排，停靠站按港湾式停靠站考虑。

4.投标设计成果要求

（1）投标方案设计深度要求

①景观环境设计方案应对中心区中轴线的整体空间序列作总体的安排，体现源远流长的中国文化和哲学思想，形成从莲花山到会展中心完整的中轴线空间景观序列。同时景观环境设计应考虑建筑、小品、绿化和水系的室内外结合，以及商业、娱乐与休闲、文化、展示功能为主的城市重要景观轴线的结合。

②要求设计详细的绿化组团范围、植被名称和植被的季节性色彩搭配。

根据不同空间的使用功能需求，确定本项目各关键控制点之间的标高关系及相应的景观视线分析。

③要求确定各类铺砌形式和无障碍线路设计。

④确定主要建筑小品、园林小品、标识系统（含标志牌、广告牌）和公共设施的设计方案。

⑤提出灯光夜景设计方案。

（2）投标文件成果要求

①投标文本与图纸合订成册（20份，电子文件1份），必须包括以下内容：

a.文本说明（含设计构思、园林小品及配套设施明细表、投资估算）

b.总平面图

c.景观视线设计分析图

d.绿化布置图

e.植物种类及分布图

f.二层人行平台（天桥）设计草图

g.各地块设计详图

h.建筑小品及园林配套设施布置图

i.主要小品及配套设施方案草图

j.标高定位图

k.鸟瞰透视图；其他透视图若干，数量不限

l.灯光夜景效果图

②表现模型1个，比例1:1000，范围包括市民中心、会展中心、金田路、益田路。

③展板（长120cm、宽68cm）4块

④设计费预报价

景观环境工程按照国家有关规定的3%～5%设计费率范围由投标单位在此范围内预报设计费率，并提供有关说明。

注：跨路平台（天桥）和地道将依照深圳市规划国土局《收费标准汇编》（1999年）中的国家规定的设计费率，并以经政府相关部门审定的工程初步设计造价概算计算最终设计费用。

5.递交投标文件注意事项

（1）投标文件送达的截止时间：2004年1月8日（周四）下午5时（北京时间），送达地点另行通知。

（2）所有投标文件必须签章方为有效，其中：技术文件须由首席设计师、注册建筑师签章、设计单位盖章；设计费率预报价须由法定代表人签字、设计单位盖章。

（3）设计费率预报价及有关说明必须单独装袋密封。

（4）每张邀请函上注明的投标单位（无论独立或合作设计）只能报送一个方案。

（5）所有投标文件成果必须按时一次交齐，并由招标人出具回执。

（6）如果出现下列情况之一，投标方案将被取消参加评标的资格，相应的投标文件为无效投标文件：

①投标文件成果逾期送达；
②投标文件成果分次提交；
③交标后，更改投标文件的内容；
④投标文件没有按要求签字、盖章；
⑤设计费率预报价及有关说明没有单独装袋密封；
⑥投标文件成果不符合投标文件要求，包括成果内容不全。

（7）被取消评标资格的投标方案，招标人不予支付设计工本费；无效投标文件由投标单位在收到通知后的10日内取回，逾期未取的无效投标文件，由招标人作报废处理。

6. 方案评审原则

（1）投标文件必须内容齐全，符合招标文件的要求；
（2）设计构思的独创性；
（3）方案的现实可行性；
（4）整体空间形态及景观环境效果；
（5）方案的技术经济性。

7. 评标

（1）定于2004年1月9日~10日在深圳市举行该项目评标会，要求首席景观设计师在评标会上采用多媒体方式介绍方案，每个方案介绍时间30~40分钟。

（2）由招标人组织的专家评标委员会对投标方案进行综合评审，从中选择2~3个入围方案。

（3）评标委员会在评标完成后，向招标人提出书面评标报告。

8. 确定中标方案

（1）招标人根据评标委员会提出的书面评标报告和选择的入围方案，结合投标人的技术力量和业绩确定中标方案。

（2）招标人在中标方案确定之日起7日内，向中标单位发出中标通知，并将中标结果通知所有投标单位。

（3）招标人委托深圳市土地投资开发中心与中标单位签订工程设计合同。

（4）中标单位应在中标通知发出之日起30日内与深圳市土地投资开发中心签订工程设计合同。如果因中标单位的原因不能签订设计合同的，则视为废标。招标人不向中标单位提供奖金或设计工本费。招标人有权在入围方案中另行选择设计单位签订设计合同。

（5）对未中标的入围方案，每个奖励15万元人民币；对未入围方案，每个给予10万元人民币的设计工本费。以上费用含中国境内税收，税收由投标单位负责支付。

9. 其他事项

（1）投标人同意招标人有权无偿使用所有投标成果，包括组织宣传、展览及出版发行等。

（2）未经招标人同意，投标单位不得将招标人提供的基础资料复制、外借、转让。在投标结束后，须将招标基础资料归还给招标人。依照中国法律，如有违反，投标单位将承担一切法律责任。

（3）若招标人和投标人在招标过程中发生争议，经协商不成时，双方同意提交中国国际经济贸易仲裁委员会深圳分会按照其仲裁规则在深圳对争议进行仲裁。仲裁裁决是终局的，对双方当事人均有约束力。该项目招标工作和所有文件适用中国法律。

（4）本招标文件附注的项目有关资料详见电子文件光盘。

项目有关资料清单：
图1：中心区法定图则
图2：中心区总平图
图3：中心区建筑退线图
图4：中心区建筑高度图
图5：中心区地下一层人行系统图
图6：中心区地上一层人行系统图
图7：中心区道路系统图
图8：中心区相关道路断面图
图9：中心广场及南中轴城市设计（1~4）
图10：中心区雕塑规划总图
图11：深圳会展中心+0.000及7.5层平面图(1~2)
图12：中心区交通详细规划总图
图13：市民广场地下车库图（1~5）
图14：市民广场地下车库屋顶设计图
图15：市民中心与市民广场连接天桥设计图（1~2）
图16：福华路道路改造设计图（1~4）
图17：福华路地下商业街C区设计图(1~6)
图18：地铁会展中心站设计图（1~2）
图19：地铁市民中心站设计图（1~2）
图20：深南大道中心区段近期交通改造方案设计图
图21：中心区整体街道环境概念设计(1~14)

附注：参考书《深圳市中心区城市设计与建筑设计1996—2002》系列丛书，2003年中国建筑工业出版社出版发行。

2003年11月10日

(四)投标方案

1.株式会社日本设计

深圳特色的与环境共生之未来城市—城市与自然的崭新结合

本项目地处深圳市中心地区,占地面积 45.6hm², 北依莲花山, 西南临海, 东面远望屏湖。尽管周围是不断发展的现代化城市,但是通过对周围自然和公园的整备,给人一种自然和城市的调和感。

本项目以"城市与自然的崭新结合"为主题,提出以一种崭新的形式理解建筑和景观之间关系的方案。

在绿色满载的生态环境里,试图创造出一个在满足城市的各种功能及多样化空间的同时,又能体现中国传统文化和深圳特色的独特空间。进而,通过情报交流、最先端技术、新材料新工艺的应用,迈出创造"深圳特色的与环境共生之未来城市"的第一步。

继往开来的新城市—深圳特色的环境共生之未来城市

本设计是将此处作为深圳市将来发展的象征的同时,又能既可利用的广场加以设计。

丰富的自然为城市的发展提供了可能,满载的绿色和潺潺的湖水让人们身心愉悦,赋予城市以新的活力,使城市的可持续发展成为可能。

自古以来,中国南方就是在新文化的自由精神和作为国际城市的文化中孕育成长。本设计将园林文化及南方的特色植物巧妙地结合,形成与北方那种黄河、黄沙、针叶林等肃穆的风景截然不同的独特风景。在继承太极及天圆地方的传统思想基础上,赋地轴以园林文化的自由和形式,形成非对称配置的悠闲娱乐空间。

通过"自然"与"历史"的调和,创造出独一无二的"深圳特色的与环境共生之未来城市"。

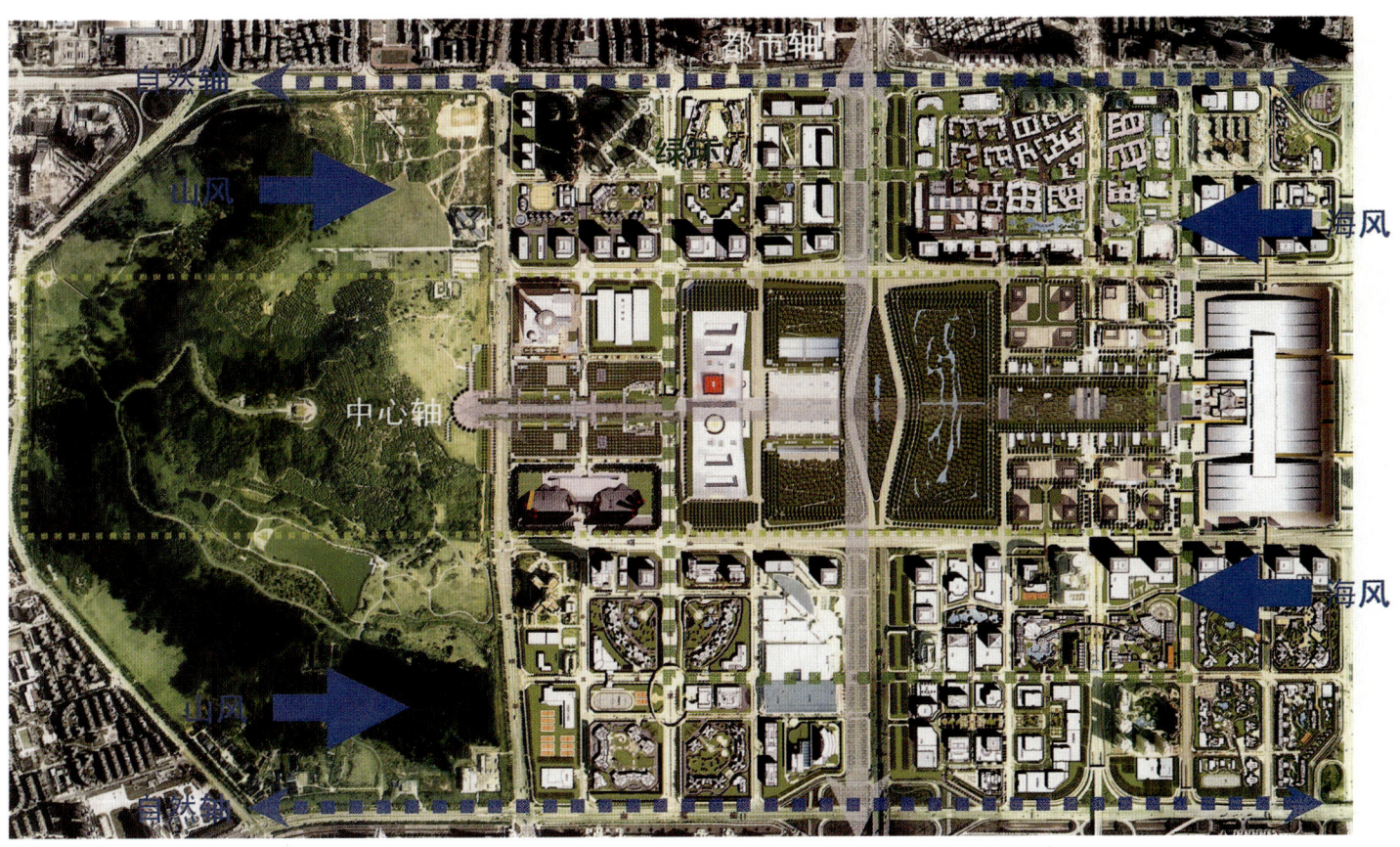

总体规划图

中国传统与现代都市相融合天人合一之大都会庭院—都市的记忆与未来的调和

运用中国传统园林手法,传承历史,形成以都市轴,中心轴,环境(自然)轴为框架的深圳特色之环境共生未来都市。

深圳市中心区中心广场
及南中轴景观环境方案设计

环境共生型未来都市—都市中的丛林

鸟瞰透视图

深圳市中心区中心广场及南中轴景观环境方案设计

悬浮于森林之中的各种树木及遍布于地面的应时令而生长的多种植被
— 构筑城市自然森林 —

本规划中在提高园内绿化率的同时，有效利用了亚热带地区的都市园林特色。
脚下是应时令而变化的遍地植物，头上便是能遮荫挡阳的高度达20m的高乔木植物森林，酷似森林之中悬浮的绿色绒毯，给人一种心旷神怡的感觉。
建立10-20年的长期园林绿化计划体系，营造充裕的自然大都市氛围。

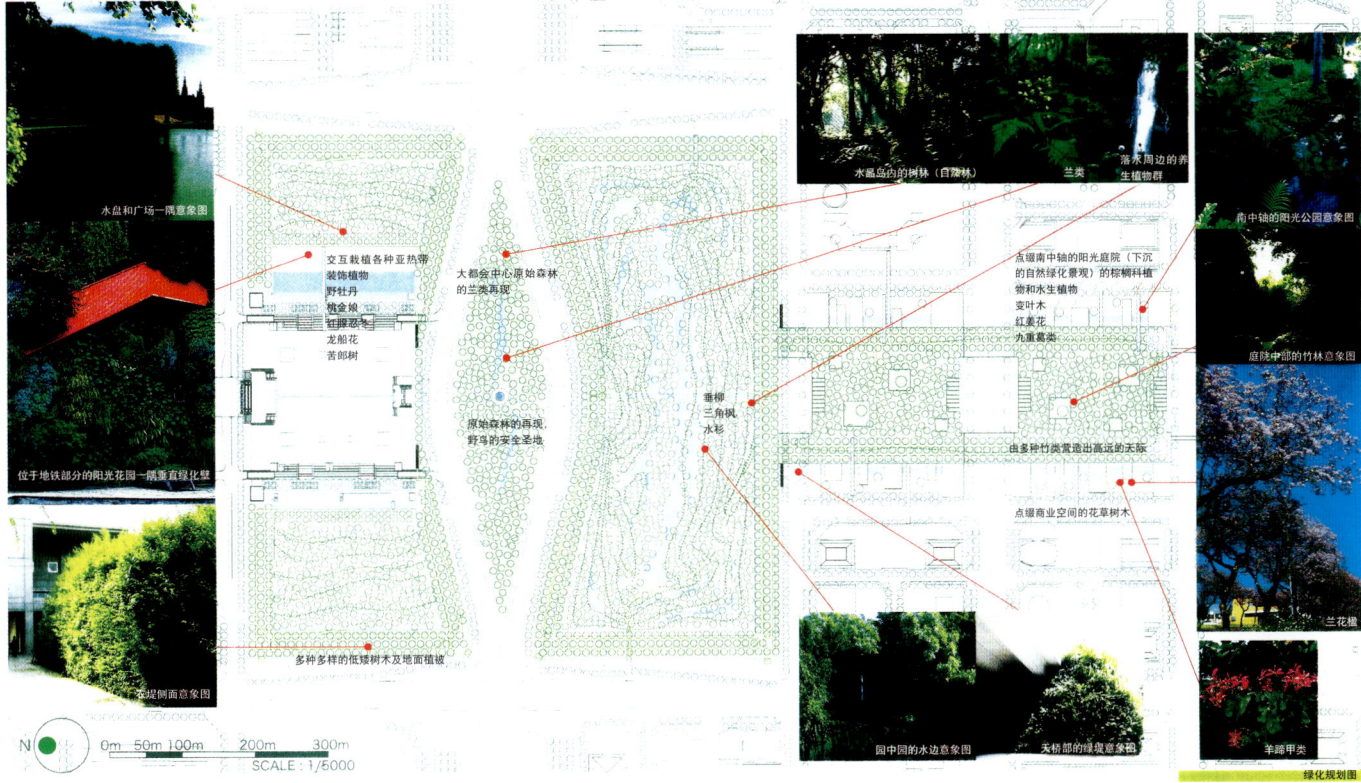

绿色规划图

适应不同水分条件的植被规划 — 城市中丛林的诞生 — （植被种类及分布图）

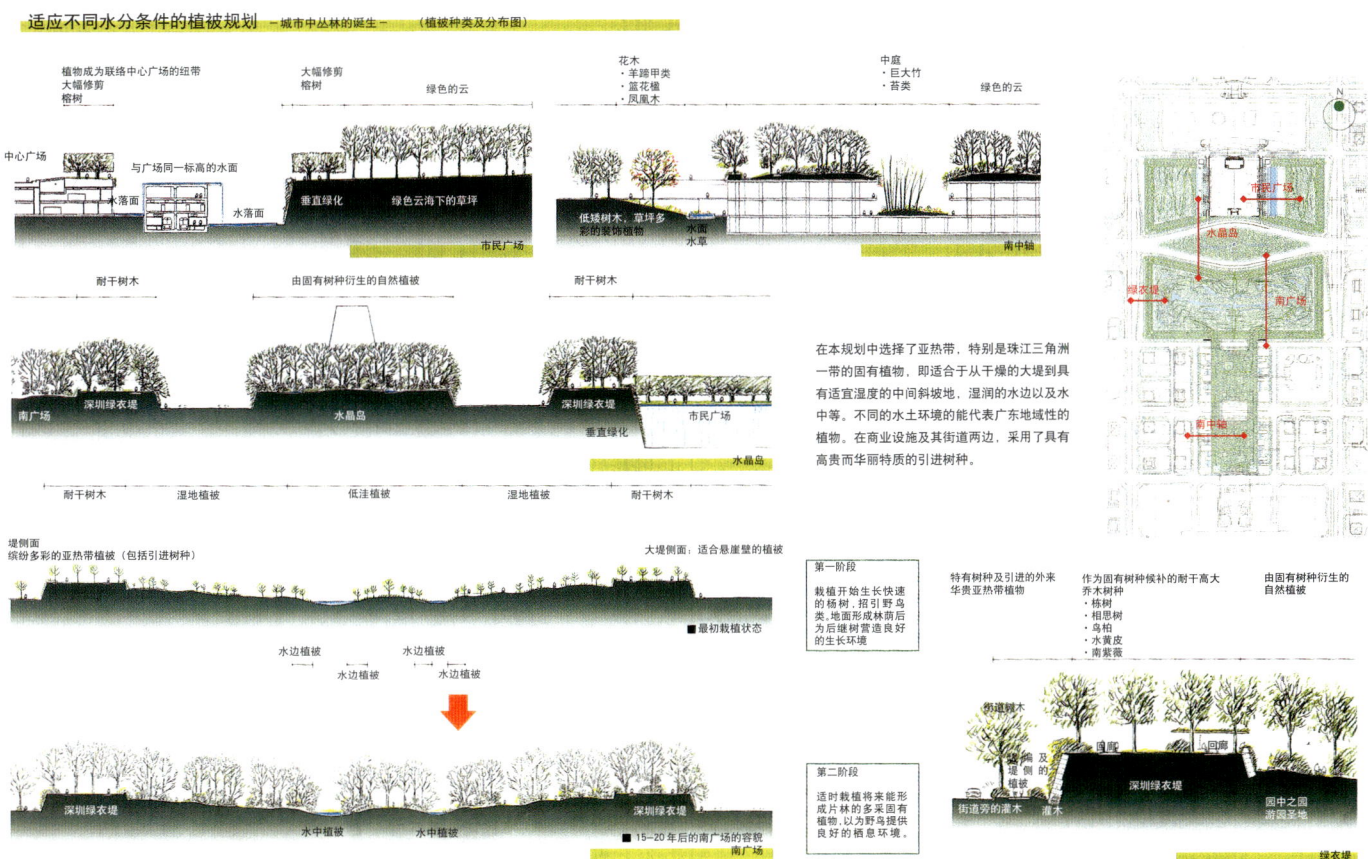

在本规划中选择了亚热带，特别是珠江三角洲一带的固有植物，即适合于从干燥的大堤到具有适宜湿度的中间斜坡地，湿润的水边以及水中等。不同的水土环境的能代表广东地域性的植物。在商业设施及其街道两边，采用了具有高贵而华丽特质的引进树种。

《深圳市中心区城市设计与建筑设计1996-2004》系列丛书

深圳市中心区中心广场
及南中轴景观环境方案设计

与自然空间相协调的铺装设计 —构筑城市自然森林—

本规划中的铺装设计，在充分考虑防尘对策的同时，为了抑制地表产生高温现象，雨天考虑行人等种种因素，采用了天然石板，石阶，草坪等天然素材。
另外，还采用了使人们从事的活动能与周围绿色产生自然亲和的自然素材，森林中的蜿蜒小路采用了珠江流域的石材进行铺砌，使之与栽植的固有树种及植被相呼应。

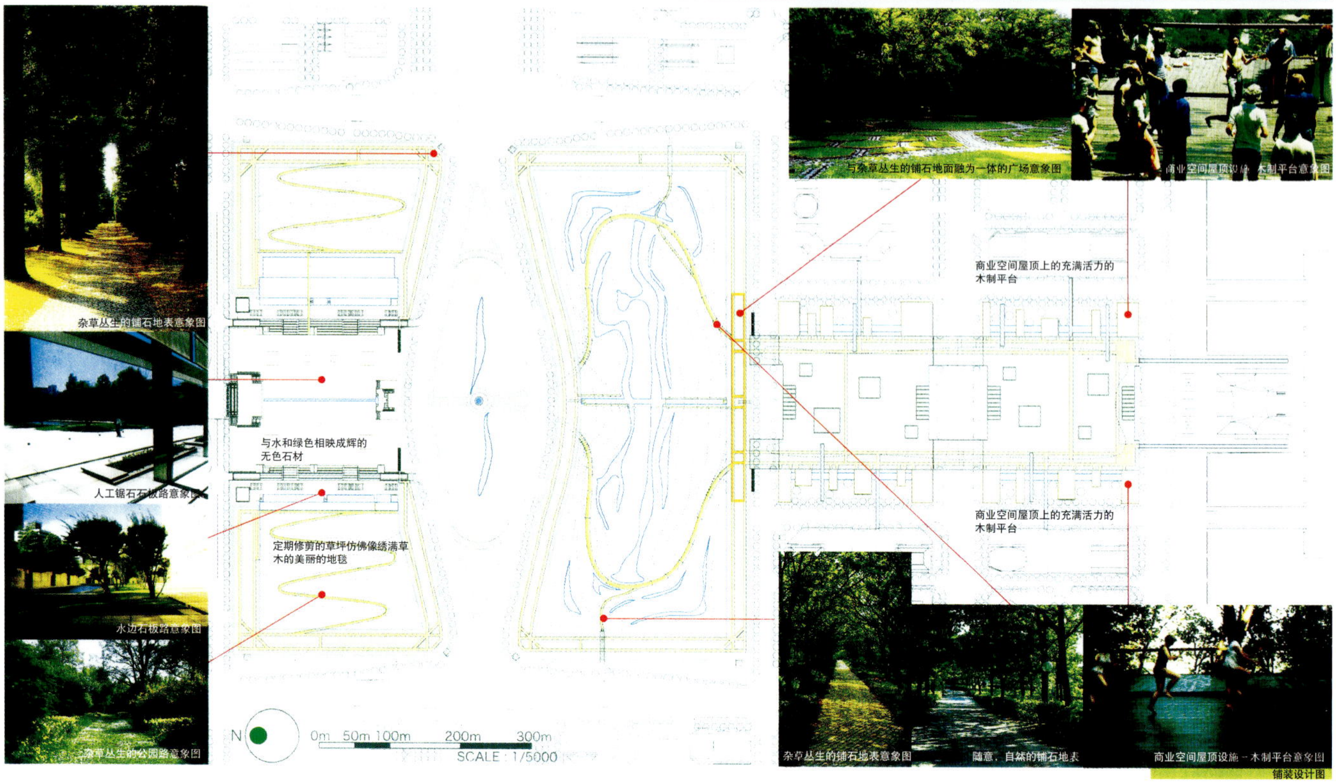

创造自然平缓的丰富的自然空间 —形成城市森林—

在中心地区，围绕大堤形成绿色高台，大堤的内侧将形成轻缓起伏的自然地形。
在南国轴，预备设置宽达40m的周围是缓坡的地上庭院，另外，屋顶上填筑厚达2m的覆盖土，以备自然绿化之用。

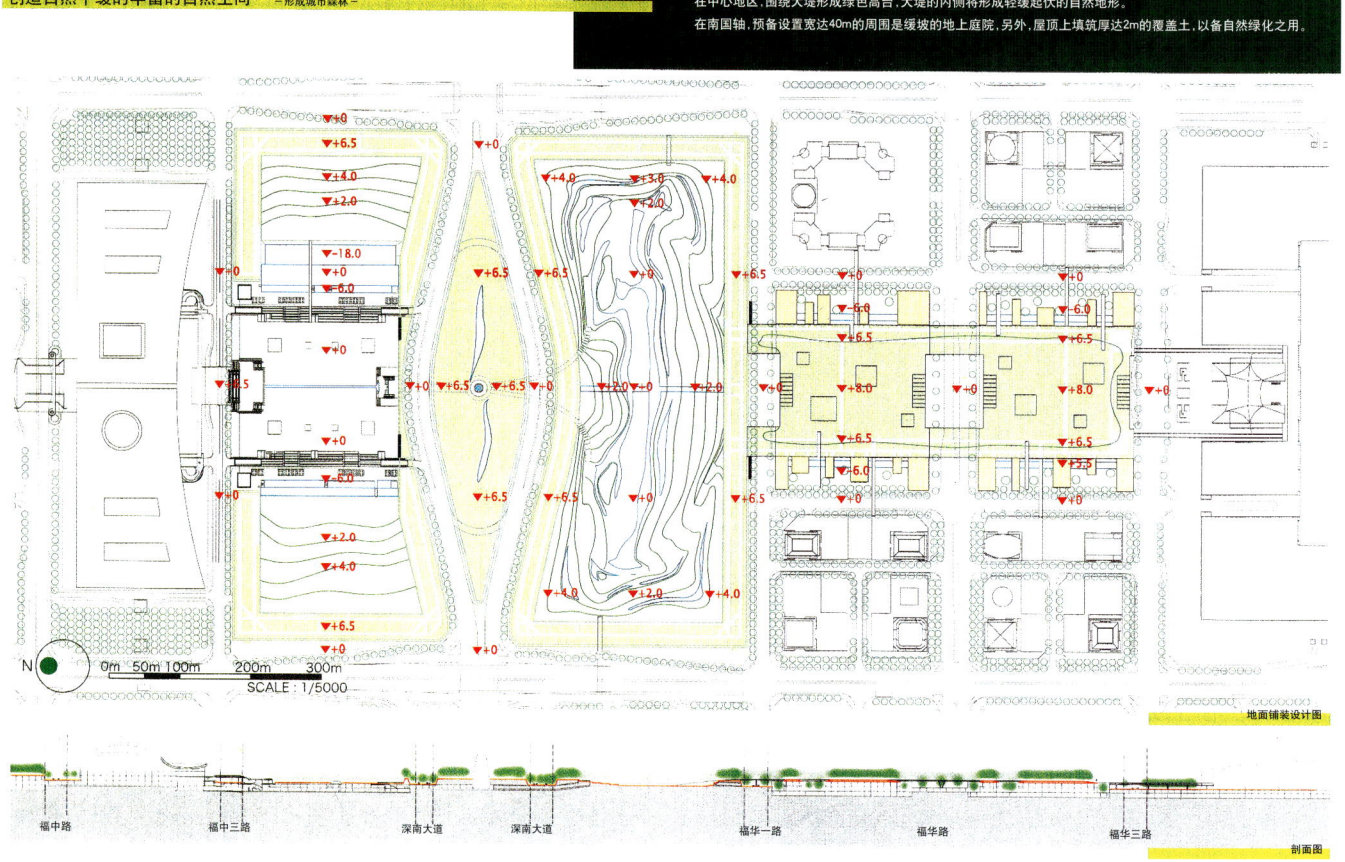

《深圳市中心区城市设计与建筑设计1996-2004》系列丛书

深圳市中心区中心广场
及南中轴景观环境方案设计

连续明快回游路的流线规划

在本规划中注重回旋连续的具有动感的线路设计理念，布置的每条小路，均与都市周围的自然有机的协调，给人一种观赏舞台风景的美感。而出入口不仅能通向市内各条大路，同时又把地铁和商业设施，市民中心和会展中心以及地铁和公共汽车站等城市重要设施有机的连接起来，形成便捷、快速的重要交通要道。

以繁华的街道为中心周围设置了若干条支路，能连接其他各个区域，并与其周围景观相结合，从而形成明快、连续，回游性高，又具有立体性的动感交通网。

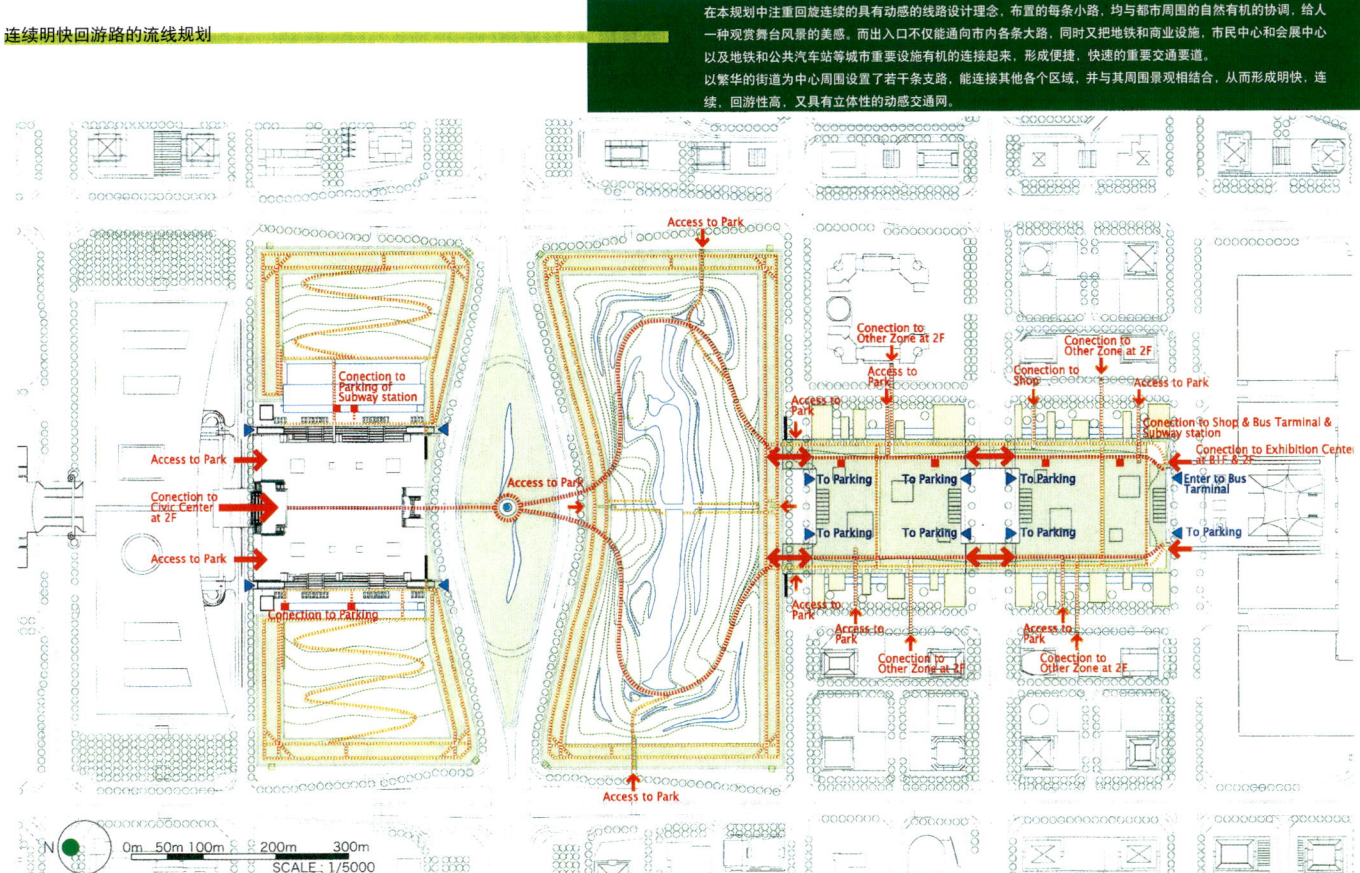

具有动感的交通线路规划

市民广场 —严肃而井然的场所的形成—

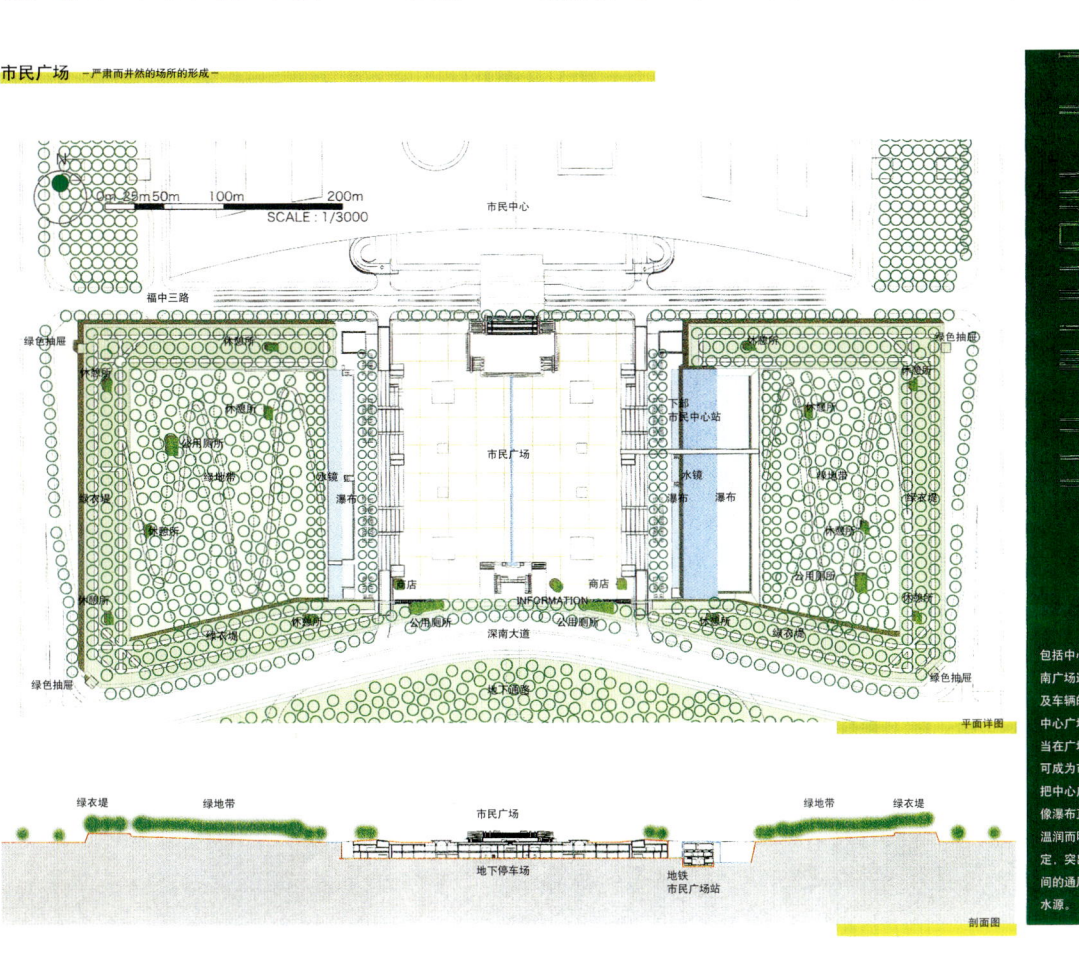

平面详图

剖面图

包括中心广场在内的市民广场，其外围被从南中轴及南广场连续过来的深圳绿衣堤包围，使其与街市喧嚣及车辆的喧嚣相隔离，形成一个严谨规整的空间。

中心广场的东西两侧，设计成带有平缓坡度的绿地带，当在广场中央举行集会，或大型庆典仪式时，这里就可成为市民的观众席。

把中心广场规划成椭圆的水盘，盘水流向地面，仿佛像瀑布直流而下，使地铁-市中心站和地下停车场温润而明亮。既有像水一样的静谧，又保持秩序的安定，突出市民广场特有的气质，满足地铁站等地下空间的通风，采光，消防疏散等要求，也可作为饮用水水源。

《深圳市中心区城市设计与建筑设计 1996-2004》系列丛书

63

深圳市中心区中心广场及南中轴景观环境方案设计

市民广场 — 严肃而井然的场所的形成 —

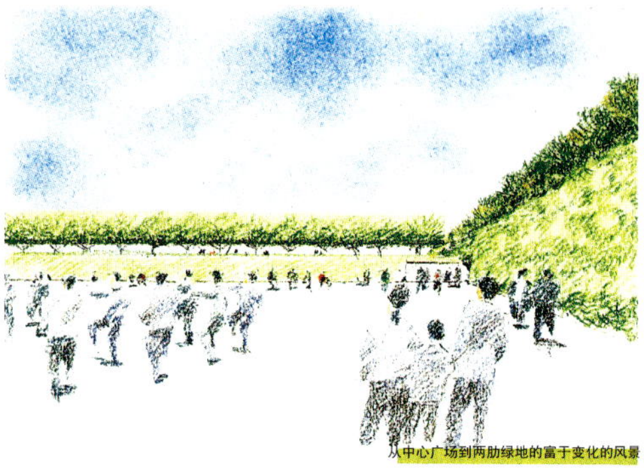

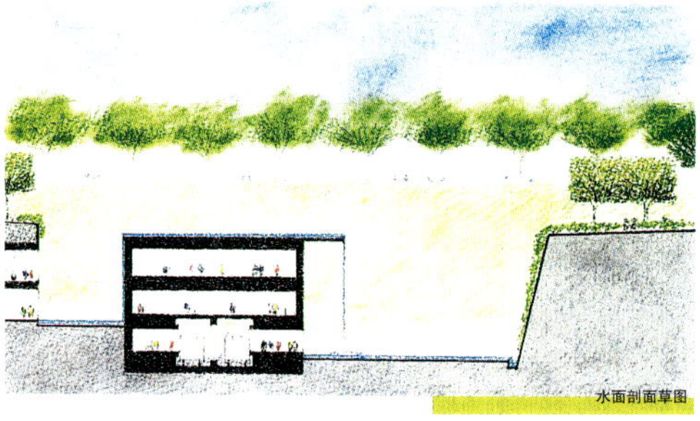

水晶岛 — 中心区的象征性标志 —

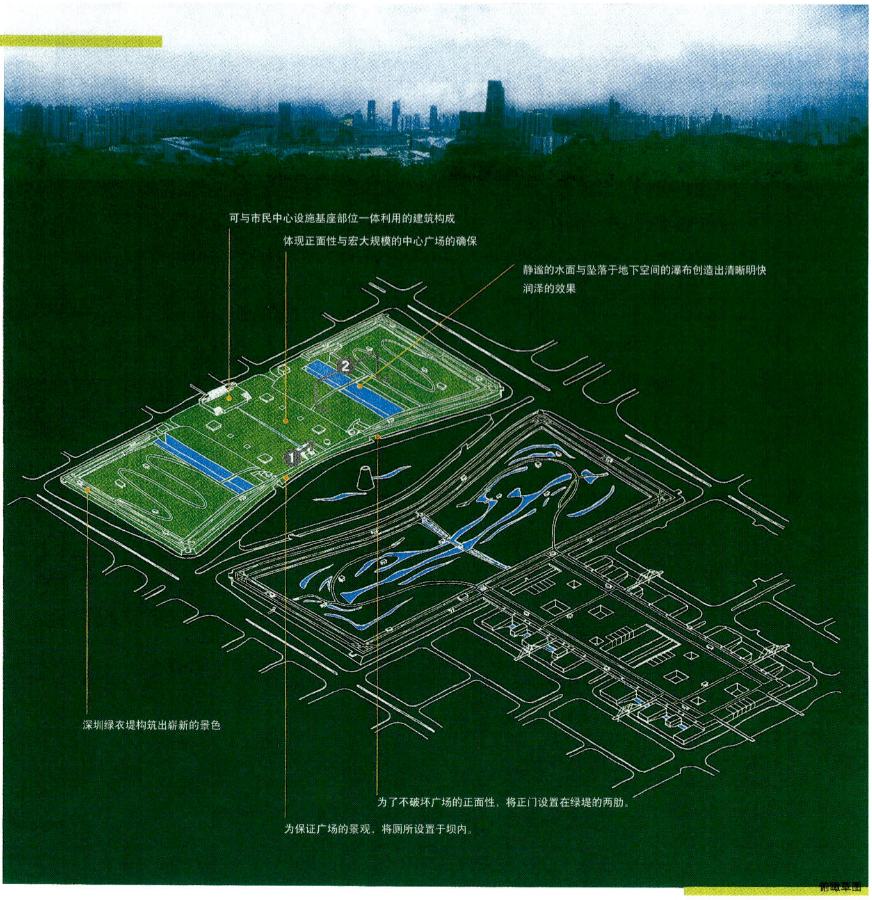

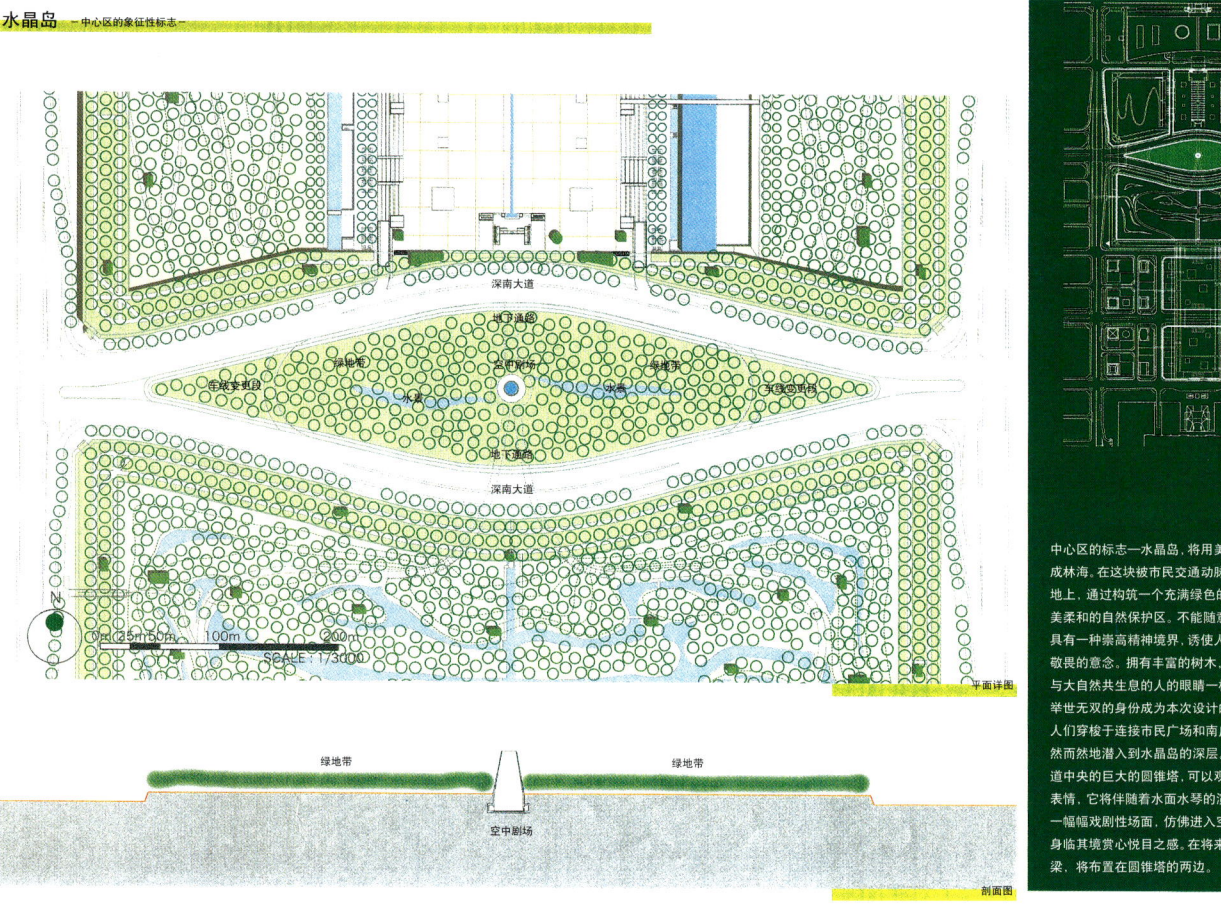

中心区的标志—水晶岛，将用美丽多彩的当地树种构成林海。在这块被市民交通动脉的深南大道所围的用地上，通过构筑一个充满绿色的绿衣堤，使之形成优美柔和的自然保护区。不能随意进入的树林，使其更具有一种崇高精神境界，诱使人们产生对城市自然的敬畏的意念。拥有丰富的树木、昆虫以及小鸟，如同与大自然共生息的人的眼睛一样的水晶岛，将意以其举世无双的身份成为本次设计的亮点。

人们穿梭于连接市民广场和南广场的地下通道时，自然而然地潜入到水晶岛的深层。而通过设置在地下通道中央的巨大的圆锥塔，可以观赏到天空中演绎各种表情，它将伴随着水面水琴的演奏声，在眼前浮现出一幅幅戏剧性场面，仿佛进入空中剧场，令人们产生身临其境赏心悦目之感。在将来实施的二层架筑的桥梁，将布置在圆锥塔的两边。

深圳市中心区中心广场
及南中轴景观环境方案设计

水晶岛 —中心区的象征性标志—

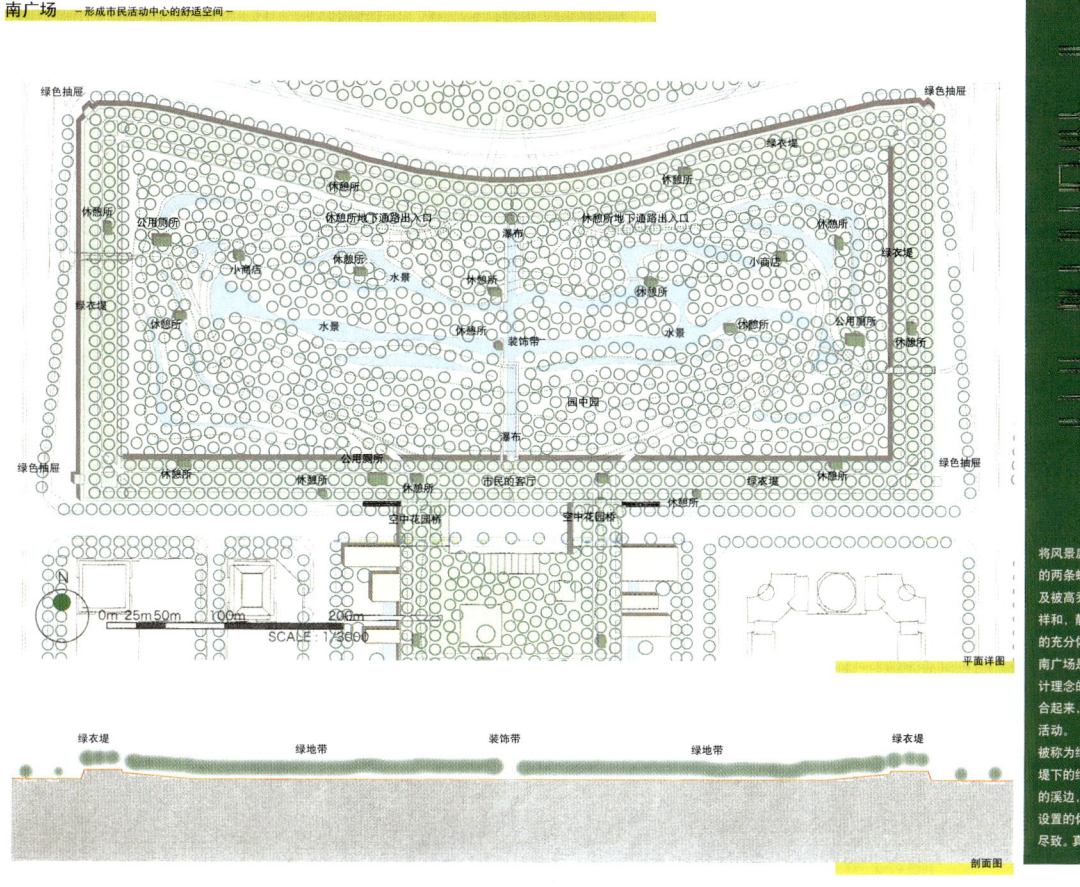

① 空中剧场 剖面图

② 深南大道沿途变化的风景

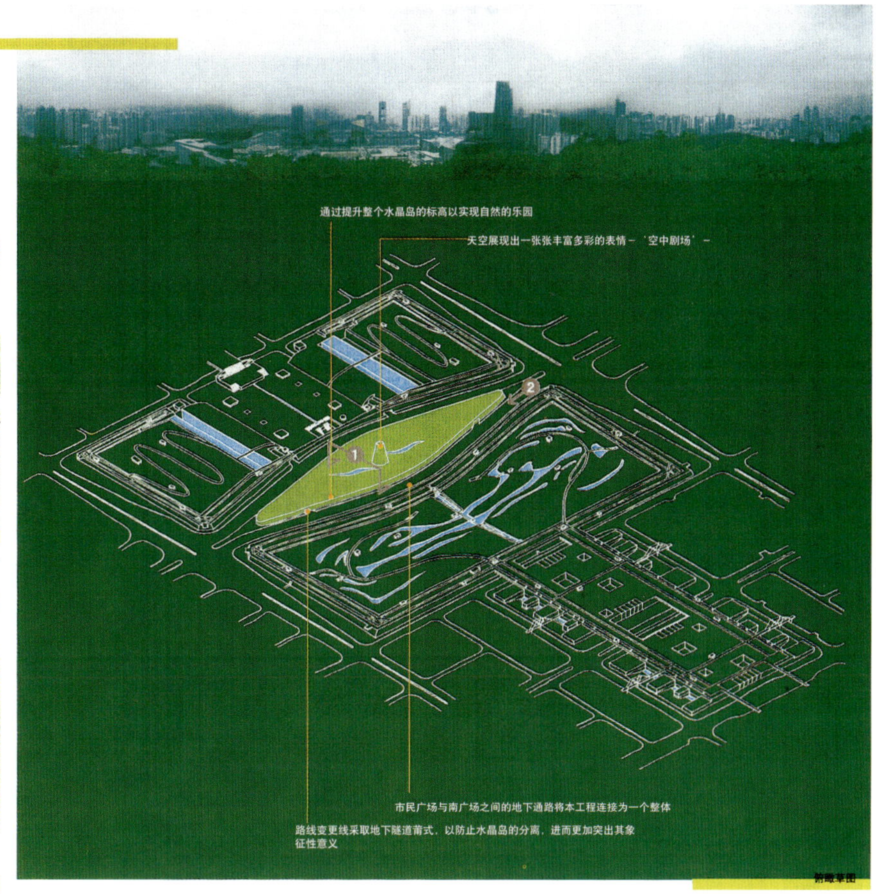

通过提升整个水晶岛的标高以实现自然的乐园

天空展现出一张张丰富多彩的表情 —"空中剧场"—

市民广场与南广场之间的地下通路将本工程连接为一个整体

路线变更线采取地下隧道箭式，以防止水晶岛的分离，进而更加突出其象征性意义

鸟瞰草图

南广场 —形成市民活动中心的舒适空间—

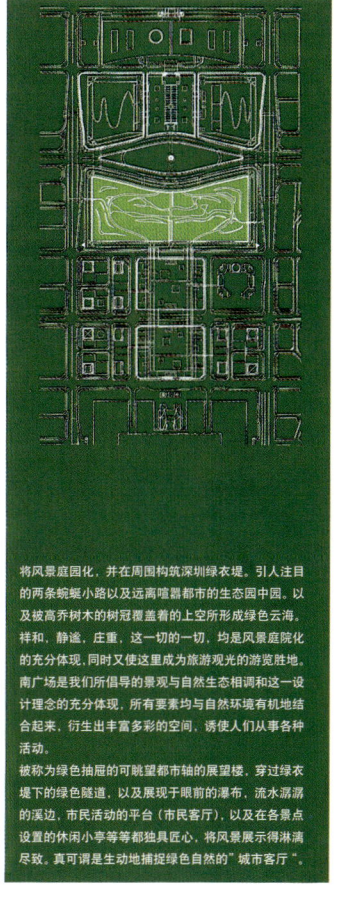

平面详图

剖面图

将风景庭园化，并在周围构筑深圳绿衣堤。引人注目的两条蜿蜒小路以及远离喧嚣都市的生态园中园，以及被高乔树木的树冠覆盖着的上空所形成绿色云海。祥和、静谧、庄重，这一切的一切，均是风景庭院化的充分体现，同时又使这里成为旅游观光的游览胜地。南广场是我们所倡导的景观与自然生态相调和这一设计理念的充分体现，所有要素均与自然环境有机结合起来，衍生出丰富多彩的空间，诱使人们从事各种活动。

被称为绿色抽屉的可眺望都市轴的展望楼，穿过绿衣堤下的绿色隧道，以及展现于眼前的瀑布，流水潺潺的溪边，市民活动的平台"市民客厅"，以及在各景点设置的休闲小亭等等都独具匠心，将风景展示得淋漓尽致。真可谓是生动地捕捉绿色自然的"城市客厅"。

《深圳市中心区城市设计与建筑设计 1996—2004》系列丛书

南广场 — 形成市民活动中心的舒适空间 —

①引进处的瀑布 剖面图
②园中园内富于变化的风景

连接市民广场的地下通路
悬挂于堤下隧道处的瀑布所形成的道路空间
静止于水面的风景
将整体风景庭院化的深圳绿衣堤
具有不同个性的两条回游路
市展销活动场所
将南广场与南中轴连为一体的空中花园桥
与环境共生的安园中园
可眺望都市轴的"绿色抽屉"
俯瞰草图

③市民的客厅

⑤绿色抽屉 草图

④通往南中轴的富于变化的风景

⑥园中园内部变化的风景

深圳市中心区中心广场及南中轴景观环境方案设计

南中轴 —娱乐中心地的形成—

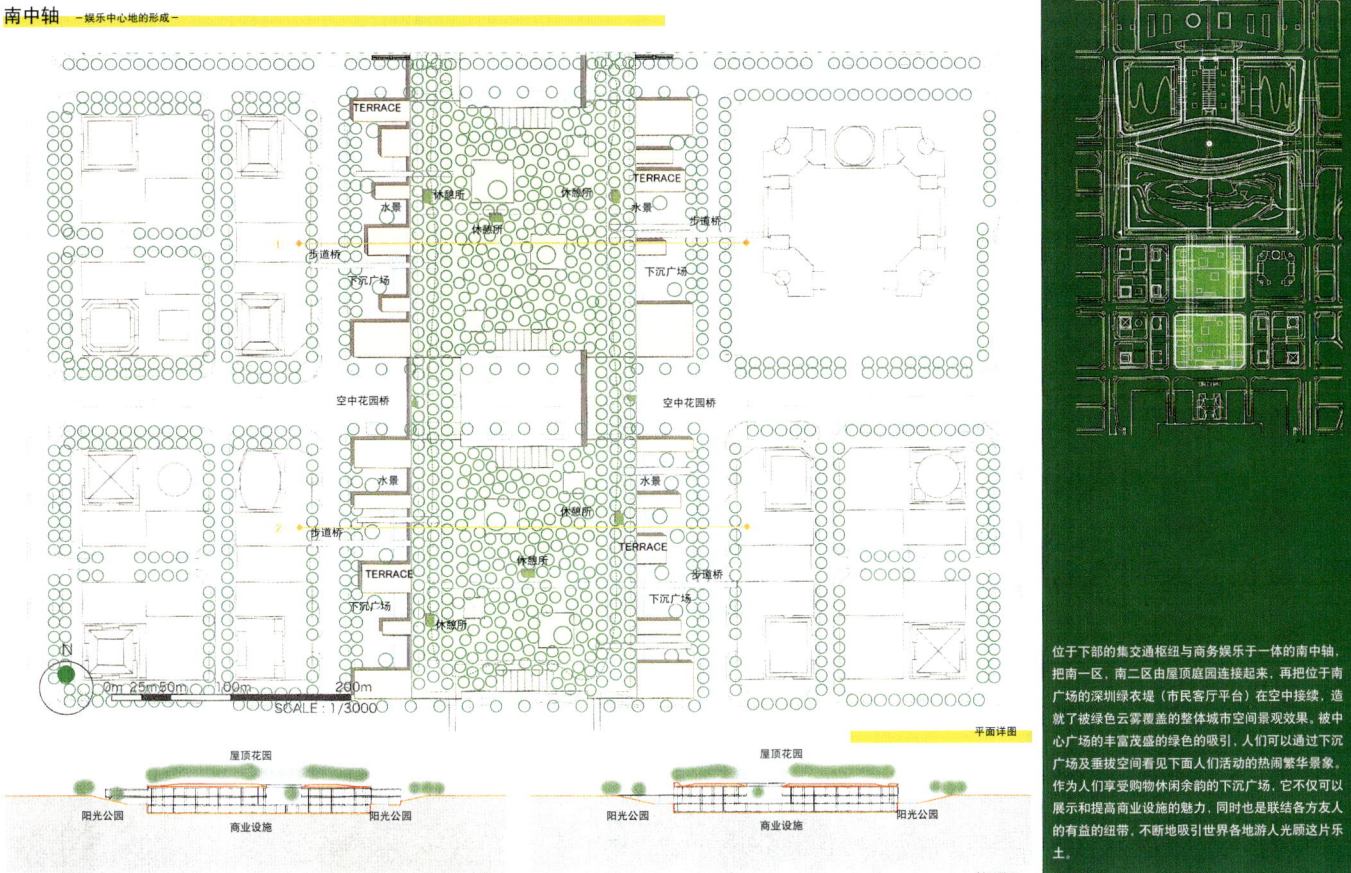

位于下部的集交通枢纽与商务娱乐于一体的南中轴，把南一区，南二区由屋顶庭园连接起来，再把位于南广场的深圳绿衣堤（市民客厅平台）在空中接续，造就了被绿色云雾覆盖的整体城市空间景观效果。被中心广场的丰富茂盛的绿色的吸引，人们可以通过下沉广场及垂枝空间看见下面人们活动的热闹繁华景象。作为人们享受购物休闲余韵的下沉广场，它不仅可以展示和提高商业设施的魅力，同时也是联结各方友人的有益的纽带，不断地吸引世界各地游人光顾这片乐土。

平面详图

剖面图①　剖面图②

南中轴 —娱乐中心地的形成—

①阳光花园 剖面草图

②富于变化的回游路风景

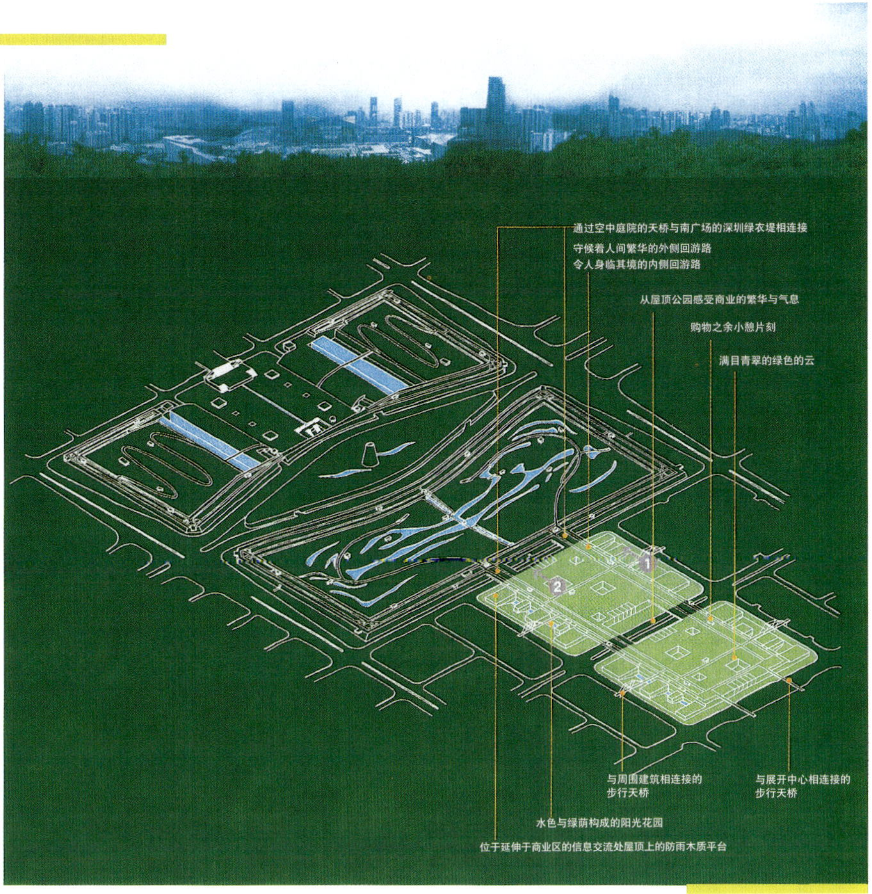

通过空中庭院的天桥与南广场的深圳绿衣堤相连接
守候着人间繁华的外侧回游路
令人身临其境的内侧回游路
从屋顶公园感受商业的繁华与气息
购物之余小憩片刻
满目青翠的绿色的云

与周围建筑相连接的步行天桥
与展开中心相连接的步行天桥
水色与绿荫构成的阳光花园
位于延伸于商业区的信息交流处量顶上的防雨木质平台

《深圳市中心区城市设计与建筑设计 1996-2004》系列丛书

我们倡导的景观设计的设想，将通过广视角多层次的视线设计而引人注目。并通过［面、线、点］对景观的视线设计进行分析，实现具有立体感的并且洋溢着动感魅力的自然生态园效果。

眺望绿色地毯

眺望园中园

眺望绿色云海

从深圳绿衣堤眺望内部景观

从深圳绿衣堤眺望外面景观

从桥上眺望南中轴

从空中剧场仰视天空

眺望瀑布

从绿色抽屉上眺望街道景象

鸟瞰透视图

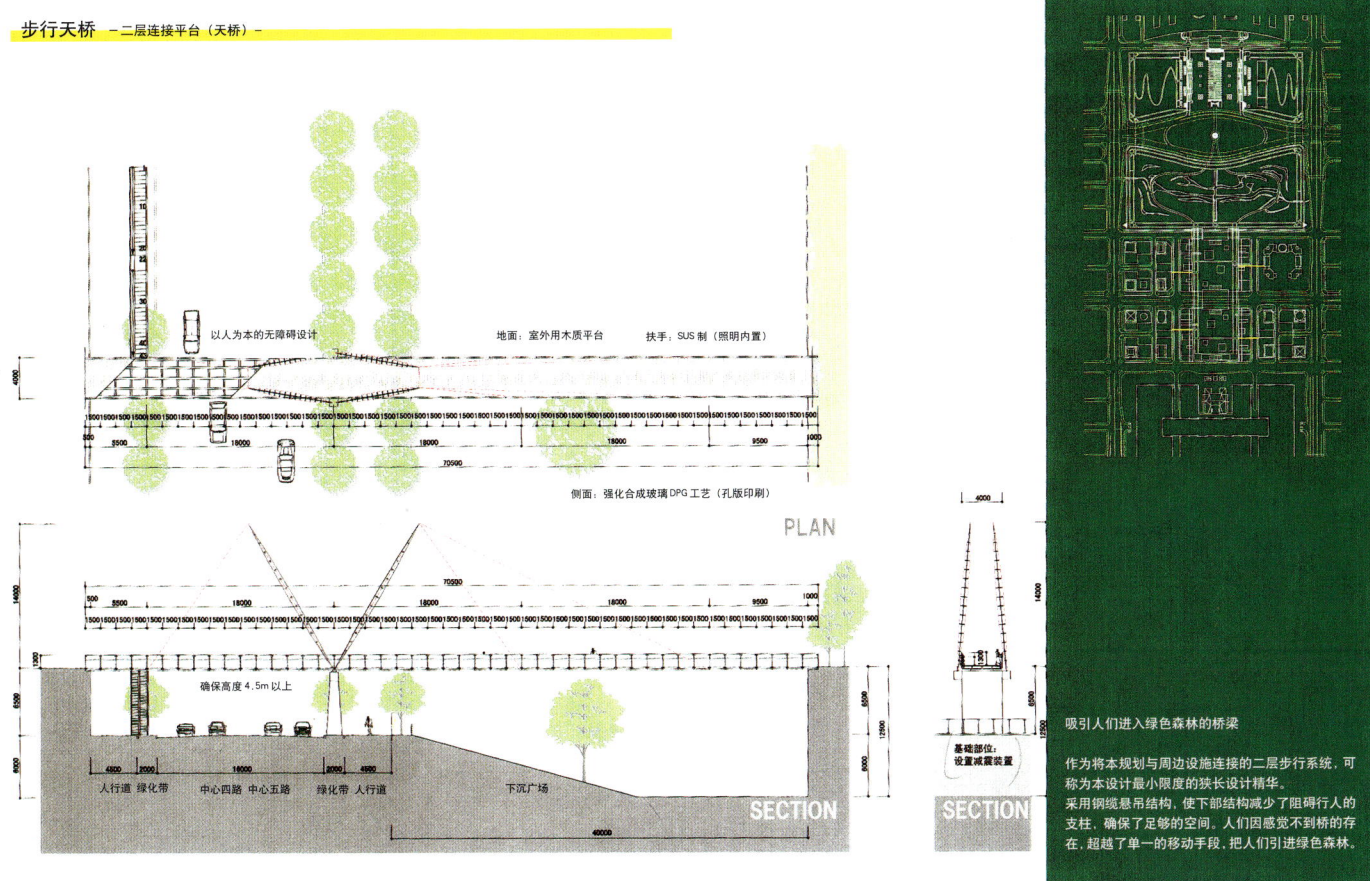

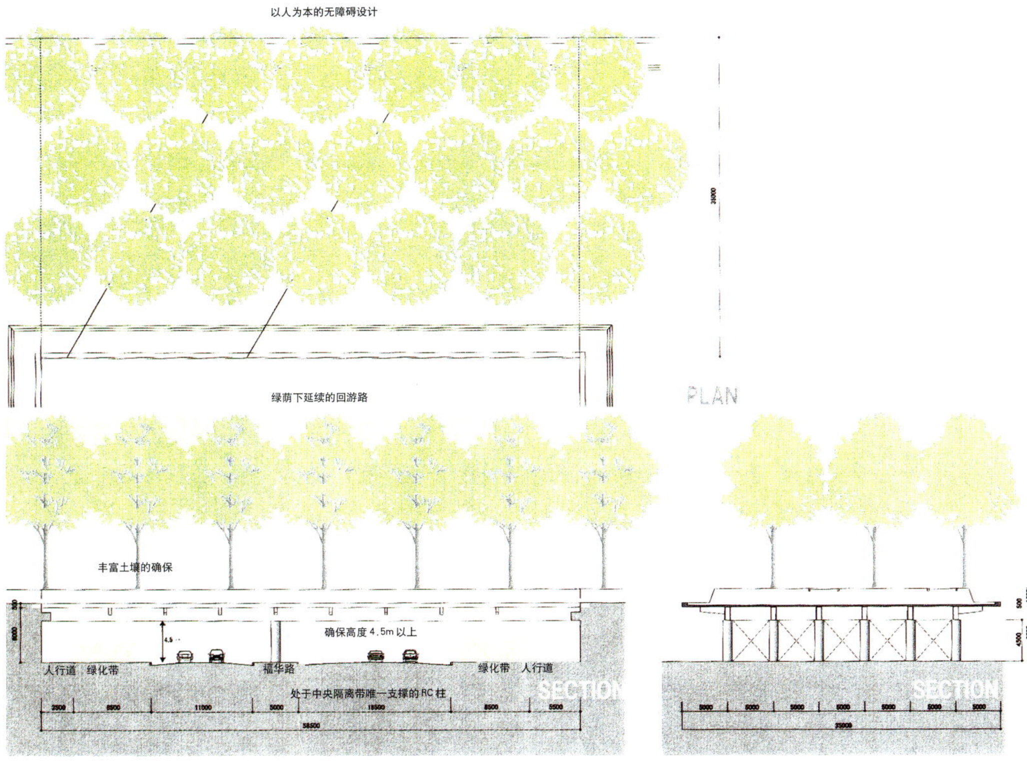

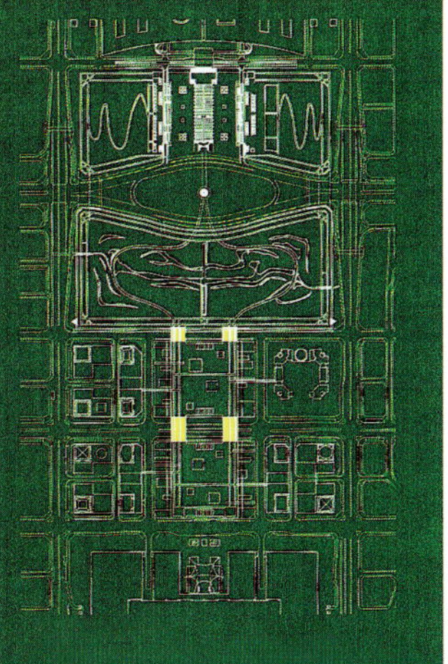

深圳市中心区中心广场
及南中轴景观环境方案设计

异化与同化 —建筑小品及园林设施—

  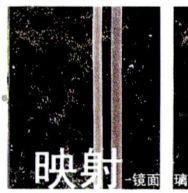 

异化同化　　通透 玻璃　　映射 镜面玻璃　　同化 绿化

对于在公园内点缀的建筑小品，试图使其作为远景时与风景融为一体，作为近景时使人感受到人工与自然的对比。踏进公园，徜徉在绿色的丛林中，感受着绿色的云的温柔，现代化技术及材料的墙面在层层叠叠的绿丛林中若隐若现。
玻璃、镜面——进而系统化了的绿色墙面与屋顶绿化融为一体，构成一个个将都市与自然凝缩结合的精致小品。关于细部，积极采用玻璃的DPG工艺及合成树脂等新工艺新材料。

小品立面图

建筑小品及园林设施 —公共厕所—

对于周围被绿色包围着的公共厕所，将尽可能多的使用玻璃墙面，给人以自然、开阔的感觉。性能上不容许通透的地方用镜面玻璃代替。

对于在市民广场中心设置的公共厕所，为了不破坏整个广场严肃井然的气氛，将其埋设在南侧连续的提下部，墙面做绿化处理。

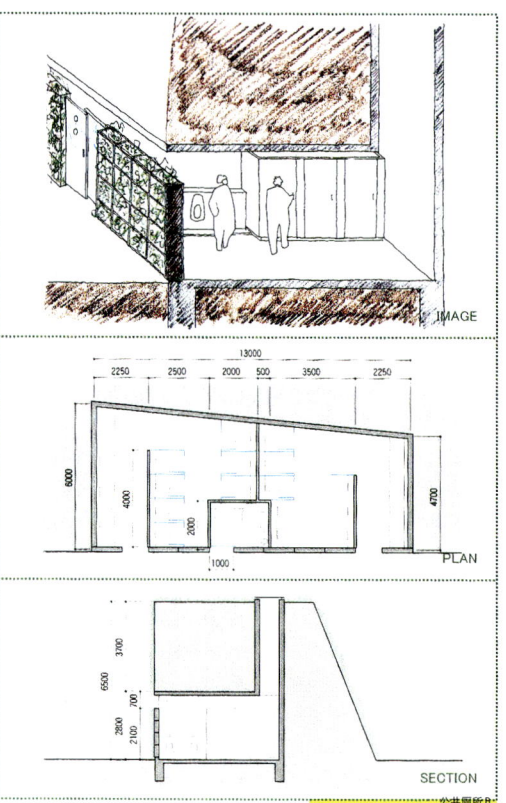

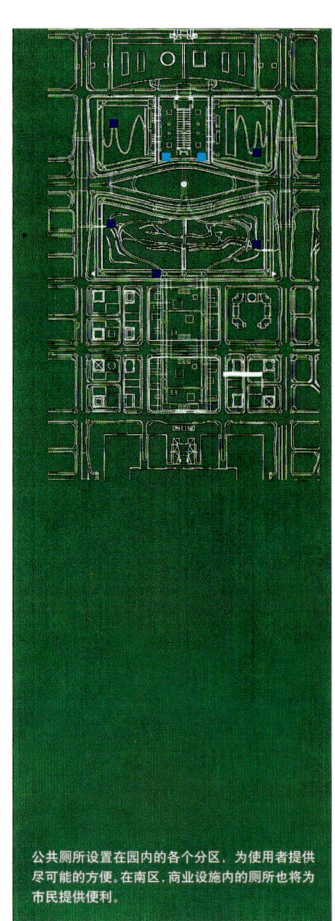

公共厕所设置在园内的各个分区，为使用者提供尽可能的方便。在南区，商业设施内的厕所也将为市民提供便利。

深圳市中心区中心广场
及南中轴景观环境方案设计

建筑小品及园林设施　—入口，休憩亭—

半圆形的墙面掩映出周围的绿色，成为巨大广场的一个亮点。

将通透性不同的玻璃创意组合，在绿色丛林中开辟出能够放松心情，舒心交谈的休息场所。

为了便于观赏景色，于开阔地设置的休息处采用轻快的表现手法，将压抑感尽可能的解消。

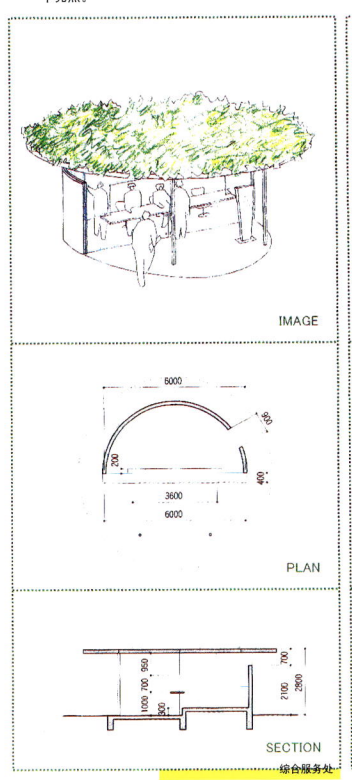
综合服务处

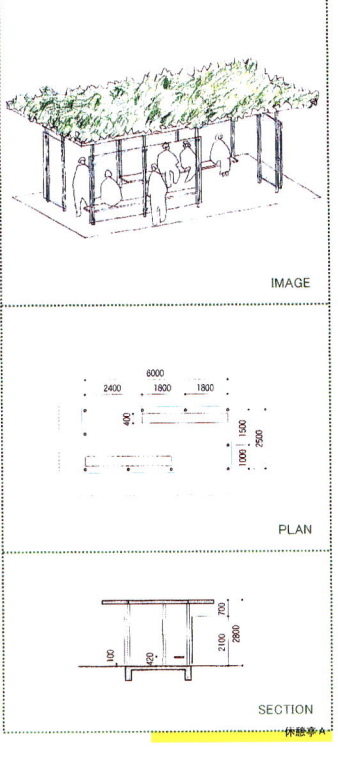
休憩亭A

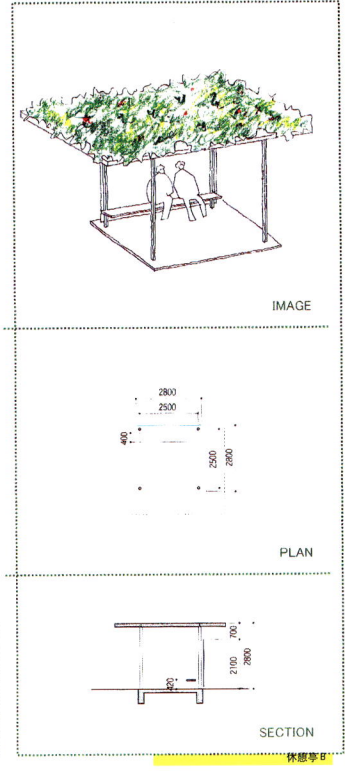
休憩亭B

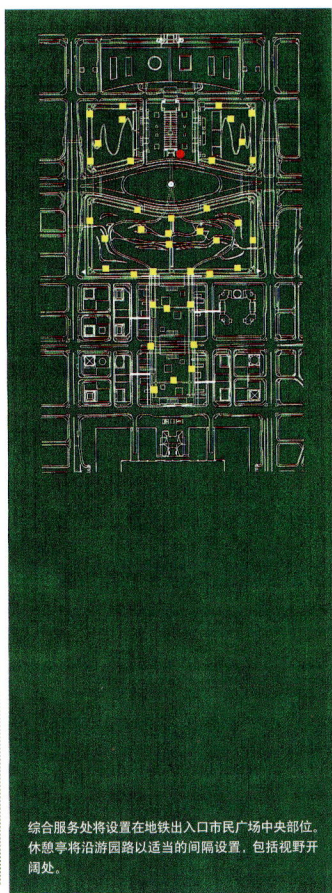

综合服务处将设置在地铁出入口市民广场中央部位。休憩亭将沿游园路以适当的间隔设置，包括视野开阔处。

建筑小品及园林设施　—商店，电话亭，长椅，垃圾箱—

作为公园内的商店，在融入自然的同时，通过镜面的映射效果，演绎出一幅幅繁荣的景象。

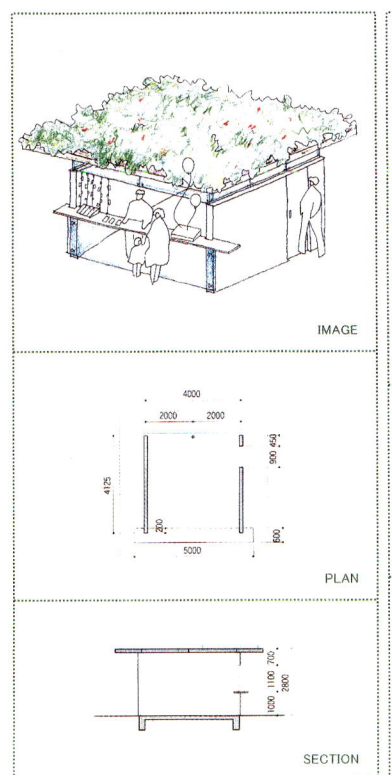
商店

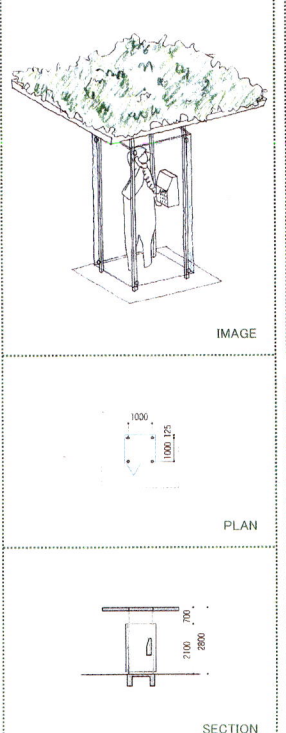
电话亭

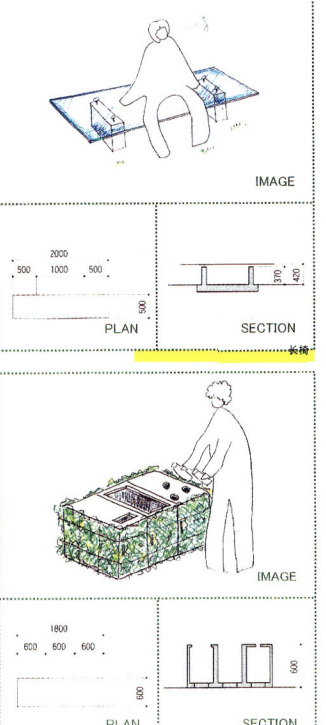
长椅 / 垃圾箱

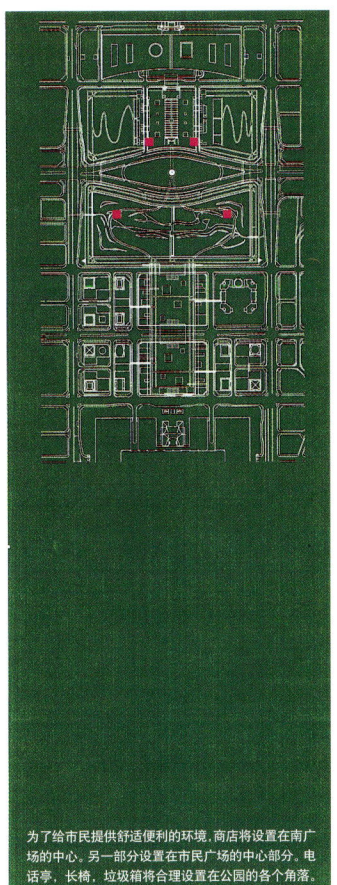

为了给市民提供舒适便利的环境，商店将设置在南广场的中心。另一部分设置在市民广场的中心部分。电话亭，长椅，垃圾箱将合理设置在公园的各个角落。

深 圳 市 中 心 区 中 心 广 场
及 南 中 轴 景 观 环 境 方 案 设 计

与繁华共舞的艺术品

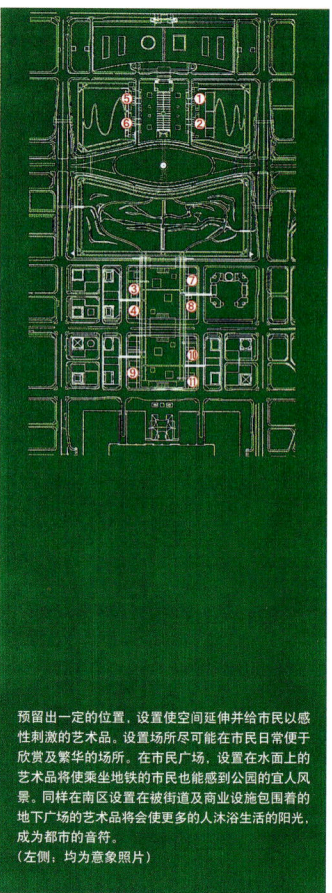

预留出一定的位置，设置使空间延伸并给市民以感性刺激的艺术品。设置场所尽可能在市民日常便于欣赏及繁华的场所。在市民广场，设置在水面上的艺术品将使乘坐地铁的市民也能感到公园的宜人风景。同样在南区设置在被街道及商业设施包围着的地下广场的艺术品将会使更多的人沐浴生活的阳光，成为都市的音符。
（左侧：均为意象照片）

能够充分体现都市结构的并具有无穷智慧与魅力的照明环境设计——反映深圳城市框架的光空间的构成—

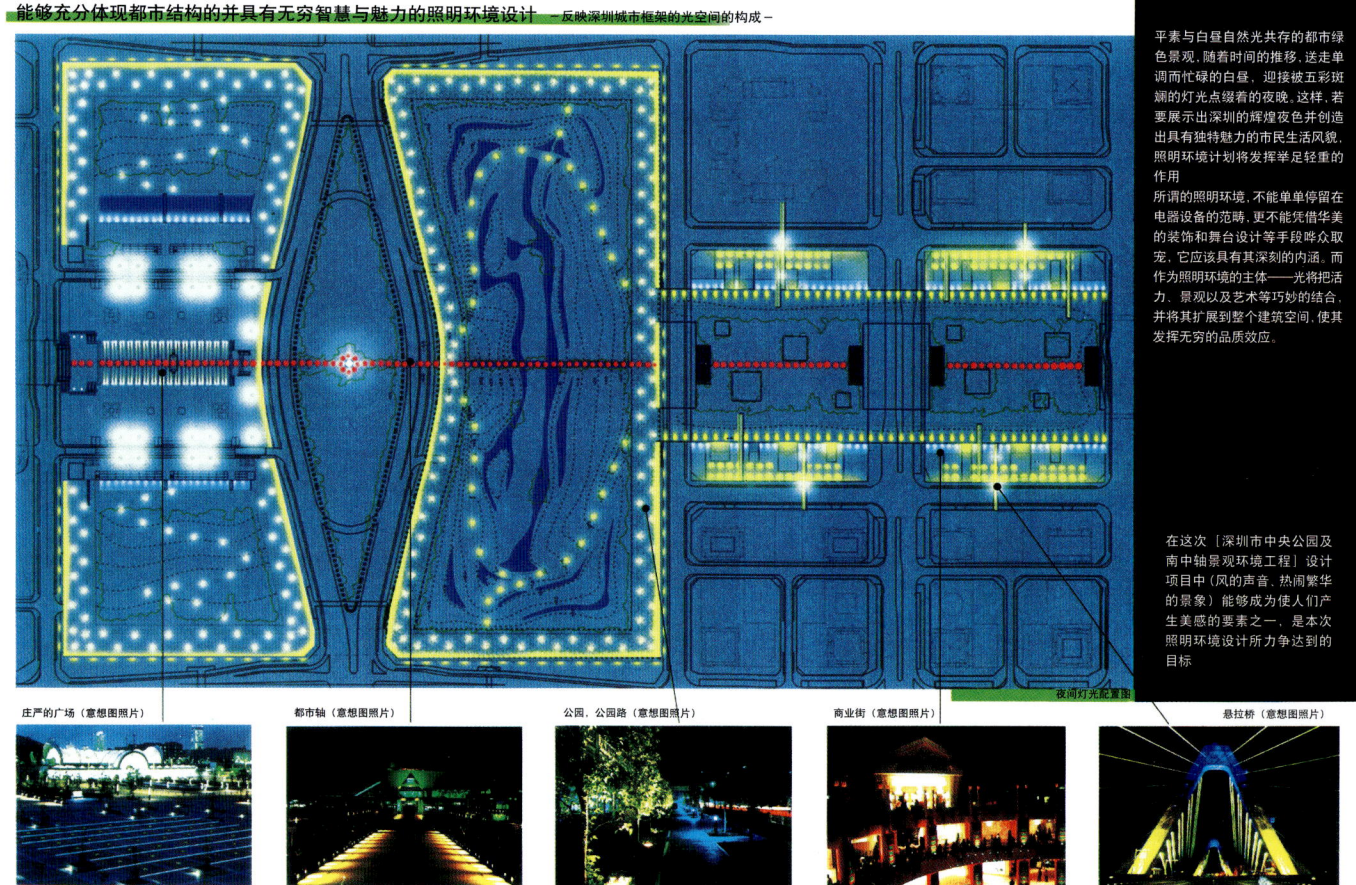

平素与白昼自然光共存的都市绿色景观，随着时间的推移，送走单调而忙碌的白昼，迎接披五彩斑斓的灯光点缀着的夜晚，这样，若要展示出深圳的辉煌夜色并创造出具有独特魅力的市民生活风貌，照明环境计划将发挥举足轻重的作用

所谓的照明环境，不能单单停留在电器设备的范畴，更不能凭借华美的装饰和舞台设计等手段哗众取宠，它应该有其深刻的内涵。而作为照明环境的主体——光将把活力、景观以及艺术等巧妙的结合，并将其扩展到整个建筑空间，使其发挥无穷的品质效应。

在这次［深圳市中央公园及南中轴景观环境工程］设计项目中（风的声音，热闹繁华的景象）能够成为使人们产生美感的要素之一，是本次照明环境设计所力争达到的目标

夜间灯光配置图

庄严的广场（意象图照片） 　 都市轴（意象图照片） 　 公园、公园路（意象图照片） 　 商业街（意象图照片） 　 悬拉桥（意象图照片）

深圳市中心区中心广场
及南中轴景观环境方案设计

构成魅力照明环境的器具配置—反映深圳城市框架的光空间的构成—

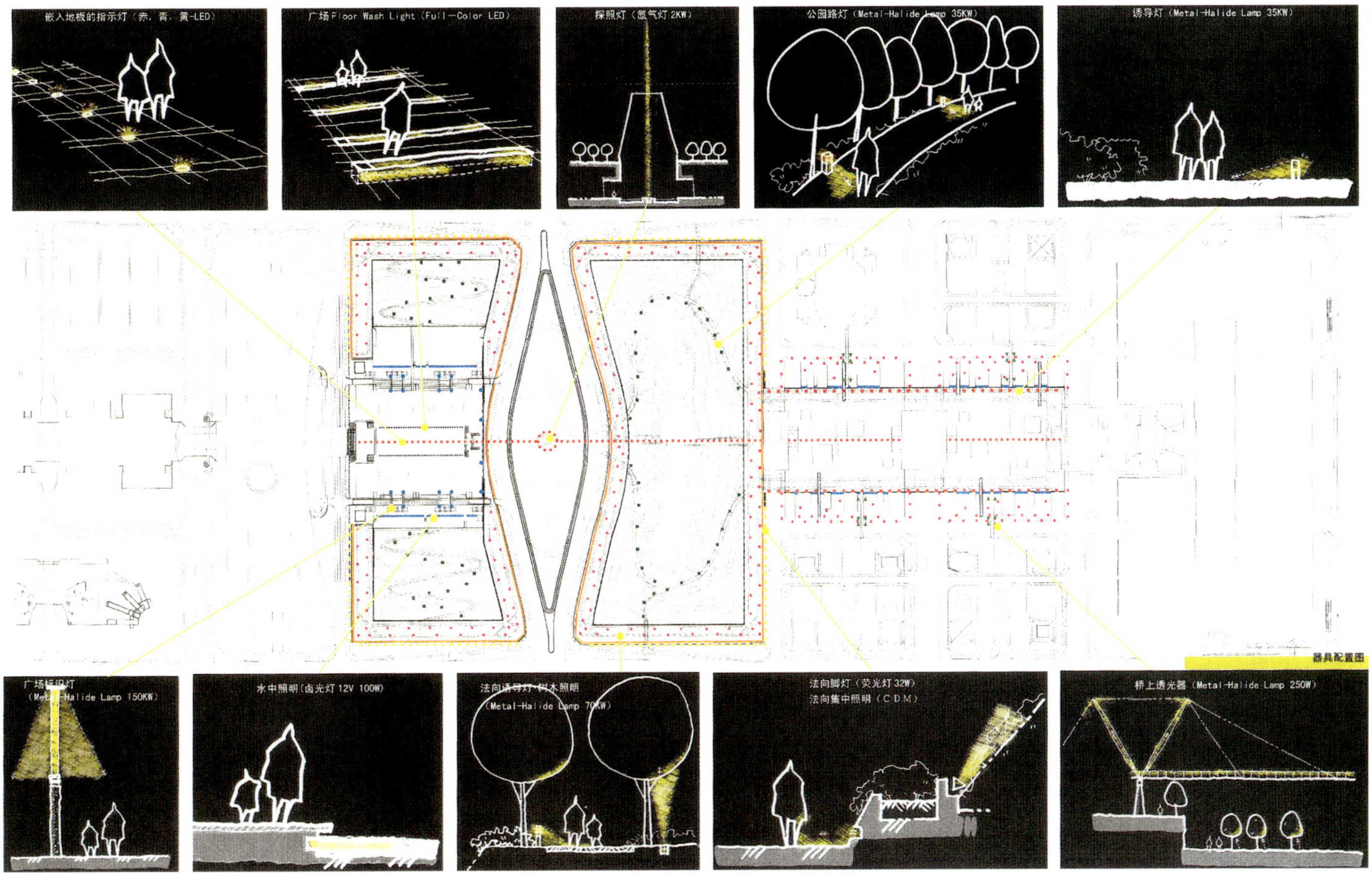

夜景展示出都市另一张脸——反映深圳城市框架的光空间的构成—
夜间景观照明透视图

建筑·园林小品及配套设施明细表

	名称	摘要	数量	单位	备注
建筑小品等	公共洗手间A		5	座	市民广场2、南广场3
	公共洗手间B		2	座	市民广场2
	公共信息亭		1	处	市民广场
	小商店		4	座	市民广场2、南广场2
	休息亭A		32	处	市民广场12、南广场14、南中轴6
	休息厅B		6	处	南广场4、南中轴2
	长椅（单独）		200	个	(4/ha)
	垃圾箱		200	个	(4/ha)
	标志		1	式	市民广场、水景岛、南广场、南中轴
照明	地面导向灯	彩色LED	109	处	(1处×1m)
	探照灯	氙气灯 2kW	1	处	
	庭院灯	金属卤化物灯 35W	74	处	
	商业指引灯	金属卤化物灯 35W	86	处	
	广场照明	金属卤化物灯 150W	20	处	
	水底照明	卤化物灯 12V·100W	329	处	(0.5处/m)
	堤坝指引灯	金属卤化物灯 70W	180	处	
	坡面脚灯	荧光灯 32W	550	处	(0.167处/m)
	坡面聚光灯	CDM（放电灯）70W×1盏 方形聚光灯	1086	处	(0.33处/m)
	桥梁射灯	金属卤化物灯 250W	24	处	

投资估算

项目名称		投资估算（万元）	备注
市民广场	土方工程	1226	
	软、硬绿化	4900	绿化带、铺装带
	建筑小品	660	公共厕所4座、综合服务处1处、休息亭12处、商店2座等
	水景、动力、照明	1500	
	小计	8486	
水晶岛	土方工程	340	
	软绿化	770	绿化带
	地下通道	1000	延长265m
	空中剧场	800	
	水景、动力、照明	100	
	小计	3010	
南广场	土方工程	1393	
	软、硬绿化	3064	绿化带、铺装带
	建筑小品	360	公共厕所3座、休息亭18处、商店2座等
	水景、动力、照明	900	
	小计	5717	
南中轴	土方工程	427	
	软、硬绿化	2056	绿化带、铺装带
	建筑小品	280	休息亭8处
	二层步行天桥	2800	二层连接平台6座、二层步行系统的桥梁4座等
	水景、动力、照明	1100	
	小计	7013	
合计		25000	

2. 北京土人景观规划设计研究所

第一部分：规划设计说明

(1) 总体概念："福田"

1) 序言：试验田演义

"福田"是深圳市中心区中轴线所在的地名，亦为本方案的名称。福田，"湖山拥福，田地生辉"，正昭示了深圳鹏程灿烂的锦绣瑞祥。而深圳也正是世界瞩目的中国伟大改革开发的试验田。

从1979年至今的20多年间，在这希望的田野上，深圳人辛勤耕耘，创新开拓，于政治、经济、文化、人才、科技、金融诸领域都以不同凡响的首创、原创，创造了社会主义崭新的语境，成为南中国最富活力，最为美丽的现代化城市。

20多年后的今天，中国又迎来了前所未有的城市化和全球化浪潮，使祖国大地面临两大挑战和危机：

一是人地关系的危机，工业化的城市在吞噬着自然和诗意的乡村，人们日益远离土地，失去对土地的敬畏和依赖，失去了健康和人性的自我，我们的儿童失去了关于土地的童话和体验……

二是民族文化自我的危机，自从16世纪的罗马教皇用赎罪券修筑了圣彼得广场，巴洛克之风便从意大利刮到了法国、美国，而今又随全球化浪潮来到了中国，连同麦当劳和肯德基一起，巴洛克式纪念性和城市化妆运动席卷大江南北，失去的是民族个性、地方精神和中国人的归属与认同。

如同当年一样，这是另一个需要实验与探索的年代，它需要回答土地的伦理问题，城乡二元关系问题，城市与大地生态格局与过程的关系问题，它需要回答城市景观作为民族文化载体的继承和创新，以及寻求民族自我的问题。深圳，一如当年在中国发展之路的大是大非面前，勇敢地承担了改革开放试验田的重任一样，应毫不犹豫地在新的历史时期，针对这两大危机，提出原创性的解决方案。

城市的中轴线应承载城市最宏大的人文主题，成为城市的精神客厅，我们试图以大象征，大格局，表达深圳这不凡城市的内在精神气质和蓬勃的原创精神。"田"构成了中心广场和南中轴景观的统一肌理，是场地空间形成和活动内容设计的基本结构，同时，它是深圳地方精神和多种涵义的载体：

田——既为希望的田野，亦是改革开放的伟大实验田，更是"福田"——幸福之田，瑞祥之田。

田——更是生态城市理想的景观实践，城市含义的拓深和发展，结合文明史生态主题的凸现，我们可以以一种新的视野审视农业景观，那些田野，那些绝美的大地肌理，并且将之纳入城市的崭新概念中……

田——也是现代中国景观个性的一次探索，希望在传统中国与现代西方之外，找到一条现代中国的景观之路。当一种艺术走到终点或一个阶段时，便需要重新回到本原去获得灵感。本设计方案试图抛弃被中国历代文人和造园家临摹已久的所谓传统形式，同时拒绝西方巴洛克的设计手法，而是直接从五千年中国大地的人文景观中汲取营养，从大地与平民的淳朴和率真中寻找现代中国的景观性格和形式。于是，田，一个包含五千年平民情感和中华民族最深沉的的人文精神的载体，最终成为本方案的构思源泉。

作为一个纪念性场所同时又是休闲空

间,深圳中心区和南中轴的景观由以下三个部分构成:

空间

活动

涵义

在此基础上,形成本方案的以下几大特色:

2) 本方案的特色

①一种肌理——田:地域景观与历史的延续,纪念性与休闲性空间的转换,多种涵义的载体。

A.大地肌理的延续,地域自然过程与文化的载体

五千年中国大地上最持续、最深沉的肌理是田,在无数的成功和失败之后,田积淀下了关于人和土地和谐相处的智慧。将"田"从大地走入城市,是城市观和人地关系认识的革命。是对城乡二元对立认识最终化解为城乡一体理想的实践。田使城市回归为大地之子,田使城市回归于平民。

在作为改革开放的"试验田"之前,深圳的地域文化集中体现在作为沿海客家文化的渔耕文化。珠江三角洲的桑基渔塘和沿海的海田渔耕,都深深地在"田"上打下了烙印。田的营造、田的种植、田的灌溉、田的欢乐、田的意识、田的纪念……成为一个挥之不去的历史印迹,构成这一场所精神的地域和文化背景。

深圳大地肌理

珠江三角洲大地肌理

深圳市中心区中心广场
及南中轴景观环境方案设计

B.田亩，人与土地和空间尺度关系的转换

深圳中心区广场640m × 620m，尺度超人，与市民中心和南中轴一起，形成一个纪念性空间。在这一整体的大尺度纪念性空间中，需要有一人体尺度的肌理来使之人性化，而同时不破坏场地的整体纪念性。于是"田"成了最好的答案。田是中国人与土地建立联系的最根本的界面，田的衡量，也是土地的单位"亩"为666m²，以亩作为相对统一的尺度，以方作为相对统一形态，实现了人与土地和空间尺度关系的转换。珠江三角洲的田的种植，田与地形的结合，甚至土地的颜色，田野上的欢乐等等，都为广场的细部设计提供了无限的机会。

深圳大地肌理

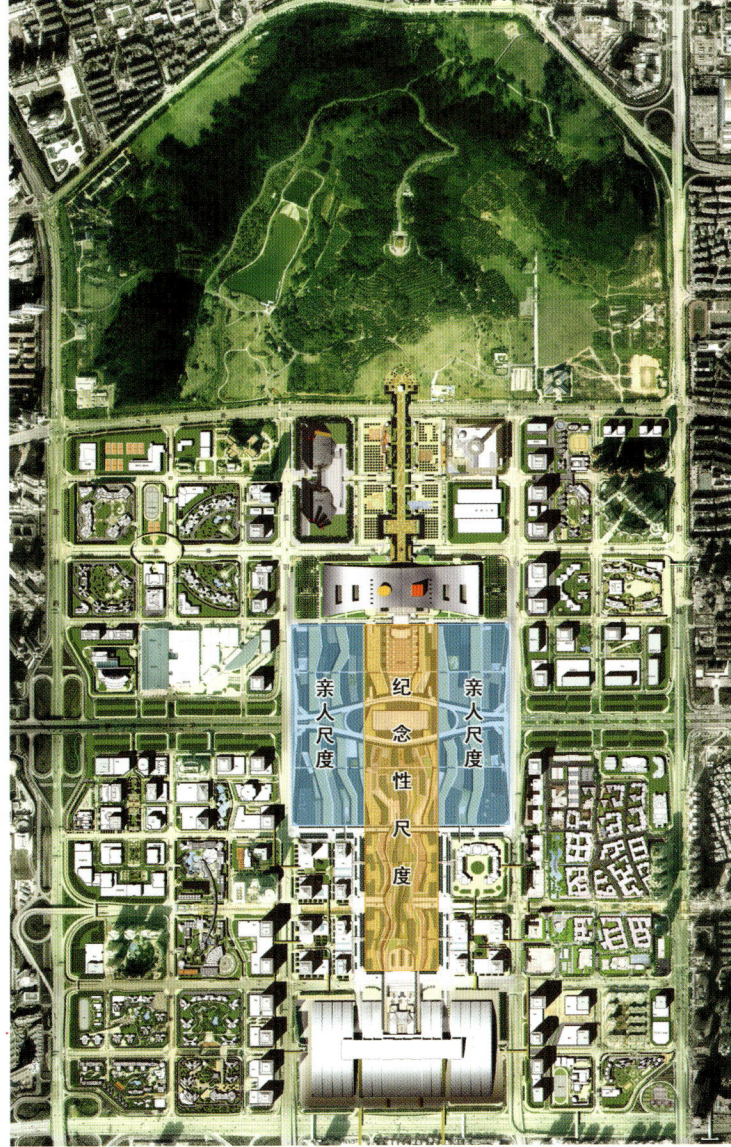

中心区空间尺度分析

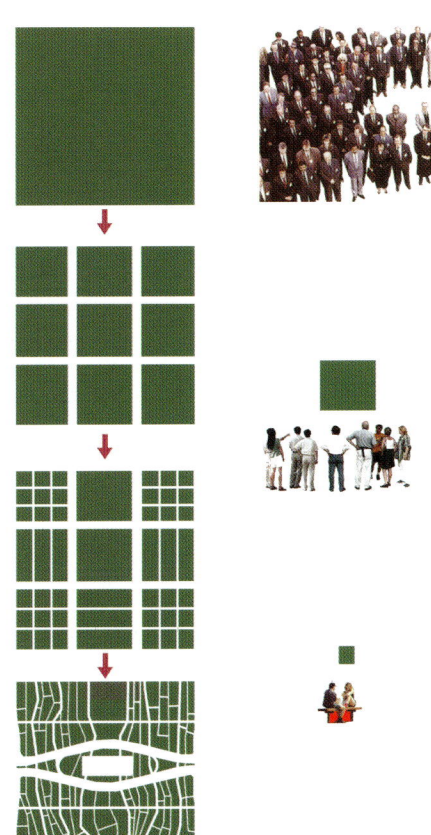

空间尺度转换分析

《深圳市中心区城市设计与建筑设计 1996—2004》系列丛书

深圳市中心区中心广场
及南中轴景观环境方案设计

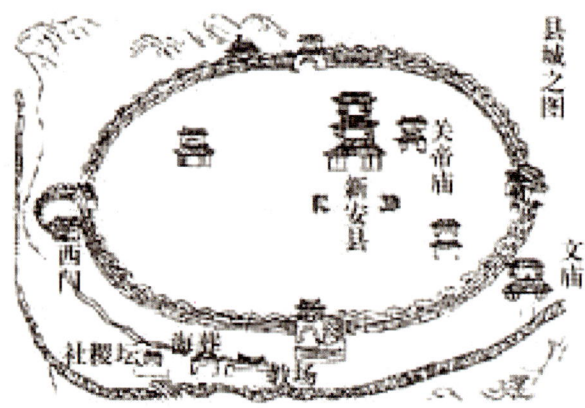
过去

过去

现在

现在

C.福田、实验田与希望的田野，场所与历史语境的集合

福田中心区的"福田"地名的由来：源于宋代所题"湖山拥福，田地生辉"一词；又一说：上沙村始祖开荒造田，块块成格，故名为"幅田"。后人谐音为福田，意为"德福于田"。

深圳是改革开放的实验田，是一片寄托那位老人和13亿人民希望的田野，在这里洒满了开拓者辛勤的汗水，因而具有了纪念意义；

这是一片期待五湖四海的开拓者来耕耘和收获的肥沃而诚信的五彩斑斓的热土，因而体现了深圳移民文化的特色。

现在

《深圳市中心区城市设计与建筑设计 1996—2004》系列丛书

邓小平

读

耕

拓荒牛：耕的精神

D.前耕后读：中国文化完美价值观的体现

在这田野之上，一个古老的"耕"字，一个众所周知的"拓荒牛"，道出了深圳这地方，这人民及中心区场所的精神：

勤劳开拓，求真务实。深圳作为中国改革开放的同义语，一个其中包含了中国文化中最崇尚的精神：勤劳。而勤劳的本意是在田中的用力耕耘（《尔雅·释诂》）。

中国的改革开放也告诉我们一个真理。即："民之欲利者，非耕不得"（《商君书·慎法》）。耕是"生存之本，致富之道。"而这一真理的获得，也是耕的过程。所谓"耕道而得道，猎德而得德。"汉·扬雄《法言·学行》）。

前耕后读，相映而生辉：已建的北中轴广场以诗、书、礼、乐为主题，同时也是未来深圳市最大的书城所在地，体现了中国传统价值观中对文化修养的崇尚，皆可概括为"读"。将中心广场立意为"田"和"耕"，则使市民中心南北两侧珠联璧合，共同构成了中国文化中完美的价值取向——"耕读"。所谓："朝为田舍郎，暮登天子堂"，"耕为生存之本，读为升迁之路，"两者的今释即物质文明和精神文明双丰收。这对深圳发展的继往开来具有深远的意义。

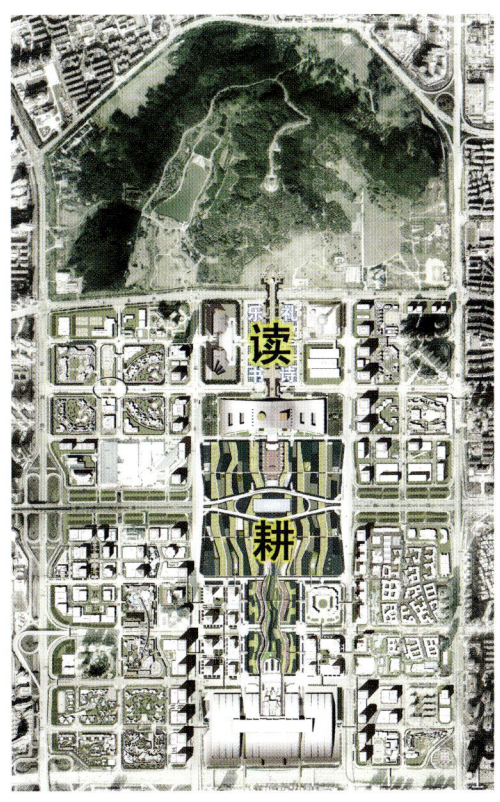
前耕后读

深圳市中心区中心广场
及南中轴景观环境方案设计

亚热带林相

红树林

蔗田

②一层林冠，三种空间——亚热带群落的丰茂林相，多彩的林荫和林间场所。

亚热带地带性植被的丰富多彩的林荫是形成本区景观特征的一个基本点。它与深圳的改革开放及移民文化特征一起，构成中心区景观特色的人文与自然两大要素。

利用地域植被的多样性特征，本方案在三个方面强调林冠层和林地空间的设计。

A. 马赛克林冠层设计：

在田的肌理上，配植不同高度和树冠特征的单优势种群，包括常绿阔叶类、针叶类、竹类和落叶类群落斑块，形成丰富的林冠组合。在空间上和季节上高低错落，花开花谢，交叠变化。

B. 林荫场所：

除了规定的市民广场外，本方案强调林荫作为人的活动层的基本要求。这是根据深圳的地域气候及人对阴凉空间的强烈需求而提出的。

林的下垫面是多种多样的，包括广场、硬铺装、砂石、草地。

C. 虚、灰、实空间组合：

根据可进入性和开敞性，整个林相由虚、灰、实三类种植斑块构成。

虚：没有树冠或只有疏林树冠遮蔽的空间：草地、地被、或铺装基地。

灰：由可进入性树群构成。由于树种不同，树的间距3～10m不等，树的分枝点高度2～10m左右，形成不同的空间感受。

实：由不可进入性林块构成，如竹林，作为障景和空间围合的景观元素。

将虚和灰空间连在一起，便构成多条南北向视通走廊。三种林地空间构成了整体林相丰富多样的穿越体验和空间滞留及瞭望和庇护体验。

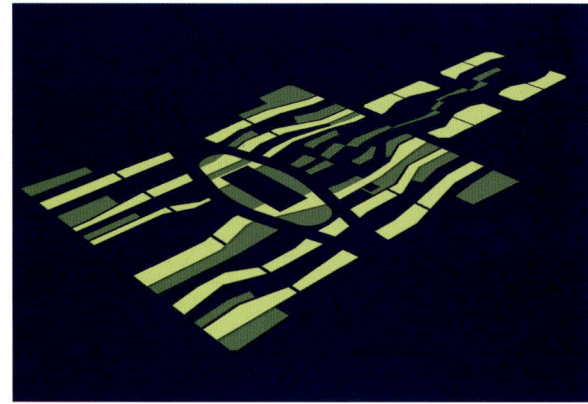
一层林冠

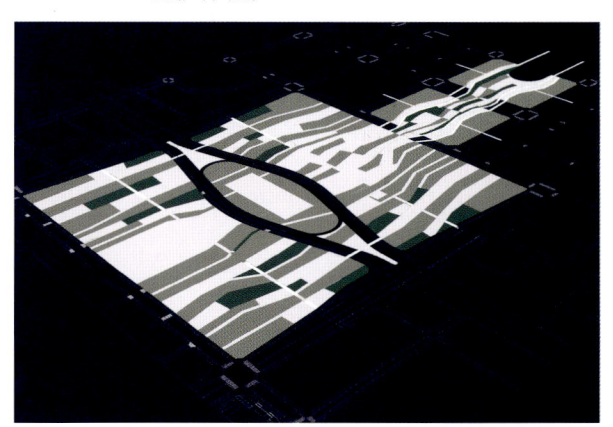
三种空间：虚、实、灰

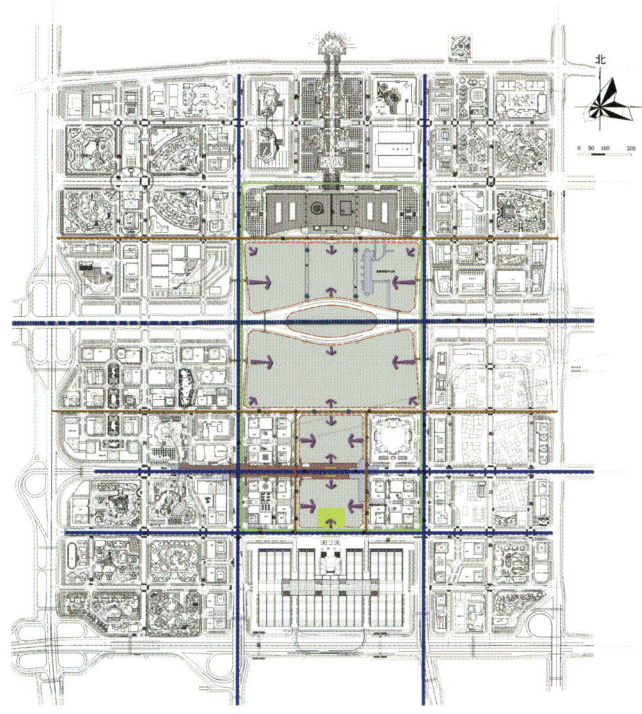

外部交通人流分析

③一个活动的网络：印记移民文化的斑斓和多样化的广场设计。

周围城市肌理和活动向广场绿地的渗透和延伸表现为路网和广场，其中的活动和内容将着重显现和展示移民文化的特点。

A．路网：

东西向主要延续城市路网肌理，方便和引导人流进入或穿越广场，包括来自二层天桥的人流。南北向则加强中心广场及南北大轴线的连贯性。

B．广场：

广场分为三个层次：

市民广场，开敞式，作为全体市民共同的活动中心。

南北向带状广场，沿中央轴线两侧分布，下沉式，半围合，为两条流动性广场。

林下广场群，着重体现多地域的移民文化特征。林下广场群根据人流规律和周边城市功能布置。主要沿两条东西向的步行干道交替分布。广场与林相的虚、灰、实三种配植相结合，形成丰富的静滞与流动空间体验。众多的小尺度林下广场空间，分别为来自全国各地的深圳市居民提供一个永久的交流和纪念性场所。每个广场被赋予某一地域人群的聚会地。他们的名字连同他们故乡的记忆、他们创业的故事被作为广场的设计元素。这些元素所构成的空间和氛围又为新的和旧的深圳人提供活动的场所，父辈和祖先的故事从此代代相传。这种文化的"马赛克"，同田的肌理和亚热带林相的五彩斑斓一起，形成了总体广场的整体特征。

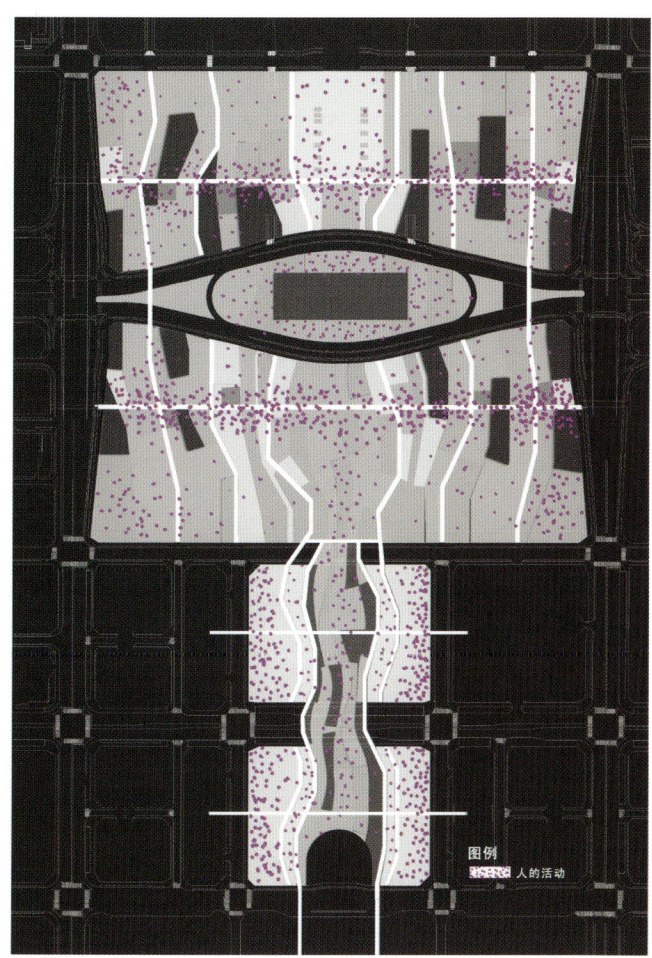

人的分布分析

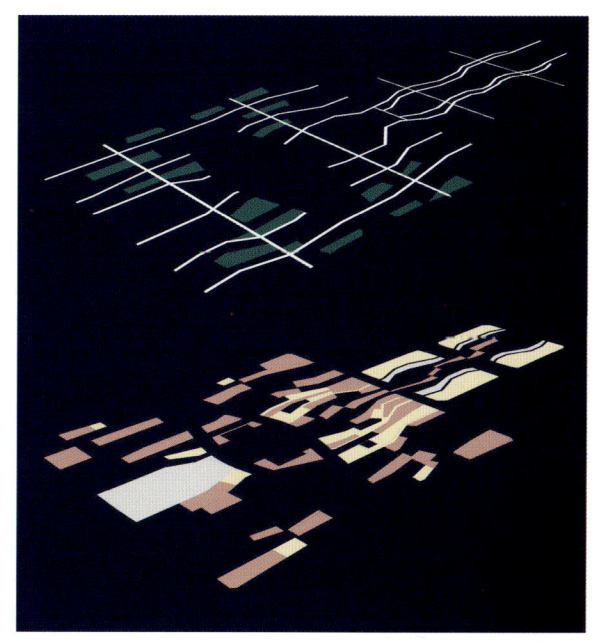

路网和广场群

林下广场群,着重体现多地域的移民文化特征。众多的小尺度林下广场空间,分别为来自全国各地的深圳市居民提供一个永久的交流和纪念性场所。

岗与谷

斗

原

水晶岛

④竖向与场地生态设计：

一种瞭望与庇护的地势，一个四水归阴堂的雨水收集和再利用系统。

中心区广场的总体地势由岗、谷、原和台等各种元素构成，呈如下格局，作为视觉和生态过程的载体：

A. 岗与谷：

岗为中央轴线，由市民广场、水晶岛水面、南中轴自然草坡三段构成。抬高在4～6m高度，这一连续的抬升使来自莲花山的景观轴线得以延伸，同时为未来水晶岛的高架跨越创造了条件，并为跨越东西向城市道路提供了方便，更为重要的是：它是一个高览广场的观景"山岗"。

与岗呈阴阳关系，在南广场和南中轴两区，中轴两侧地势下降，与南中轴的地下一层商业基底处于同一平面，构成两条平行的线性谷地广场，并下穿场地内的东西向城市道路。是流动性的广场，也是被看的场所。两条带状广场以中间的草坡之岗为界，似断而连，构成连绵南北的视通走廊。

B. 台与斗：

将"山"峦抽象为台，高耸于林冠之上，高出平地5～10m，它们呈岛状分布于南广场的东西两侧，与城市的二层高架路或过街天桥相连。整个田块，连同原上的林地和广场被抬升，鹤立于亚热带林冠之上，俯瞰整个广场。

与台相对应，斗处于广场的地下通道与城市相连的部位，"田块"整体下沉，形成下沉式广场。

C. 原：

原为±0.000标高的大面积平地，它们是岗的观看对象，又是谷的观景界面，是广场与城市的联结面。

D. 水晶岛与理想景观模式：

在水晶岛的中央为方形碧水镜面，水中倒映着市民中心的大鹏展翅，意像"四神兽"中的朱雀，与场地背后的莲花山，东西两翼的"原"和"台"一起，共同构成了，中国文化中的理想"风水"模式。

E. "四水归阴堂，财水不外流"：

深圳市平均淡水资源拥有量仅仅是全国水平的1/3，是全国7个最缺水的城市之一，而另一方面，福田地区地势较低，四季降雨分布不均，大雨时排涝堪忧，而场地的绿化灌溉需水量很大。根据这一场地特征，本方案结合场地高程，设计了一个地表水的收集和再利用系统；将广场雨水汇聚于中央的两条谷地，并在中部高岗下建立多个地下过滤池和蓄水池，以便利用于绿化灌溉，水景营造。而更重要的是，它是用于环境教育的最

地势

好教材，是实现可持续景观的重要元素。

⑤重点特色景观设计：一岗，六川；两廊，八园

A．一岗，瞭望的高岗：

中央轴线构成山岗，梯田式的种植斑块，应用当地乡土禾本科高草构成，包括各类茅草，荻花，象草等，草高在1.5m以下。岗分布瞭望平台和树林斑块。艺术再现山田景观，体现对平凡和乡土物种的尊重，宣扬新的环境和土地伦理。

B．六川，南北流动的体验：

平行于岗的六条南北视通廊道，以具有南亚热带特色的棕榈树构成绿化景观特色，通透的林下空间，富于个性的树冠，线性的流动廊道，成为整个中心区的结构性景观元素。

其中紧邻山岗两侧的两川为带状广场，地面以硬地铺装为主。流线形的地纹上，流动着一道道由来自全国各地石材建筑的条凳和短墙，上面刻着各地来深圳创业者的名单和故事。

其他四条视通廊道则贯穿与不同的田块之间，基底或草坪或硬地或砂石地，条带状的路面和地纹，高挺的棕榈林，强化了空间的纵深感。

C．两廊，东西穿越的体验：

两条东西向的步道，横穿广场，体验田地斑块的虚、实、灰的空间变幻。它与田的南北向肌理呈垂直关系，强调跳跃的穿越体验，与南北向的"川"的流动体验形成对比。

D．八园，五谷的纪念与静思的场所：

沿两条步行廊道，设计八个现代花园，分别以粟、黍、稻、麦、菽五谷和具有亚热带特色的蔗、蕉和菠萝等为主题，用简约的手法，形成各具特色的现代花园。并提供纪念与教育的空间。五谷是中国栽培作物的代表，也是农业生产的核心。这些粮食作物中，粟、黍是由黄河流域华夏先民首先开始种植的。而水稻的种植却是南方百越民族的发明；大豆的驯化则是东北民族的功劳；麦是西域民族引种的结果。因此，八园是中国五色大地和人民的象征，更是深圳移民文化和南方热土的体现。

岗

川

廊

园

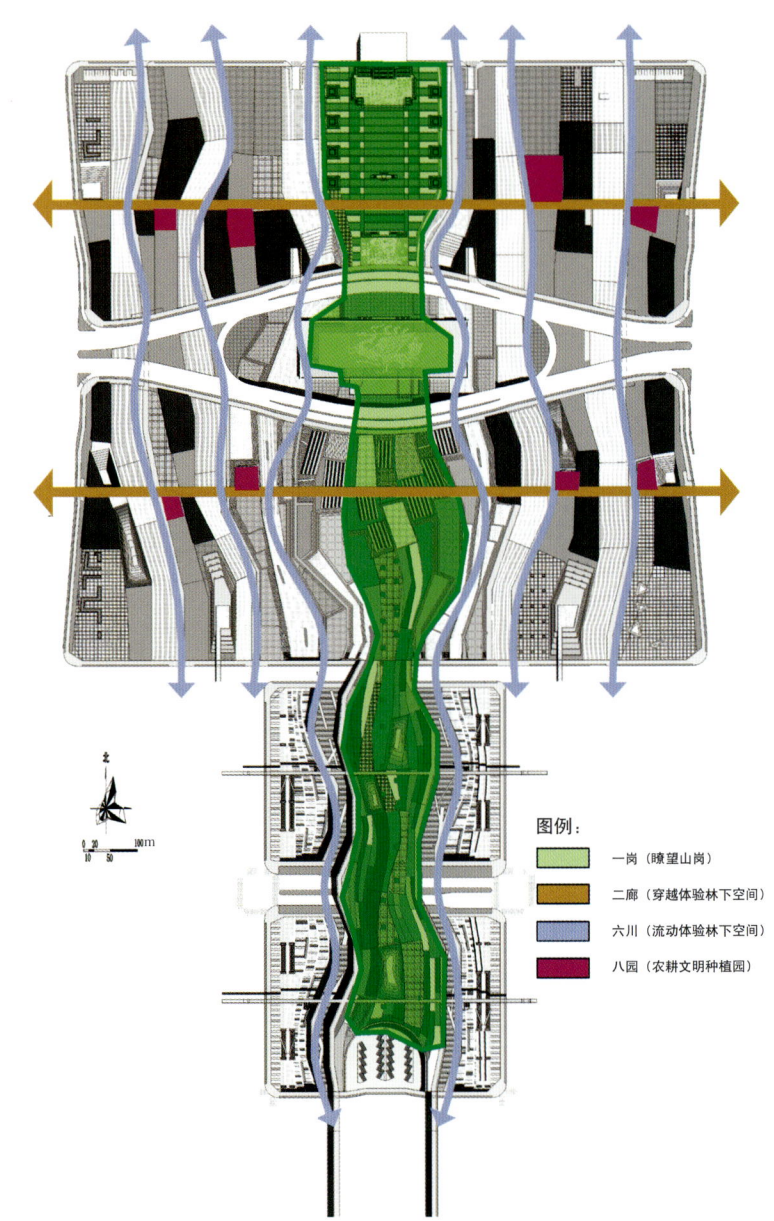

特色景观分布

图例：
- 一岗（瞭望山岗）
- 二廊（穿越体验林下空间）
- 六川（流动体验林下空间）
- 八园（农耕文明种植园）

深圳市中心区中心广场
及南中轴景观环境方案设计

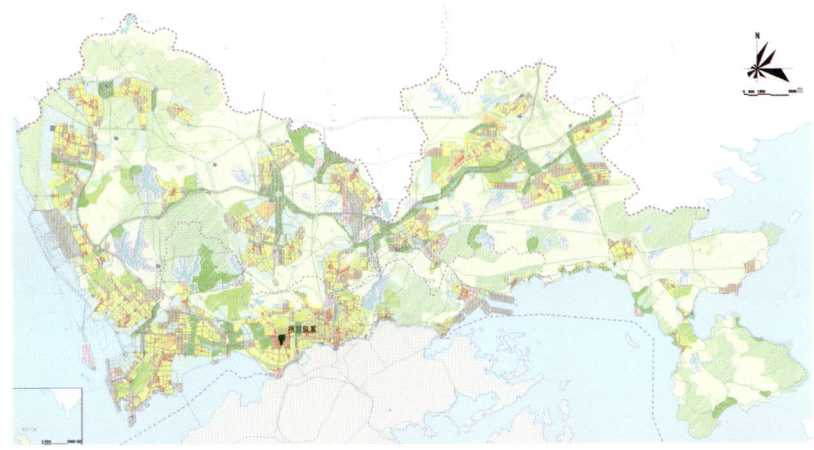

宏观区位图

区位图

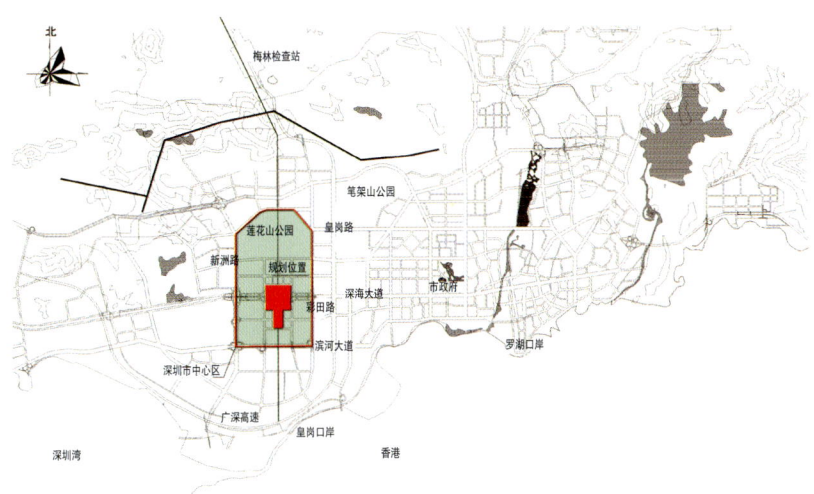

用地现状

(2) 方案设计说明

1) 项目背景

深圳是中国改革开放的"窗口",经过二十年的高速发展,从一个落后的、人口仅3万余人的边陲小镇发展成为综合实力较强、人口规模390万的特大城市,取得了举世瞩目的成就。世纪之交,深圳确定了"建设现代化国际性城市、区域经济中心城市和花园式园林城市"的战略目标,深圳市中心区的开发建设是实现这一战略目标的关键性举措。

作为深圳市"二次创业"的主要功能区,中心区的建成,将使深圳的城市整体功能更为协调,未来建成的中心区建筑群,将成为深圳21世纪的标志性建筑。

深圳市中心区中心广场及南中轴建设项目是深圳市政府重点工程,是深圳市最大、最重要的城市广场及超大型公共空间,是中心区从行政文化区向商务区过渡的空间,是深圳市集大型广场、休闲绿地、商业娱乐、旅游观光、交通集散、城市标志和象征等功能为一体的城市复合空间。

2) 用地现状分析

① 地理位置

深圳市中心区中心广场及南中轴位于深圳市福田区中部,北接深圳市民中心,南临会展中心,深南大道横穿场地,东临金田路,西接益田路,项目占地面积约45.6hm²,范围包括:市民广场、水晶岛、南广场、南一区、南一区等5个地块。

② 区位条件

中心广场是深圳市中心区中轴线公共空间系统的重要组成部分,是中心区从行政文化区到商务区的过渡,位于深圳经济特区的地理中心,北依莲花山,南望深圳湾、香港,形成了背山面海的用地格局。

南中轴由商务办公楼、酒店、会展中心所环绕,既是中轴线公共空间系统的重要部分,又是中心区商务CBD的中心。

宏观景观格局分析

现状照片

现状照片

现状照片

现状照片

现状照片

现状照片

现状照片

现状照片

③ 气候条件

深圳地处北回归线以南，属亚热带海洋性气候，气候温和，雨量充沛，日照时间长。夏无酷暑，时间长达6个月。春秋冬三季气候温暖，无寒冷之忧。年平均气温为22.3℃，最高气温为36.6℃，最低气温为1.4℃，无霜期为355天。年均日照2060个小时，太阳年辐射量5225MJ/m²。每年5至9月为雨季，年平均降雨量为1924.7mm。夏秋两季偶有台风，但受山峦阻挡，直接袭击市区约两年一次。

④ 宏观景观格局分析

a. 背山面水，符合中国理想的景观模式。

场地背靠莲花山，面朝深圳湾，阴阳交会，虚实相得益彰，赋予场地得天独厚的自然景观条件。

b. 山海轴景观开合有度，城市轴景观错落分明，自然生态景观与人文景观构建成网，形成小中见大，层次感鲜明的中观、微观尺度景观格局。

⑤ 现状问题分析

a. 七通一平已完成，现状用地为一块荒地，遭到了生态破坏。

设计对策：通过有效的植物种植和景观设计恢复生态。

b. 现状场地尺度过大，东西约600m，南北约1000m，空间缺乏层次感、向心感、围合感。

设计对策：复合利用城市空间，塑造多层次城市景观。对超大尺度的广场通过有效划分和系统设计，使纪念性尺度和人性化尺度兼顾平衡。

c. 深南大道横穿场地，割裂了场地的南北联系，给场地的交通联系带来不便。

设计对策：通过上跨和下穿两种交通组织方式加强场地的南北联系，使场地能够成为有机整体。

d. 水晶岛四周为深南大道包围，受机动车干扰较大，在地面上缺乏和中心广场及南广场的联系。

设计对策：水晶岛整体下沉，形成完整静谧的地下空间，并利用地下空间解决纵向交通联系。

e. 金田路和益田路作为城市的次干道，车流量较大，并且上跨通过深南大道，对场地干扰较大。

设计对策：在靠近金田路和益田路的一侧通过树木的密植来屏蔽噪声，减少外部对场地的干扰，创造宜人的林下空间。

深圳市中心区中心广场
及南中轴景观环境方案设计

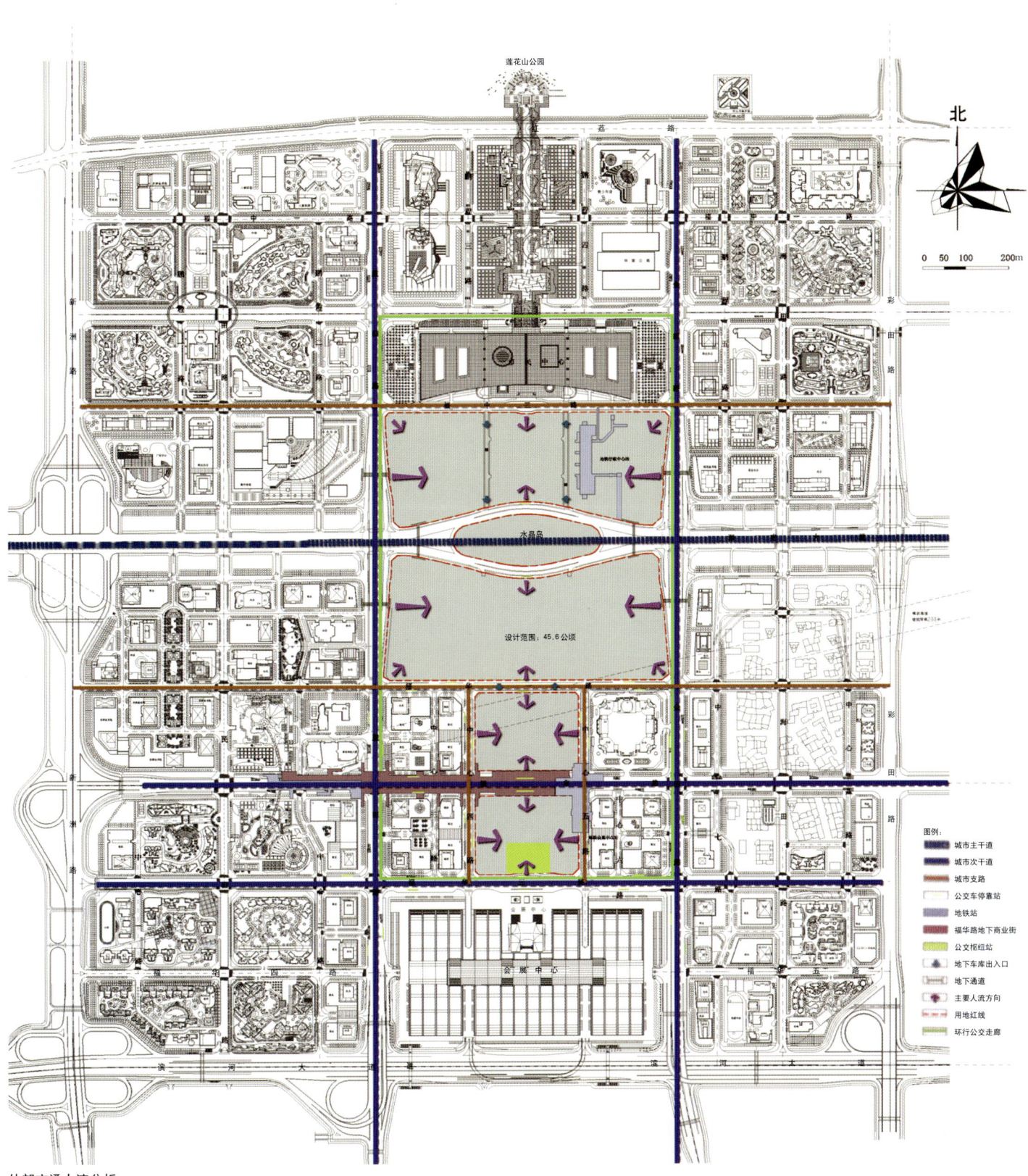

外部交通人流分析

现状照片

现状照片

现状照片

现状照片

现状照片

现状照片

⑥ 外部交通人流分析

深南大道横穿场地，金田路、益田路、福华三路、福中三路分别在东、西、南、北方向环绕场地，市民中心站和会展中心站两座地铁站位于场地边缘，场地中19地块的南端规划有公交枢纽站，场地四周有环状公交走廊。

进入场地的主要人流方向为东西向，东西向交通是进入场地最便捷的交通形式，设计中强调市民能够更快、更便捷地进入场地；南北向是中心区景观的轴线方向，是市民欣赏轴线景观的主要方向，也是中心区观光旅游线路的方向，设计中强调利用中轴线丰富的景观来引导人的行为流线。

⑦ 用地适宜性分析

a. 市民广场

市民广场占地16.07万m²，以政治活动、节庆典礼为主。设计中整体风格宜严谨、规整。广场两侧宜设计成亲人尺度的自然绿化公园。

市民广场设置地下两层停车库，总建筑面积10万m²，已基本建成。设计中应该综合考虑地下停车库及其屋顶广场方案。

b. 水晶岛

水晶岛占地3.09万m²，是中轴线与深南大道的交点，其主要功能为中轴线步行系统提供驻足停留的重要观景点，它将与市民中心一起构成中心区的标志，是中心区的画龙点睛之笔。但上述功能将在今后另行设计和分期实施。本次设计应考虑景观绿化，与市民广场、南广场形成统一协调的整体景观。

c. 南广场

南广场占地17.91万m²，主要功能是休闲和娱乐，是行政文化区向商务区的过渡空间，以市民活动为主，整体风格宜活泼、自由。它将与水晶岛、市民广场一起被设计成深圳的"城市客厅"。

d. 南中轴

南一区占地4.33万m²，南二区占地4.23万m²，两区均设有商业（局部地上一层和地下一层）和停车库（局部地下二层），设计中宜把它和中心广场统一考虑，形成和谐统一的整体景观。

3）设计目标、设计理念、设计依据。

① 设计目标

☆城市建设形象的重要窗口。

☆成为本地区最富于活力和影响力的核心。

☆价值最高的公共开放空间。

☆城市欢聚、休闲的人性化场所。

☆城市可持续生态建设的典范。

② 设计理念

以尊重场地精神，贯彻"生态—信息"轴线为前提，充分利用和借鉴"珠三角"地区的自然地形地貌和原生景观要素，充分考虑物质和精神的双重需要，最大限度地实现人与环境之间、人与人之间的交流沟通，营造人与自然和谐相处的健康、生态、利于完成自身升华的高尚绿色场所。

③ 设计依据

* 《公园设计规范》。
* 《城市道路交通规划设计规范》。
* 《城市绿化条例》。
* 甲方规划设计任务书及相关图纸。
* 深圳市总体规划。
* 深圳市中心区法定图则。
* 1:1000电子地形图。
* 深圳市中心区的相关资料。
* 国家相关条文规范。

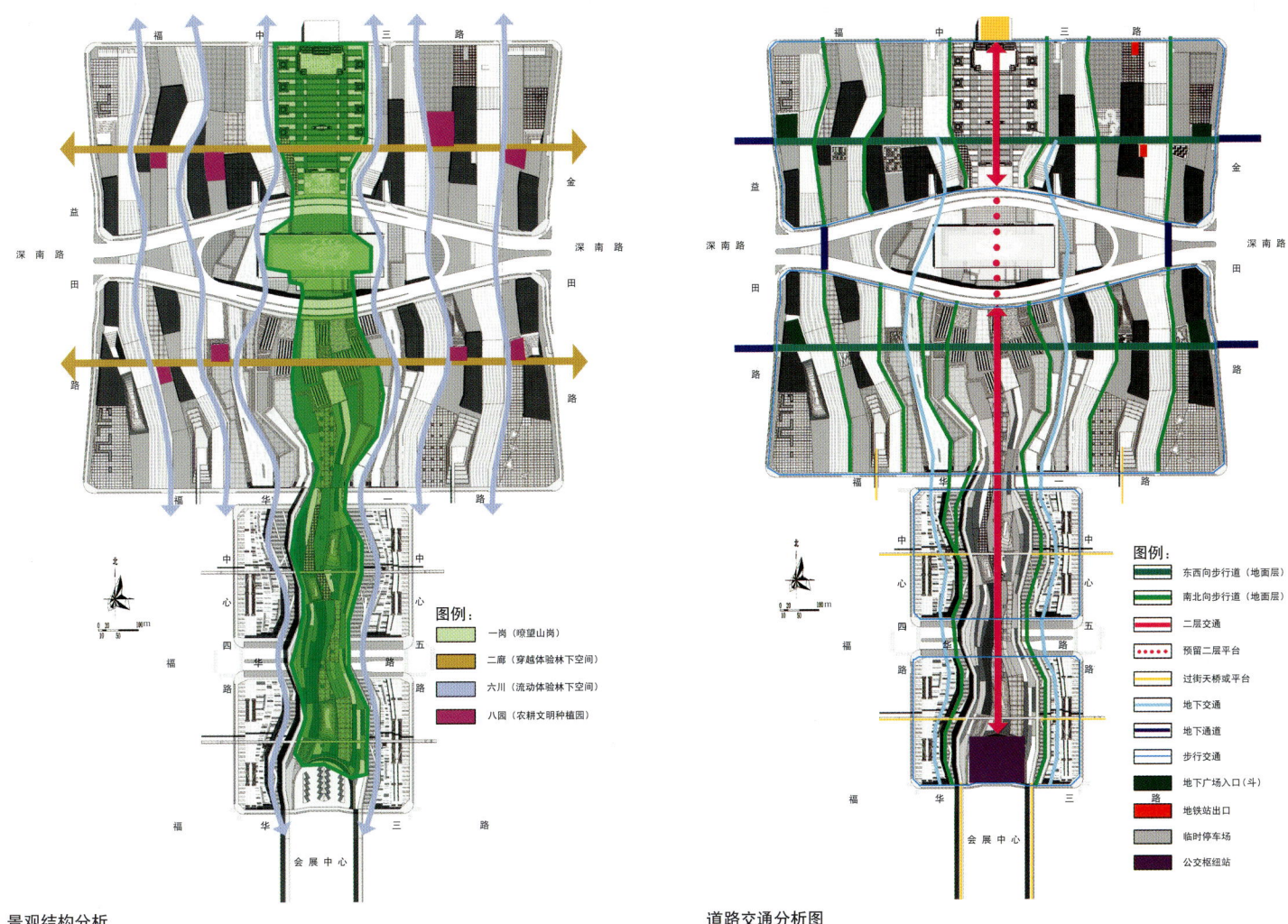

景观结构分析　　　　　　　　　　　　　　　道路交通分析图

4）设计方案

① 景观结构分析

整个景观结构概括为：一岗、六川、两廊、八园。一岗位于中心区景观中轴线上，仰望莲花山，俯瞰深圳湾，主要由市民广场、水晶岛和南中轴的屋顶花园组成。六川是平行于岗的六条南北视通廊道，是流动体验的林下空间。两廊是两条东西向的步道，横穿广场，体验田地斑块的虚、实、灰的空间变幻。八园是五谷的纪念与静思的场所，设在两廊的两侧，分别以粟、黍、稻、麦、菽五谷和具有强力的亚热带特色的蔗、蕉和菠萝等为主题，用简约的手法，形成各具特色的现代花园。

② 道路交通设计

道路交通系统分三个层次进行设计：地面层、地下层、地上二层。地面层交通通过东西向的两"廊"和南北向的四"川"形成道路网络，构成中心广场的主环路。地下层交通由"岗"两侧的"谷"、水晶岛下沉广场、中心广场地下车库、地铁市民中心站、地铁会展中心站、福华路地下商业街、南中轴地下商业街组成。地下交通通过"斗"（入口下沉广场）、下沉广场、过街地下通道、下沉台阶、无障碍设计的坡道和电梯和地面层交通联系起来。地上交通系统由场地中部隆起的"岗"、连接中央商务区建筑的跨街天桥、连接市民中心的二层平台、预留跨越水晶岛的二层平台组成。地上二层交通用台阶、无障碍设计的坡道和电梯与地面层联系起来。

对于解决中心广场上的行人穿越深南大道的问题，我们通过以下设计来解决：

a. 利用现有的下穿深南大道的非机动车道；

b. 水晶岛整体下沉，和"谷"形成完整的纵向地下交通联系。

③ 景观视线设计

深南大道是城市的轴线方向，是城市的人文轴线；从莲花山延伸下来的景观主轴线被设计成瞭望的山岗，成为观景的轴线，轴线上按照不同的功能设置了不同的景观节点，构成最佳的观景点和视线的聚焦点。纵向的景观视廊为"川"的流动体验，横向的景观视廊为"廊"的穿越体验。两廊的两侧设计八个现代花园，是视线的滞留地。将"山"峦抽象为台，高耸于林冠之上，高出平地5～10m，它们呈岛状分布于南广场的东西两侧，成了最佳的观景地。外部景观界面被设计为整体的林地景观。

深圳市中心区中心广场
及南中轴景观环境方案设计

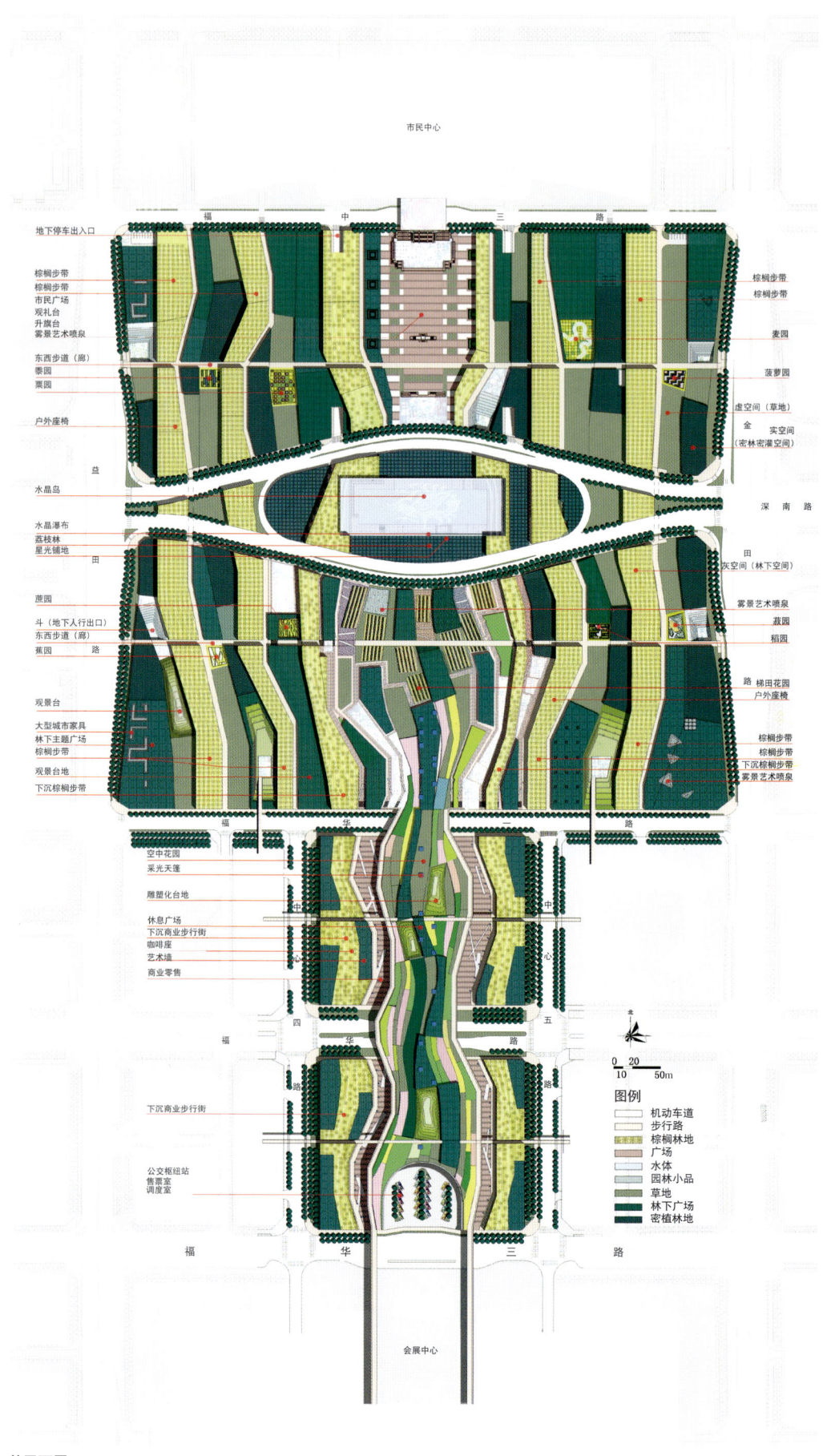

总平面图

深圳市中心区中心广场
及南中轴景观环境方案设计

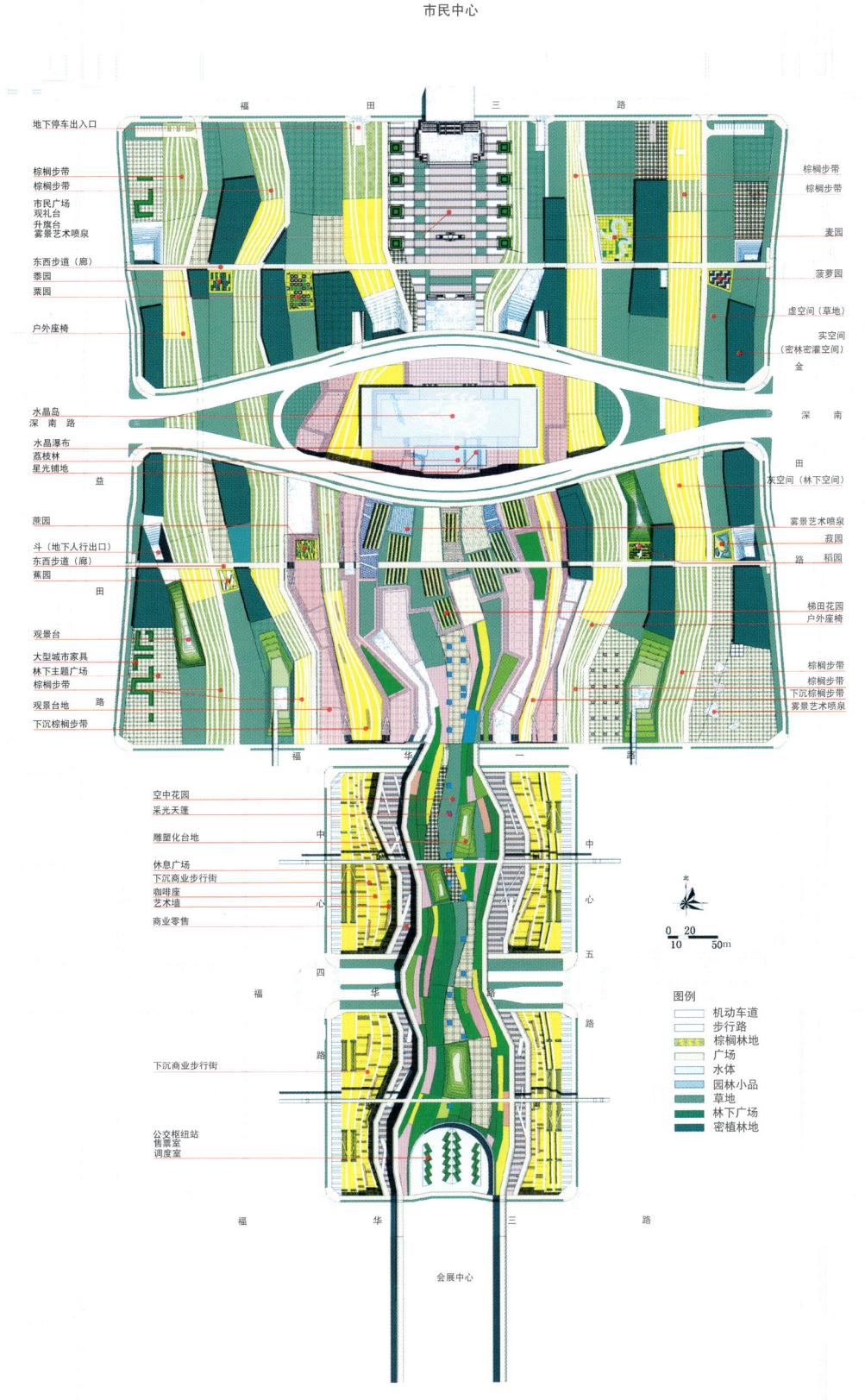

基底总平面图

④ 植物种植设计

植物种植设计按照以下的原则进行：

a."虚"空间

没有树冠或只有疏林树冠遮蔽的空间：草地、地被或铺装基地。

b."实"空间

由不可进入性林块构成，主要由竹、蕉、勒杜鹃等小乔木和灌木组成。

c."灰"空间

由可进入性树群构成。采用棕榈类、经济类、常绿阔叶类、春花落叶类等，树的间距3～10m不等，树的分枝点高度2～10m左右，形成不同的空间感受。

d."岗"的种植

从中国农业种植的方式中借鉴和提炼种植的配置模式，体现单优势的种群美，以体现中心区的整体景观风格。大量应用有深圳特色的乡土物种，通过现代设计形式，体现时代风格。乔木采用凤凰木、木棉，林下和林旁为白茅、荻花等不同高度的规则种植块。

e.八园的种植

八个现代花园，分别以粟、黍、稻、麦、荻五谷和具有强力的亚热带特色的蔗、蕉和菠萝等为主题，用简约的手法，形成各具特色的现代花园。

⑤ 灯光照明设计

a. 设计目标：

设计借鉴国内外先进夜景照明理念及相关最新技术运用，结合深圳市中心广场川、廊、园等特色空间构成，采用立体结合以及光影实景效果模拟等手法，力求营造一幅以广场硬质铺装照明为背景，以重要节点处灯饰为中心，廊道桥梁照明为主线，重要建、构筑物顶部灯饰为点缀，各方面相互映衬的多层次、立体化、动静结合、错落有致的中心广场夜景。

b. 设计原则：

·对广场空间构成因素，如川、廊、园等进行统筹考虑，点、线、面、体结合，力求既统一协调，又富有变化。

·重点渲染广场中心节点，相对弱化节点结合部。

·结合独特的广场高程变化，强化各个分层的夜景特色，形成立体化夜间照明效果。

·通过高科技手段力求技术先进与艺术创新的完美结合，贯彻绿色照明计划，减少光污染，达到保护环境和节约能源的目的。

c. 实施措施：

·主视看区域立面分层：

根据夜景照明的亮度及色彩，对规划范围内之亮化载体进行分层。第一层次为：拟采用橙黄色光来规整天际线，并运用退晕手法逐步向下推移，通过亮度、色彩的渐变，表现夜景的高潮。第二层次为：根据人的视觉感受、功能需求在高度方向光线强弱冷暖变化。

·设计区域亮化分级。

视亮度是衡量照明效果对人视觉心理产生强弱感觉的标准之一，在夜景规划中应作为重要因素考虑。在设计中对广场区域进行了亮化分级。

d. 运用技术：

·光纤技术，其特点是装饰性强、安全防水、使用寿命长，通过发光点亮度及色彩有规律性变化，给人以神奇绚丽的艺术享受。

·运用明亮多彩的激光束在夜空中有规律地移动，组成图案来丰富天际线，对于沿商业步行街某些重要建筑，将激光束投射到山墙上，形成各种图案及文字来增强动感，美化夜景。

·发光二极管，利用其可拼装成不同面积显示屏的特点，运用于人流集中的公共场所。

·全息图技术，在商业街两侧的一些重要建筑实墙面上，通过全息摄影得到的图形在激光照射下，产生与原物同步并具有立体感的图像。

第二部分：图　纸

灯光夜景效果图

鸟瞰图

深圳市中心区中心广场
及南中轴景观环境方案设计

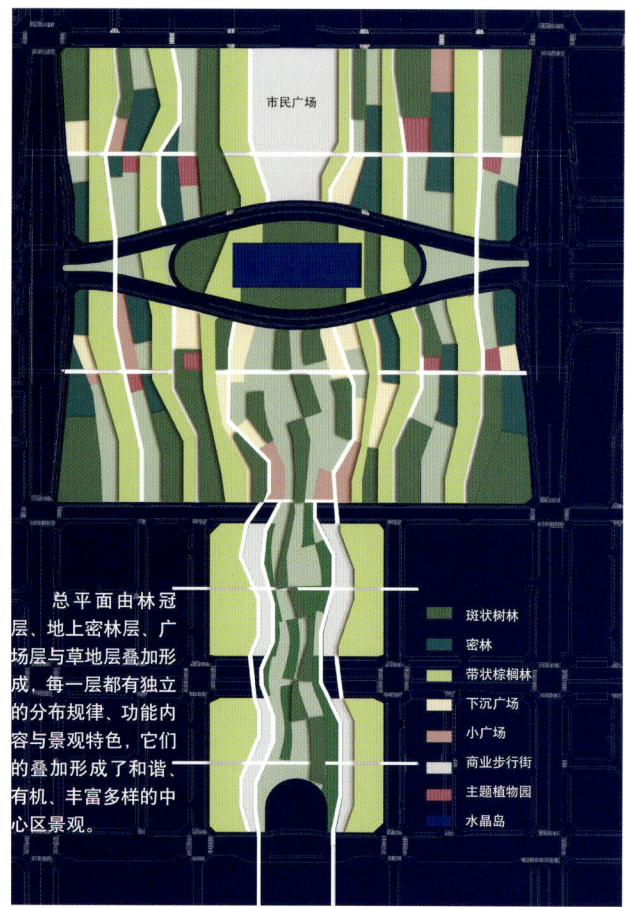

总平面由林冠层、地上密林层、广场层与草地层叠加形成，每一层都有独立的分布规律、功能内容与景观特色，它们的叠加形成了和谐、有机、丰富多样的中心区景观。

斑状树林
密林
带状棕榈林
下沉广场
小广场
商业步行街
主题植物园
水晶岛

总平面

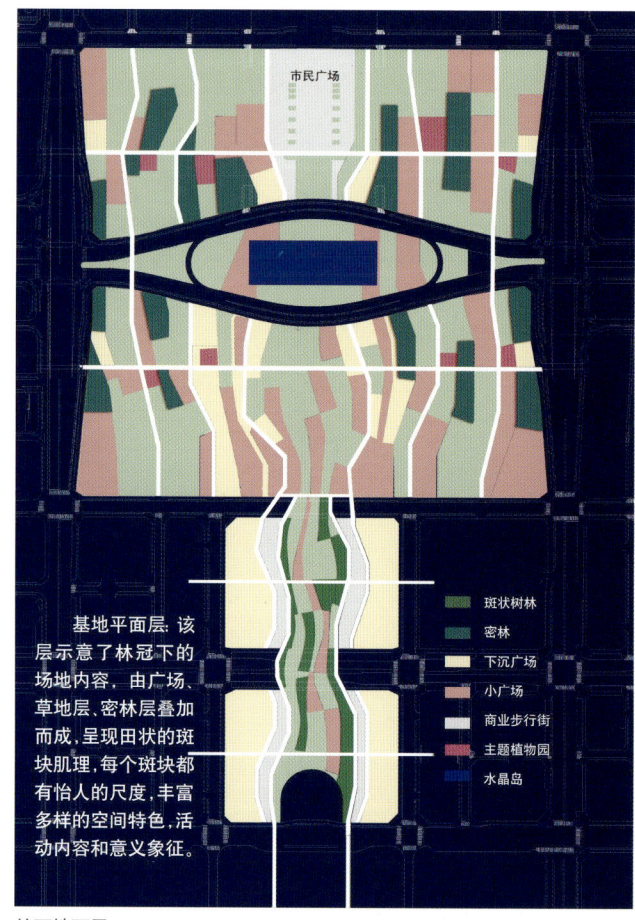

基地平面层：该层示意了林冠下的场地内容，由广场、草地层、密林层叠加而成，呈现田状的斑块肌理，每个斑块都有怡人的尺度，丰富多样的空间特色，活动内容和意义象征。

斑状树林
密林
下沉广场
小广场
商业步行街
主题植物园
水晶岛

林下地面层

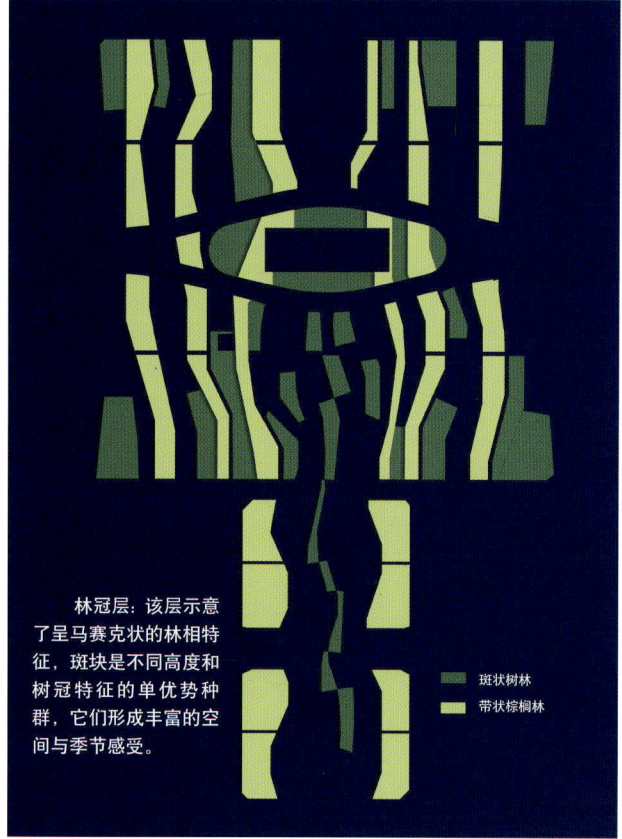

林冠层：该层示意了呈马赛克状的林相特征，斑块是不同高度和树冠特征的单优势种群，它们形成丰富的空间与季节感受。

斑状树林
带状棕榈林

林冠层

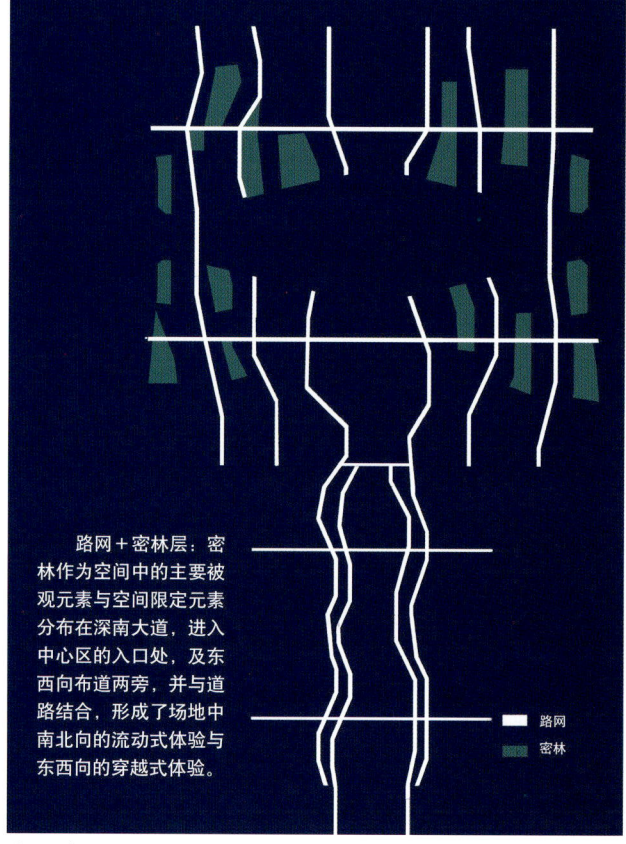

路网＋密林层：密林作为空间中的主要被观元素与空间限定元素分布在深南大道，进入中心区的入口处，及东西向布道两旁，并与道路结合，形成了场地中南北向的流动式体验与东西向的穿越式体验。

路网
密林

路网＋密林层

深圳市中心区中心广场及南中轴景观环境方案设计

广场层示意广场的分布规律：下沉带状广场沟通场地南北，形成连续的步行空间，中心区南部分布大量休闲性小广场，结合下沉带形成独特的梯田景观。中心区北部以市民广场及草地为主，分布少量文化性广场和地铁站广场。

广场层

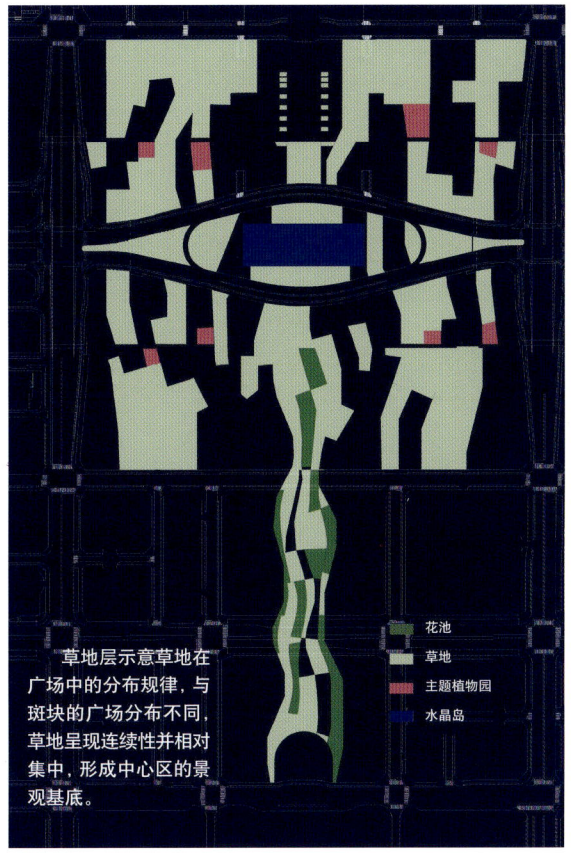

草地层示意草地在广场中的分布规律，与斑块的广场分布不同，草地呈现连续性并相对集中，形成中心区的景观基底。

草地层

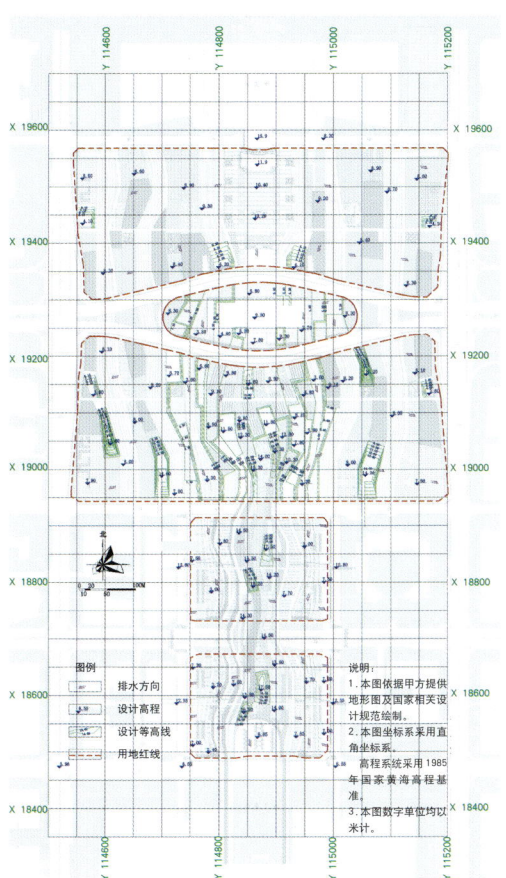

标高定位图

《深圳市中心区城市设计与建筑设计 1996—2004》系列丛书

深圳市中心区中心广场
及南中轴景观环境方案设计

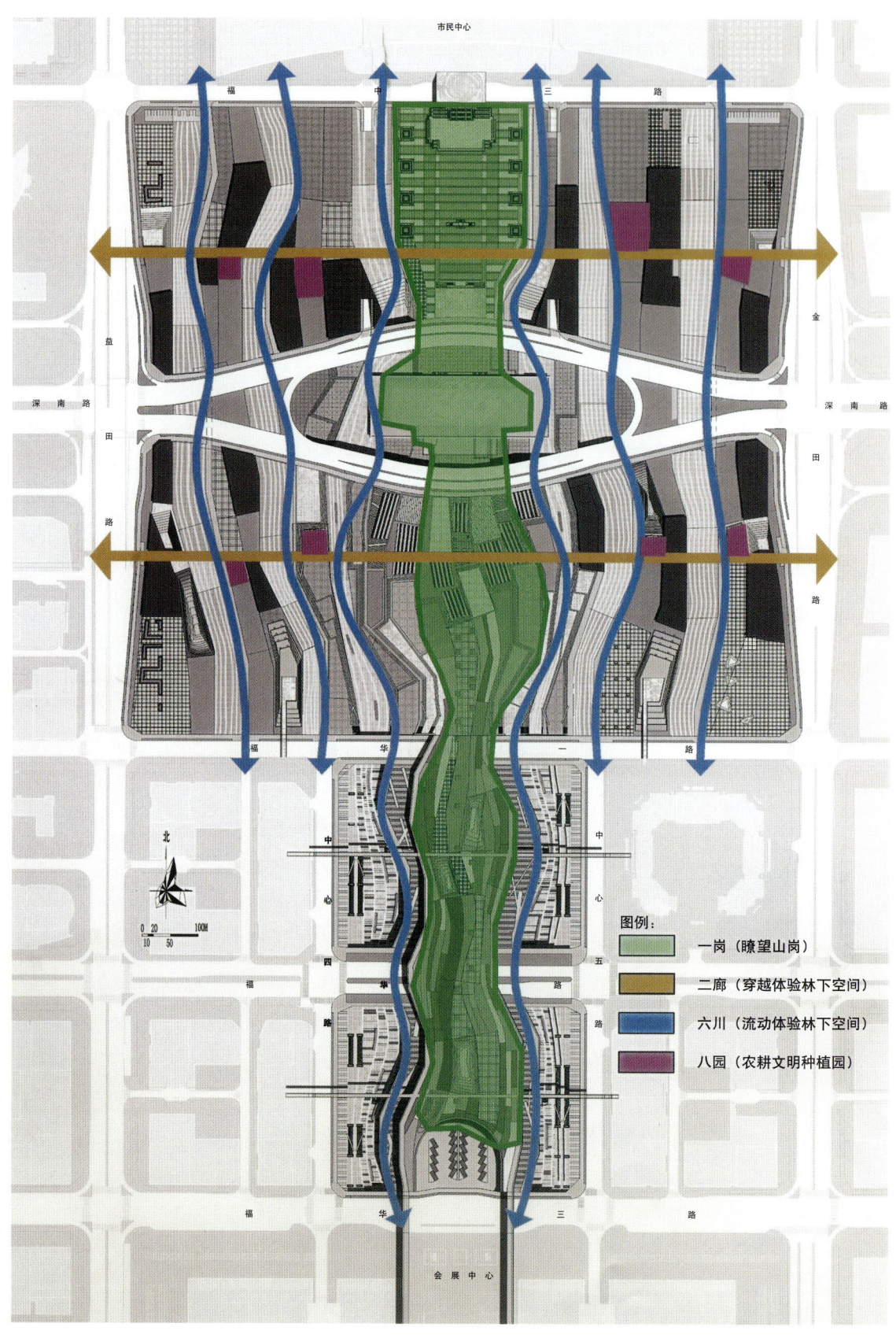

景观结构分析图

深圳市中心区中心广场
及南中轴景观环境方案设计

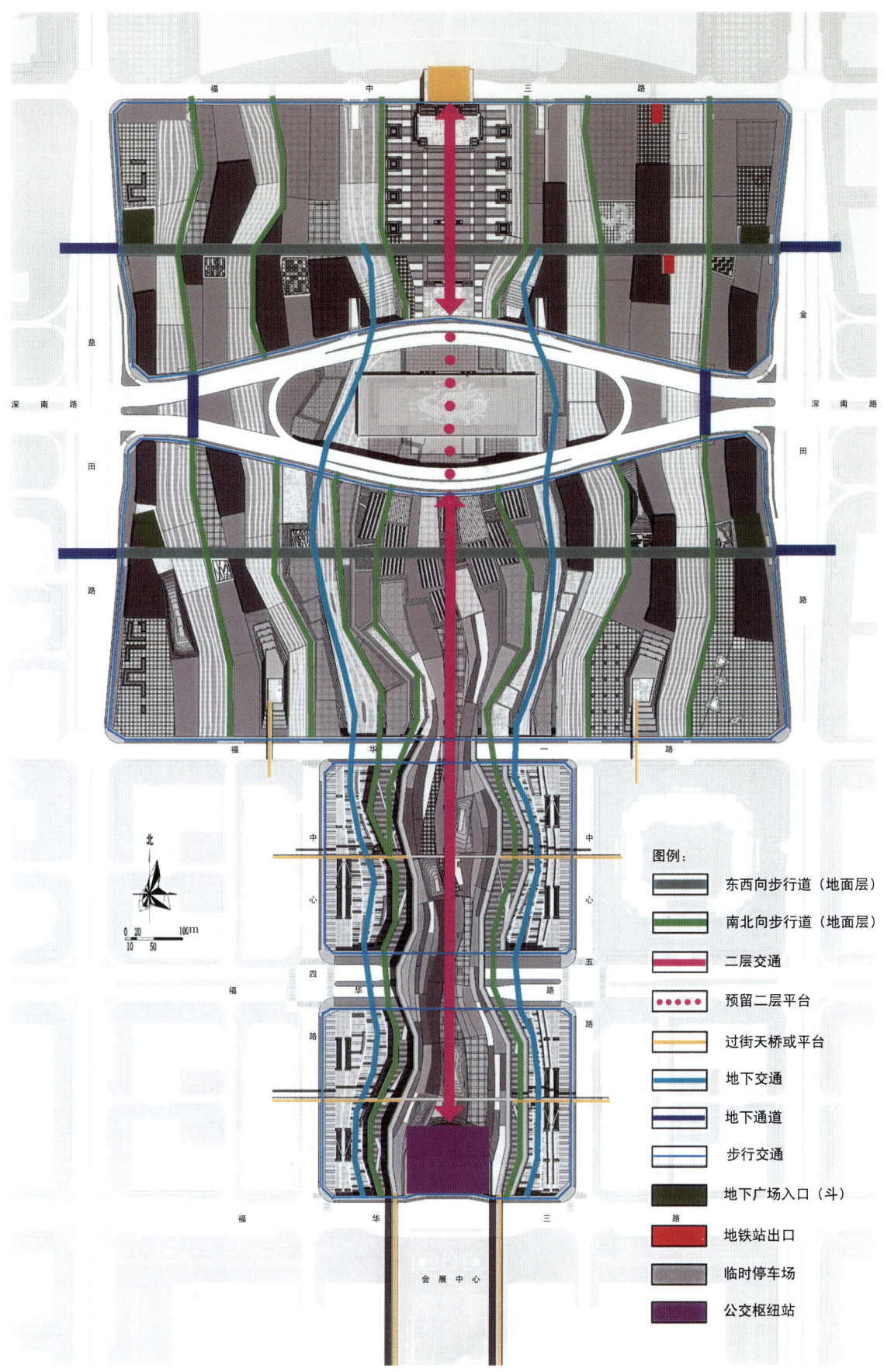

图例：
- 东西向步行道（地面层）
- 南北向步行道（地面层）
- 二层交通
- 预留二层平台
- 过街天桥或平台
- 地下交通
- 地下通道
- 步行交通
- 地下广场入口（斗）
- 地铁站出口
- 临时停车场
- 公交枢纽站

道路交通分析图

深圳市中心区中心广场
及南中轴景观环境方案设计

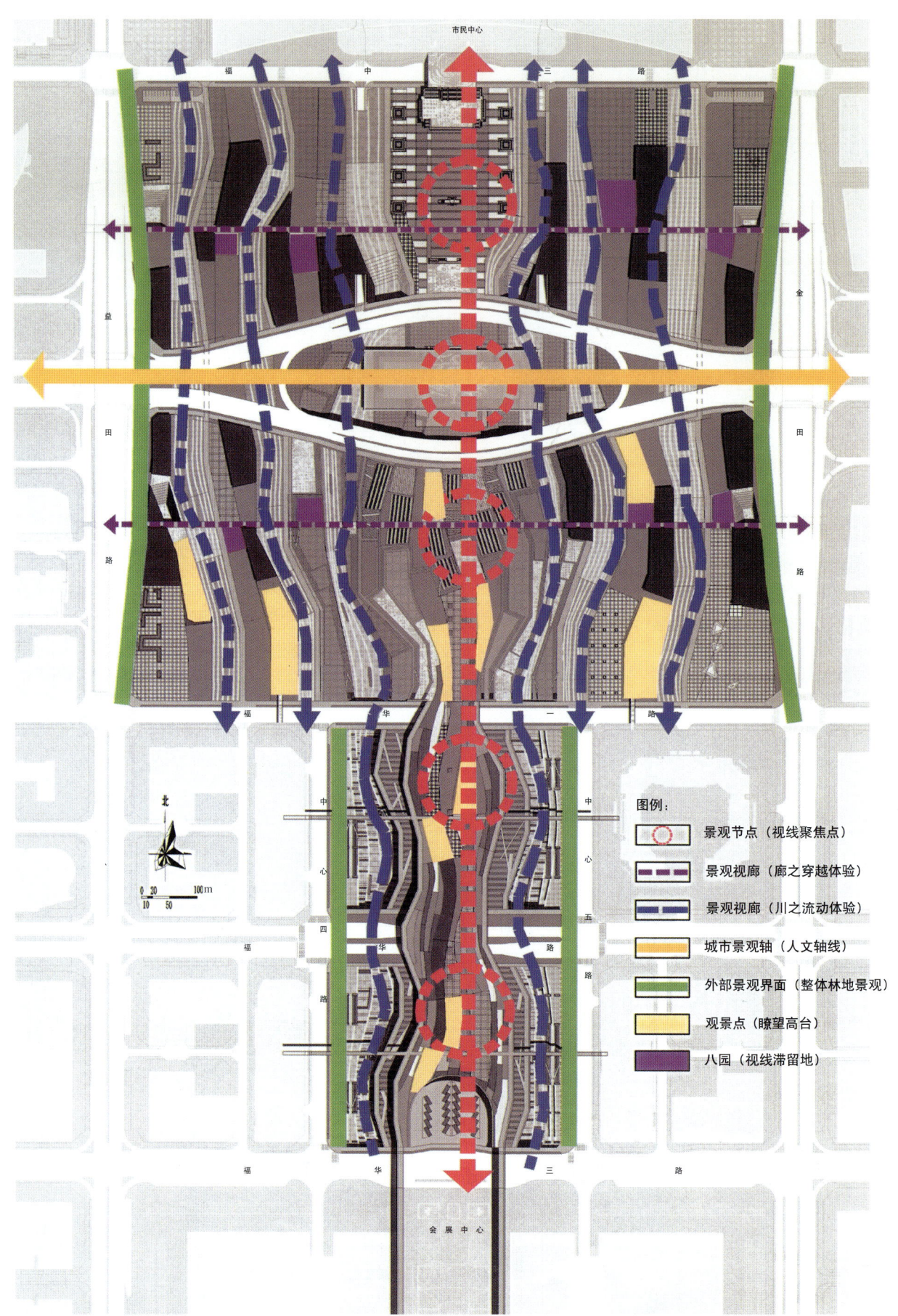

景观视线设计分析图

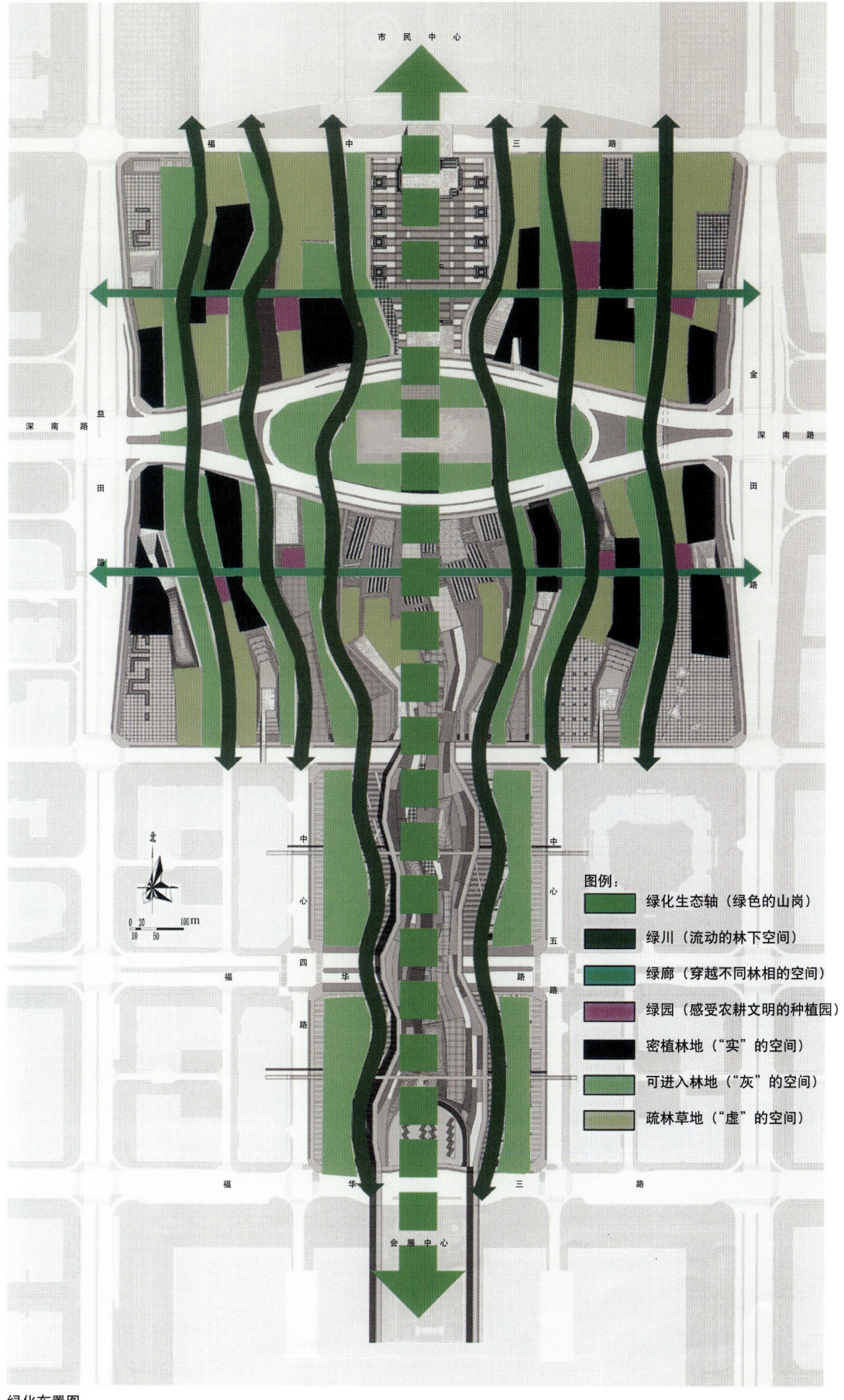

绿化布置图

深圳市中心区中心广场
及南中轴景观环境方案设计

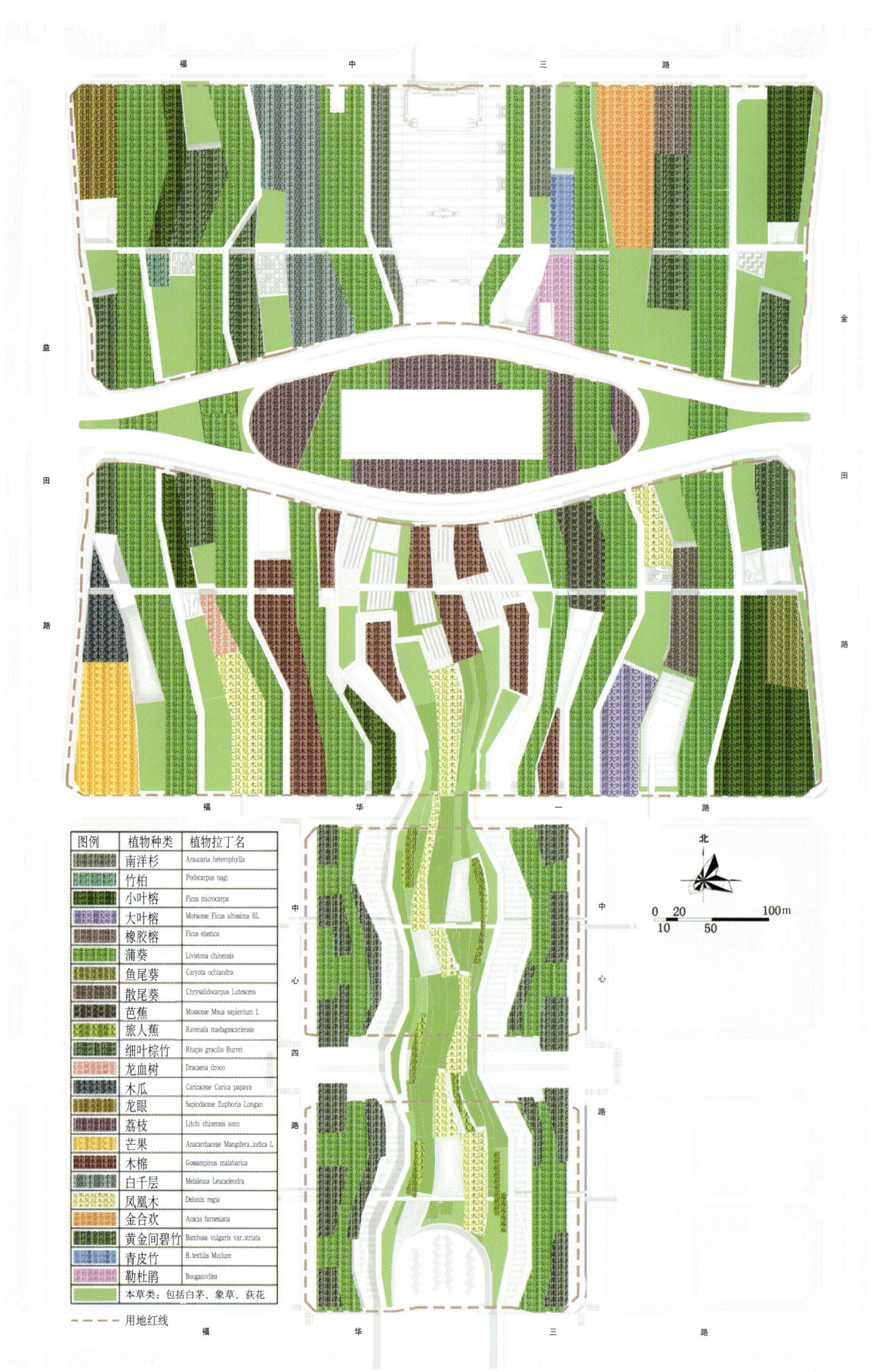

植物种类及分布图

深圳市中心区中心广场
及南中轴景观环境方案设计

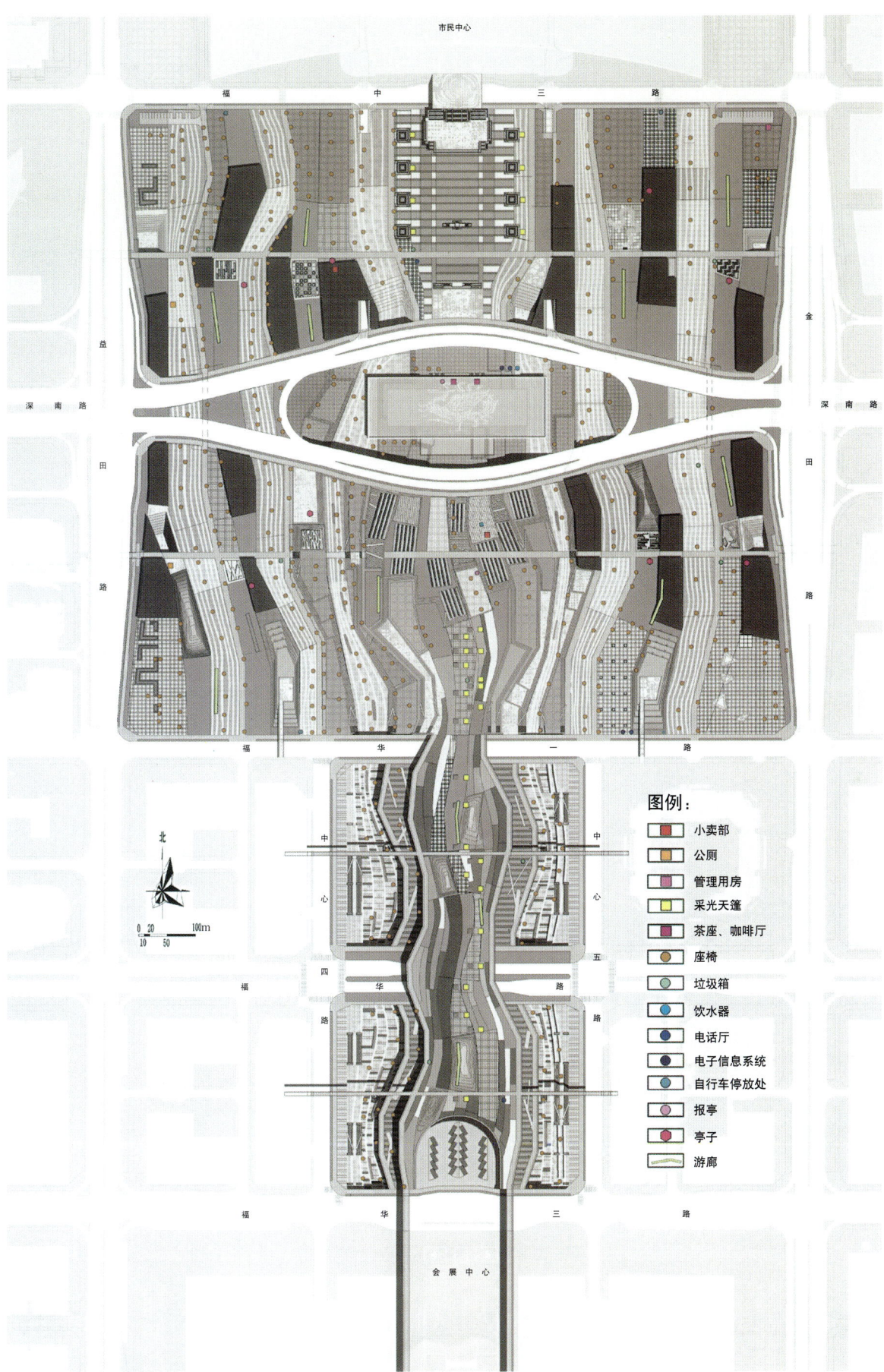

建筑小品及园林配套设施布置图

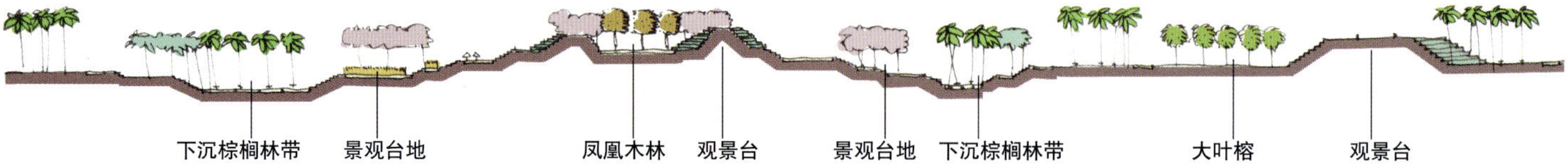

深圳市中心区中心广场及南中轴景观环境方案设计

1—1 断面图

下沉棕榈林带　景观台地　凤凰木林　观景台　景观台地　下沉棕榈林带　大叶榕　观景台

2—2 断面图

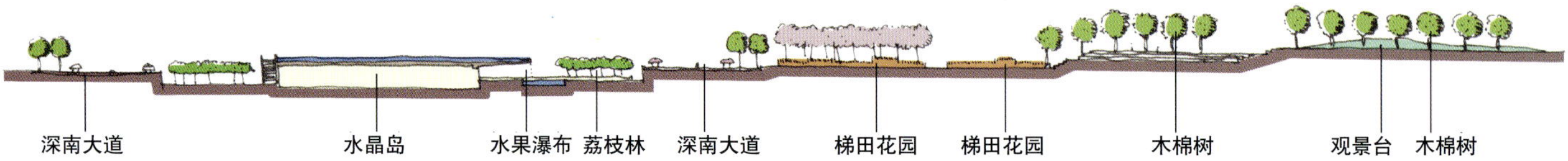

深南大道　水晶岛　水果瀑布　荔枝林　深南大道　梯田花园　梯田花园　木棉树　观景台　木棉树

3—3 断面图

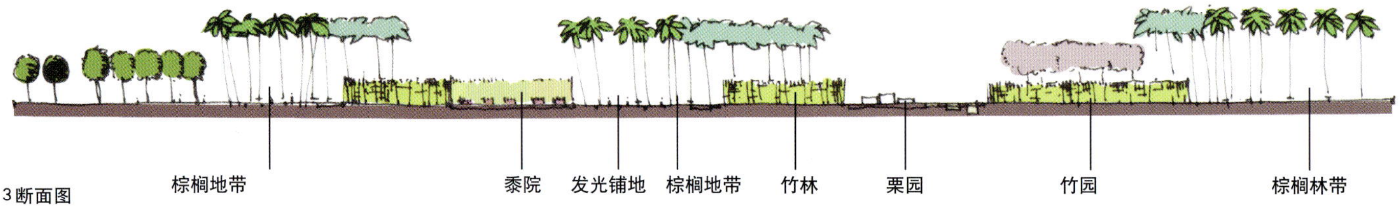

棕榈地带　黍院　发光铺地　棕榈地带　竹林　栗园　竹园　棕榈林带

4—4 断面图

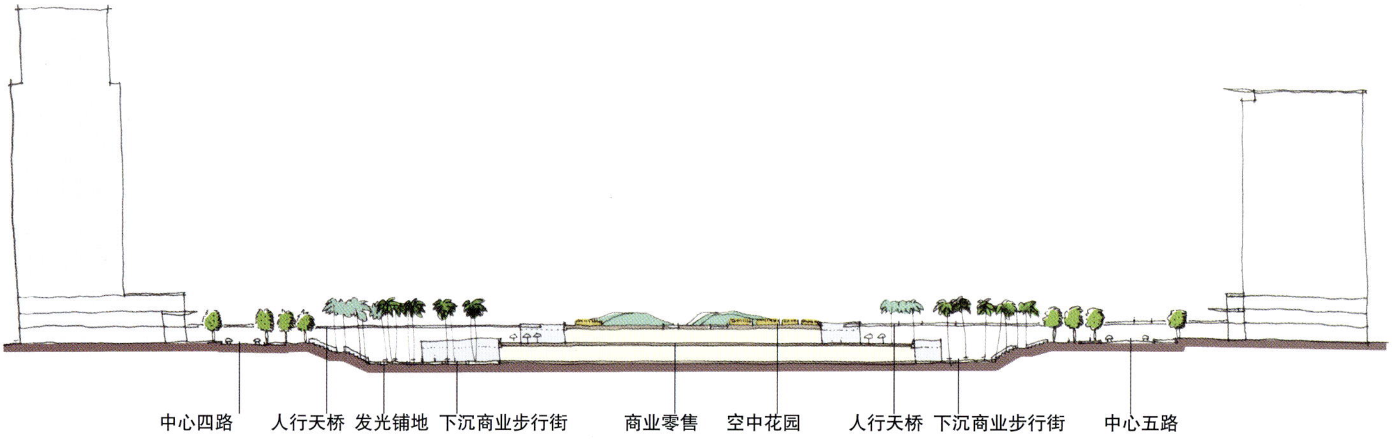

中心四路　人行天桥　发光铺地　下沉商业步行街　商业零售　空中花园　人行天桥　下沉商业步行街　中心五路

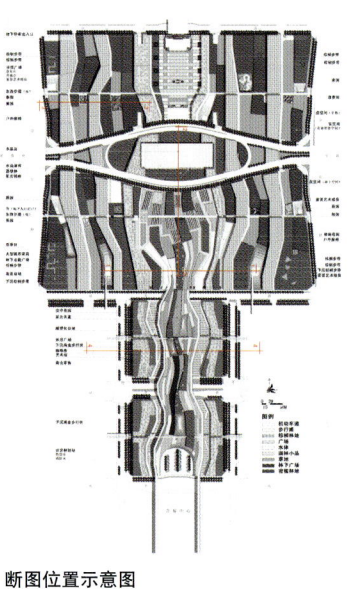

断图位置示意图

深圳市中心区中心广场
及南中轴景观环境方案设计

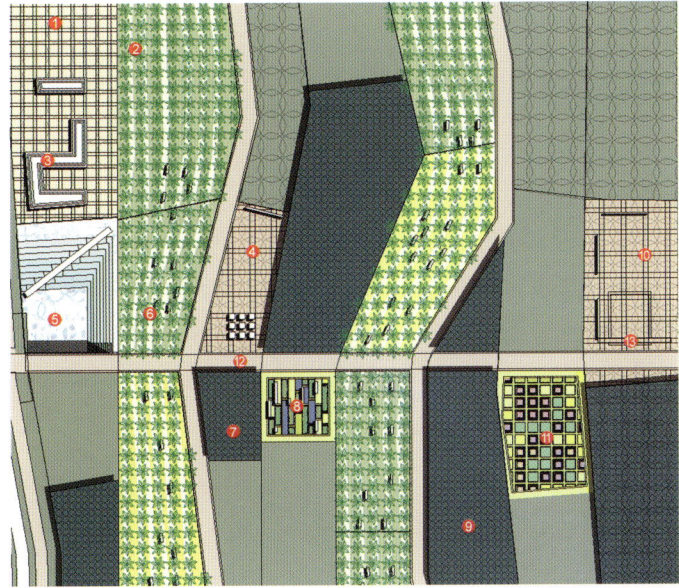

图例：
1. 龙眼林
2. 棕榈林带
3. 大型城市家具
4. 林下广场
5. 地下行人出口
6. 户外座椅
7. 竹林
8. 黍园
9. 竹林
10. 白千层林
11. 粟园
12. 体验性步道
13. 落水景墙

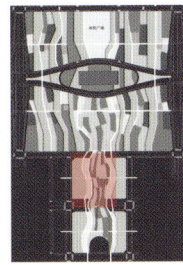

平面设计详图

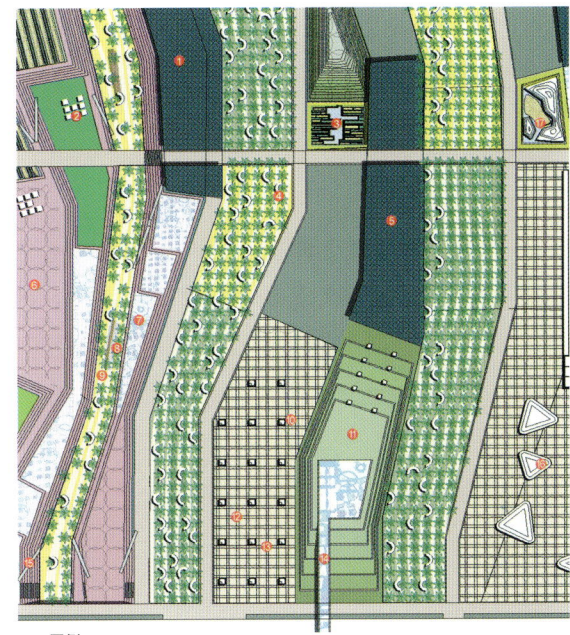

图例：
1. 芭蕉林
2. 咖啡座
3. 稻园
4. 户外座椅
5. 伞尾葵林
6. 木棉林
7. 景观台地
8. 下沉棕榈林带
9. 发光铺地
10. 旱喷泉
11. 观景台
12. 大叶棕林
13. 林下主题广场
14. 过街天桥
15. 残障坡道
16. 雕塑化喷泉
17. 菽园

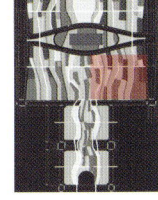

平面设计详图

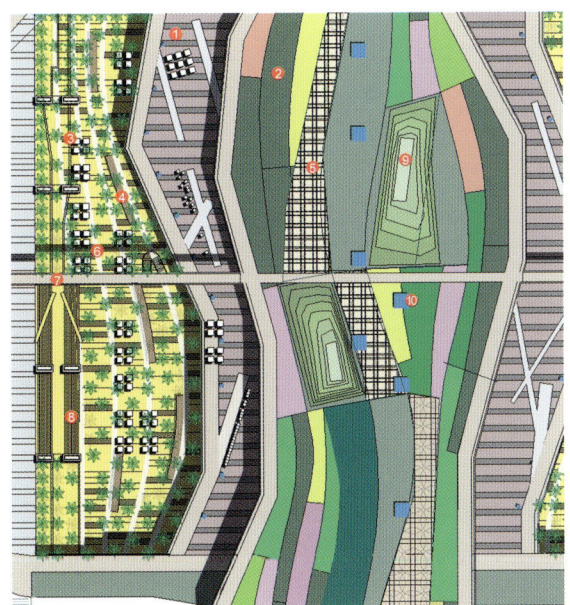

图例：
1. 商业零售
2. 空中花园
3. 咖啡座
4. 艺术展墙
5. 休闲广场
6. 发光铺地
7. 天桥
8. 景观台阶
9. 雕塑化台地
10. 透光孔

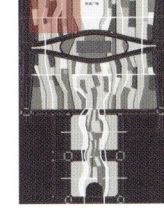

平面设计详图

深圳市中心区中心广场
及南中轴景观环境方案设计

"岗"效果图

"岗"效果图

深圳市中心区中心广场
及南中轴景观环境方案设计

市民广场效果图

"水晶岛"效果图

深圳市中心区中心广场
及南中轴景观环境方案设计

"川"效果图

"川"效果图

深圳市中心区中心广场
及南中轴景观环境方案设计

"廊"效果图

"廊"效果图

深圳市中心区中心广场
及南中轴景观环境方案设计

"园"效果图

"园"效果图

深圳市中心区中心广场
及南中轴景观环境方案设计

"园"效果图

"园"效果图

深圳市中心区中心广场
及南中轴景观环境方案设计

"谷"效果图

"斗"效果图

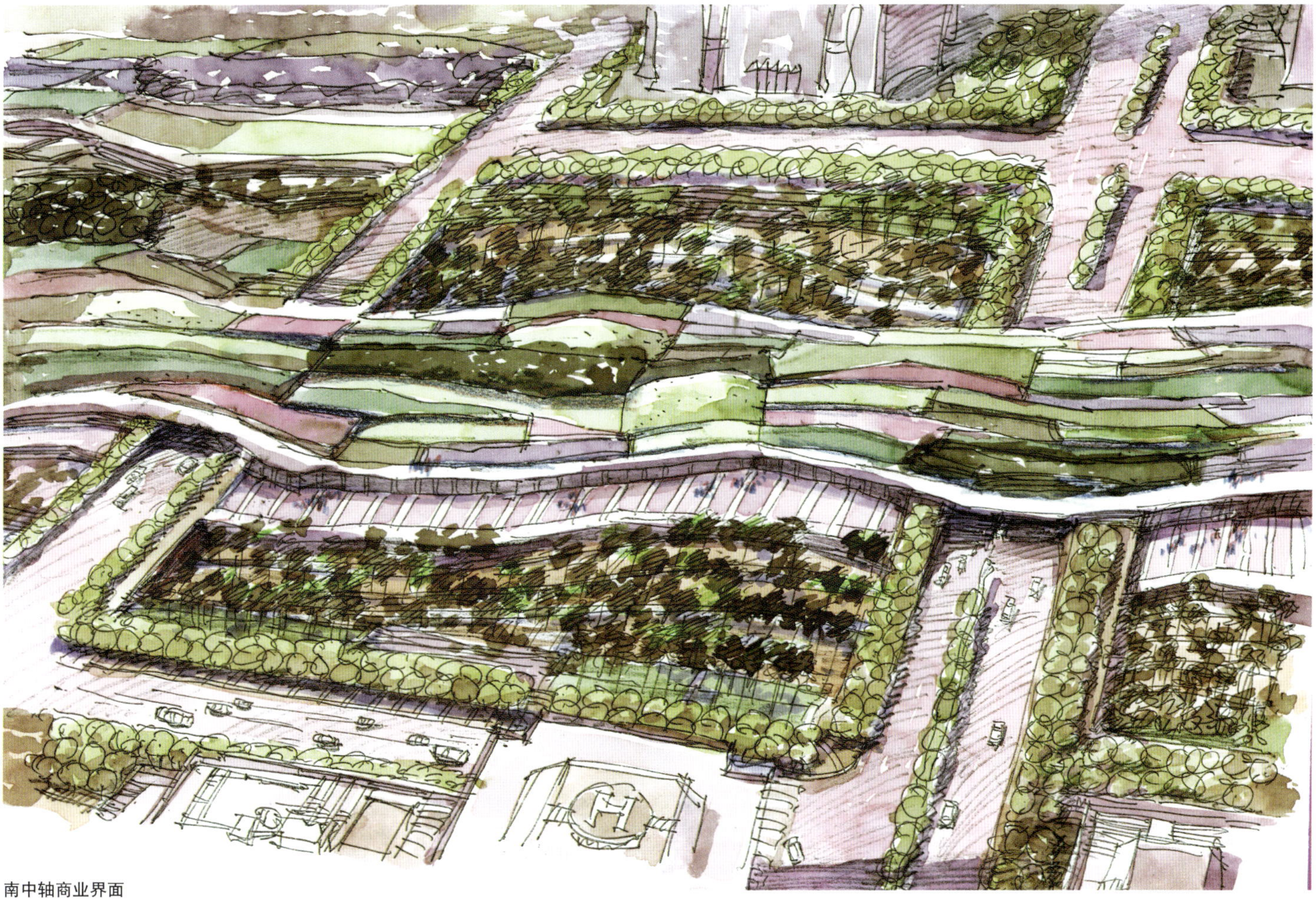

深圳市中心区中心广场
及南中轴景观环境方案设计

南中轴商业界面

小广场

深圳市中心区中心广场
及南中轴景观环境方案设计

草地：虚空间

水晶岛叠水

深圳市中心区中心广场
及南中轴景观环境方案设计

草地：虚空间

水晶岛镜池水面

深圳市中心区中心广场
及南中轴景观环境方案设计

东西向立面图

透视效果图

二层人行平台（天桥）设计草图

过街天桥"网"

过街天桥是围绕"网"的概念设计，提取"渔网"的形态原型，借助钢结构轻巧坚固的力学特性得以实现。其主体受力构件为预制钢梁柱，通过底部的主梁和顶部反梁承力，跨间交织成网状的钢索通过受拉及受压，既使天桥整体受力更趋于合理，也起到外部围护的作用。网状外皮使行人步行穿越途中能够不间断地连续感受到奇妙交织的光影变化，同时也能眺览周边广场景致。

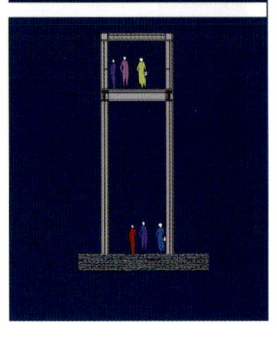

公共环境设施设计

公共环境设施设计是对规划设计、建筑设计、景观设计的一种延续，是细化的、完整的城市设计中不可缺少的组成部分。

公共环境设施是以服务于场所中的人为基本目的的，所以公共环境设施的设计应该以研究人在环境中的活动为主线，即需求线，辅以考虑生产能力、城市的管理、发展的要求、城市环境的复杂性和多变性，比如新的活动方式的出现、新技术的进步以及新服务的需求。根据城市不同特点设计，照顾到发展的需要，才能使城市环境设施设计具有相对的持久性。无论是从设计、布局，还是从城市景观的定型方面，城市空间文化都赋予了城市公共环境设施以真正的内涵，如那些构成公共区域概念的设施。城市设施使城市具有了某种标志，通过它人们可以了解这座城市，读解当地文化。

公共设施是人与场地环境最直接沟通介质；
是景观设计中的高光与亮点；
成为人们认知和感受环境的重要要素；
是评判场地设计成败的重要标准。

充分体现深圳的城市特点，通过统一的设计语言实现场地内环境设施的连贯性，使整个场地内的公共环境设施具有统一的设计主题。进而希望每一件设施又能成为一件独立的载体，讲一个自己的故事，使场地内的每一个细节的处理都能触动人们的思绪……

本方案在功能和形态两个层面展开设计。

功能的实现体现于每一件单体设施的设计之中，结合不同功能区域不同要求，有针对性的进行设施设计，要充分考虑人群的聚集与疏散，尽量做到集中化、一体化，最大限度地提高设施的附属功能，既方便人群的使用，又保证了场地通达。

形态使用折纸的手法、取于生命体的形态特征，表现成长与活力的概念，形态架构于功能和文化之间，形式的表现虽是表象，却直观，形式的偏差就是天平倒向功能和文化的原因；形态的形成取决于功能和文化的平衡点确落何处。

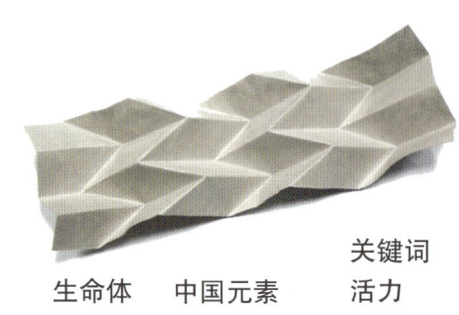

关键词
生命体　中国元素　活力

深圳市中心区中心广场
及南中轴景观环境方案设计

效果图

廊架"舞"

语言一：舞龙
语言二：折纸

欢乐时舞动
奋进时舞动
胜利时舞动
……
龙舞千年
锣鼓依旧
……
期盼着极至的喜悦
渴望着无限的骄傲
让心在火焰的光辉中
尽情舒展

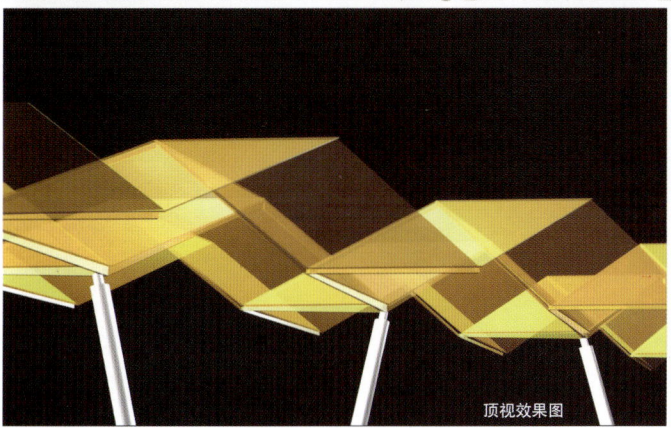
顶视效果图

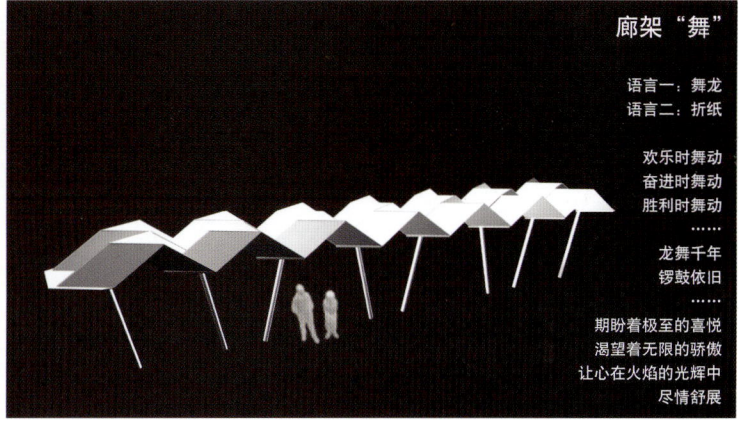

主要小品及配套设施方案设计图

休息亭"叶"

这是一个交流的空间，这是一个休息的空间，它是生命的庇护，无限的浪漫与惬意。

设计通过空间划分化解功能和需求之间的矛盾，整个设施分为服务区和休息区。围绕倾斜支撑柱体周围设施有摊亭、公用电话、城市向导、信息灯箱等；休息区设置有休闲座凳等

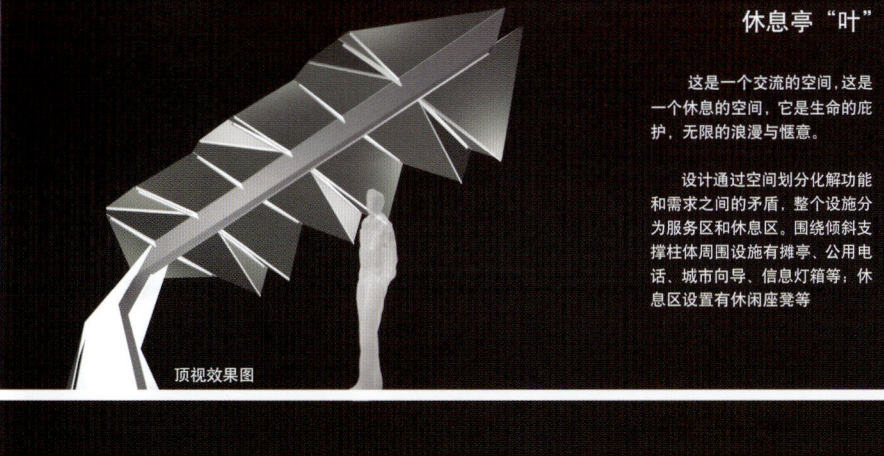
顶视效果图

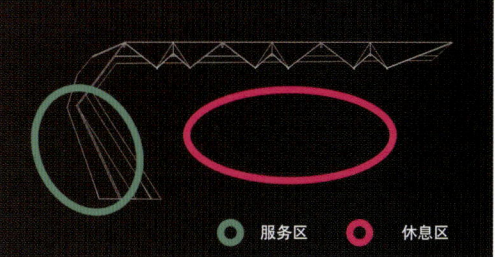
○ 服务区   ○ 休息区

摊亭、公用电话等设施区域 ←
广告灯箱、城市信息、公交信息，补充设施夜间照明 ←

休闲座凳

效果图

主要小品及配套设施方案设计图

深圳市中心区中心广场
及南中轴景观环境方案设计

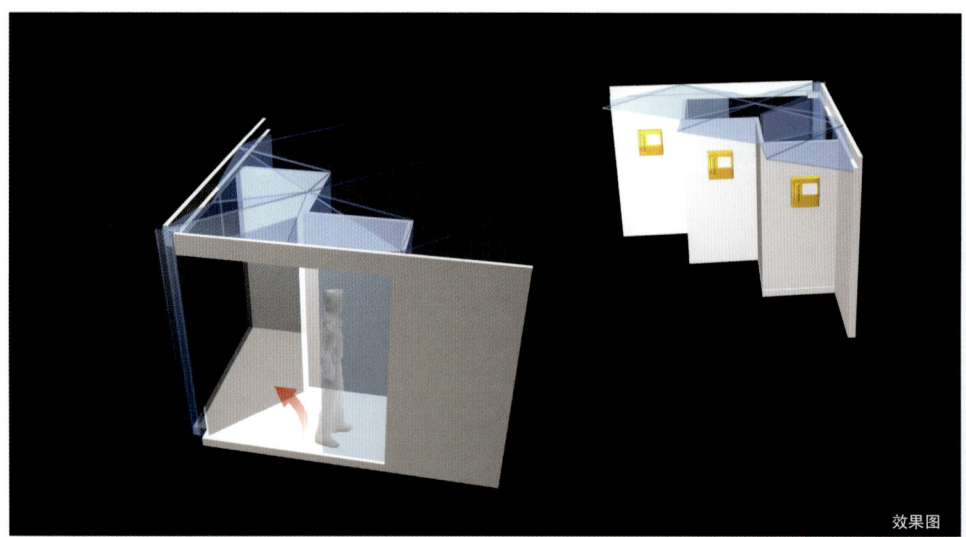

效果图

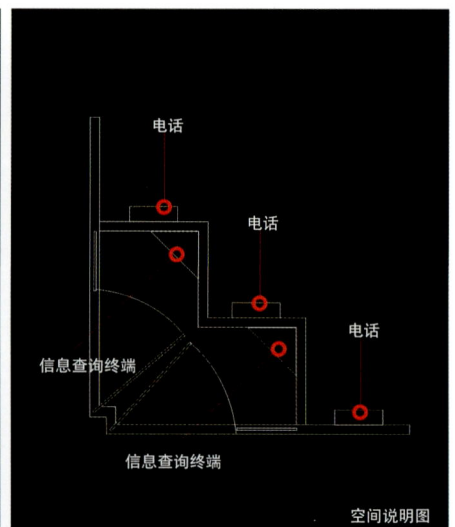

空间说明图

信息岛"翼"

将信息查询、网络服务、城市向导、公用电话等信息终端集中控制投放，有效的划分使用空间，力图在尽量小的区域内为更多的人提供服务，并保证各使用者之间的私密性

"翼"钢化玻璃顶表现舞龙飞翔时的从容轻盈。在空间划分上，分割出了五块相对独立的私密使用空间，在两台信息查询终端的空间设计上使用了明联实分的设计手法，在有一位使用者使用时空间被开着的门分割成了两个独立空间。

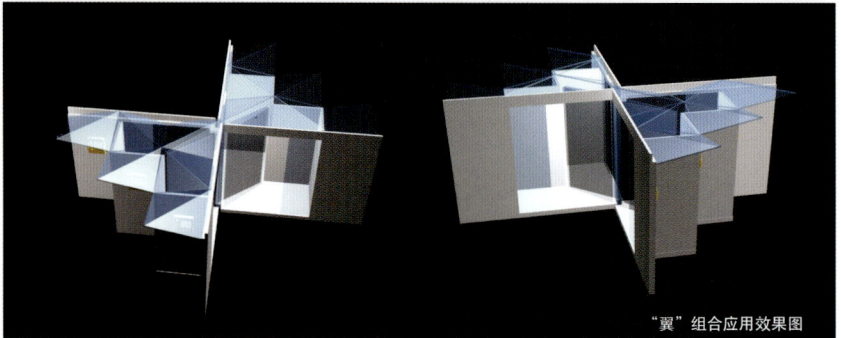

"翼"组合应用效果图

主要小品及配套设施方案设计图

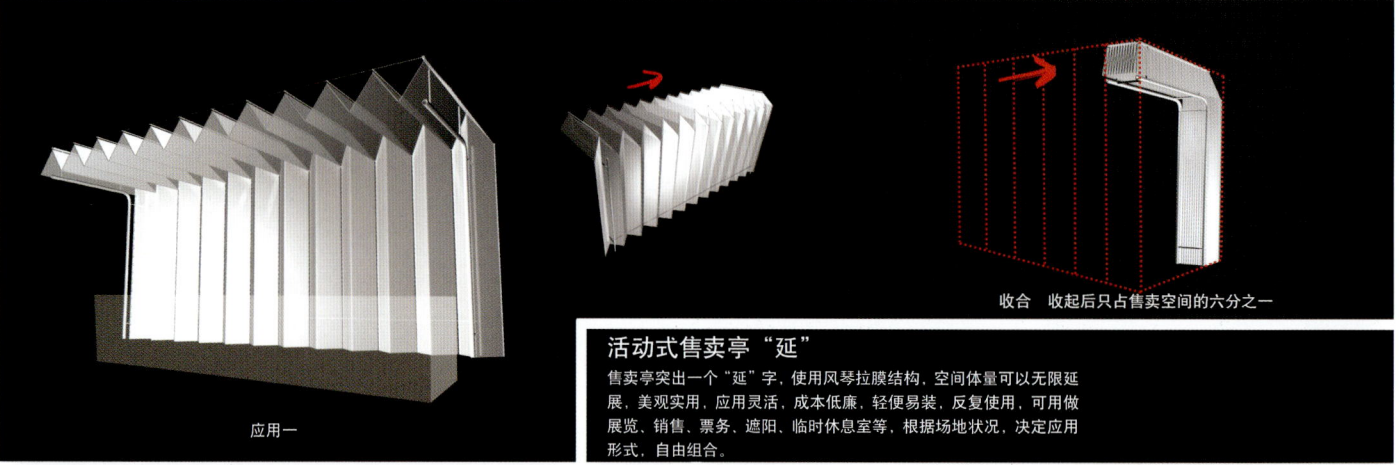

收合 收起后只占售卖空间的六分之一

活动式售卖亭"延"

售卖亭突出一个"延"字，使用风琴拉膜结构，空间体量可以无限延展，美观实用，应用灵活，成本低廉，轻便易装，反复使用，可用做展览、销售、票务、遮阳、临时休息室等，根据场地状况，决定应用形式，自由组合。

应用一

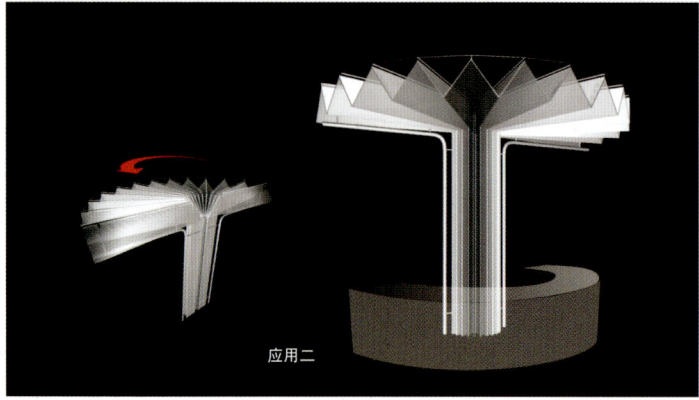

应用二

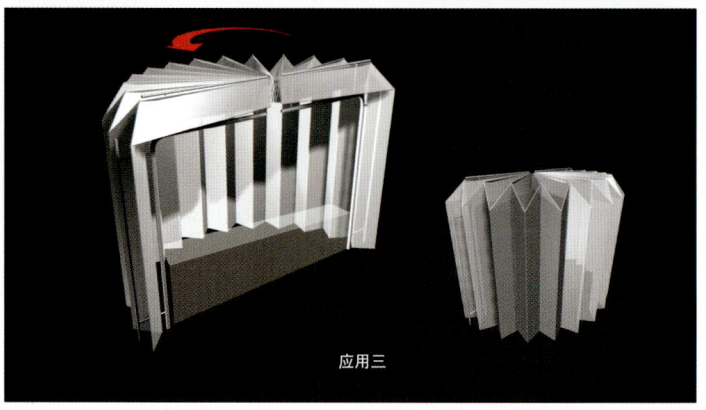

应用三

主要小品及配套设施方案设计图

深圳市中心区中心广场
及南中轴景观环境方案设计

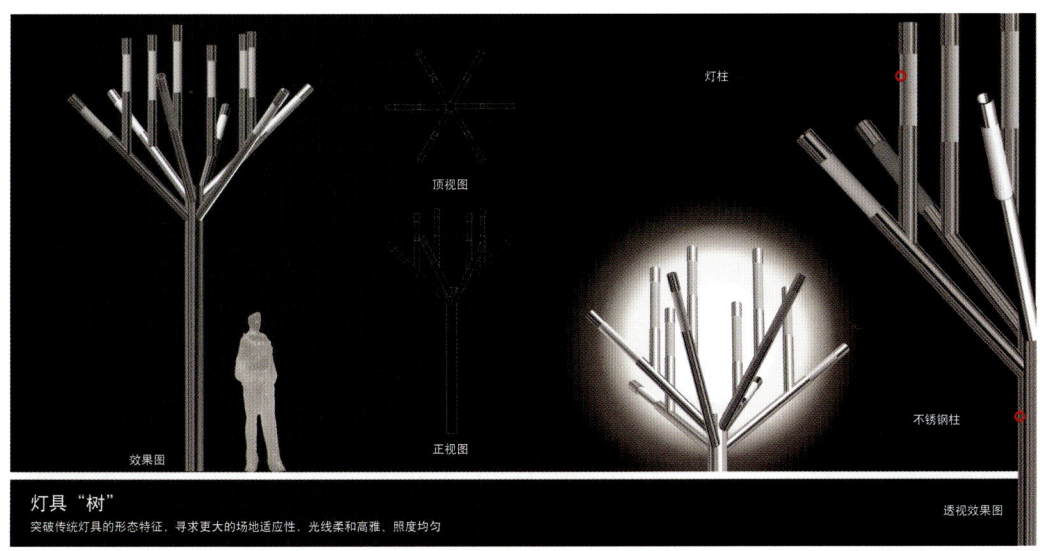

主要小品及配套设施方案设计图

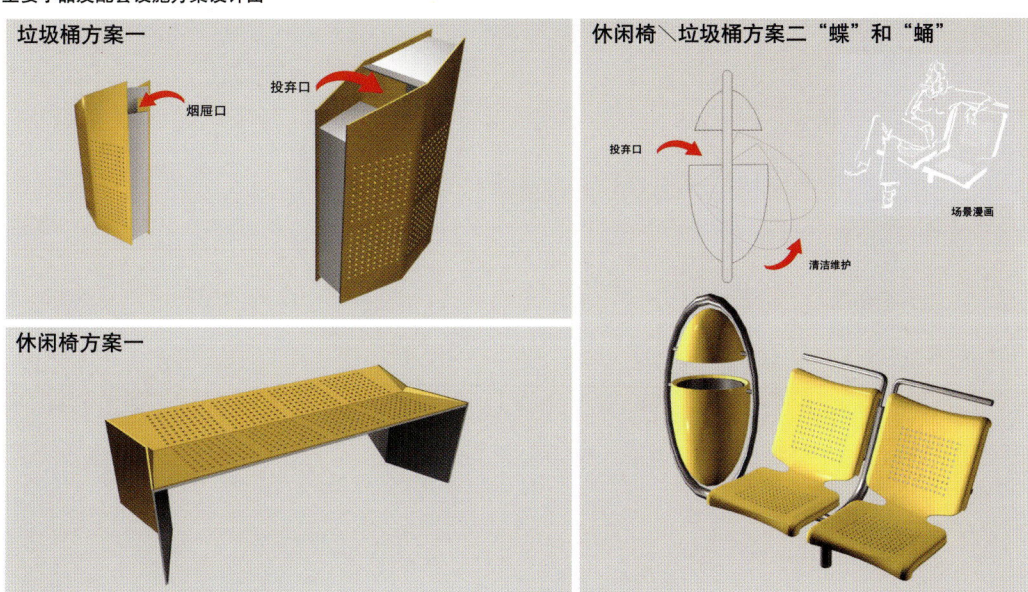

主要小品及配套设施方案设计图

主要小品及配套设施方案设计图

《深圳市中心区城市设计与建筑设计1996—2004》系列丛书

深圳市中心区中心广场
及南中轴景观环境方案设计

创意：
以石材和玻璃为材质，两种材质相互结合，形成一立方体. 象征深圳市外来移民和城市的融合. 石可采用五色土五种颜色的花岗石，五色土象征各个省或地区的风土特点，在石材上分割出近似旋转节奏的负图案，形成玻璃的正图形，里面可镶嵌各个省的文化特点. 内置灯光. 夜晚格外美丽，石材上刻各省地图和资料以及文字介绍. 整个装置简洁大方，现代而实用.

尺寸：2.5m×1.5m×0.3m

主要小品及配套设施方案设计图

创意：
以钢化玻璃方体为基本造型，简洁大方而通透，玻璃体内用相应的材料把各个省或地区的地图及特点表现出来，仿佛晶亮透明一幅画镶嵌在方体中，方体内周边设照明灯，在夜晚照亮整个方体，晶莹剔透，格外美丽，玻璃表面可刻铜线和各地区的介绍图片和文字. 整个装置既满足功能需求又简练现代，富有时代感。

尺寸：2.5m×1.5m×0.3m

主要小品及配套设施方案设计图

3. 美国MAD设计公司／Balmori Associates联合体

深圳的网络城市带规划：
深圳未来发展成为现代产业协调发展的综合性经济特区，珠江三角洲地区中心城市之一，现代化的国际性城市。发达的海港、航空港、高速公路、铁路、口岸、等各种交通设施为中心供了优越的对外交通条件。

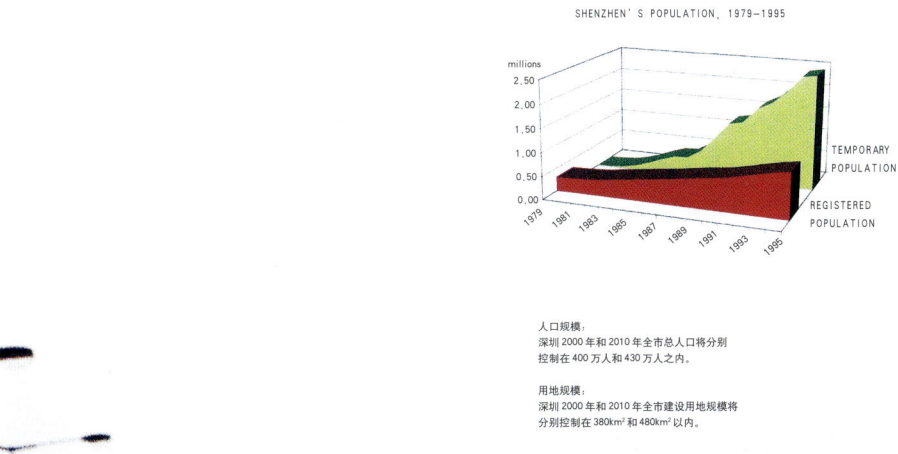

人口规模：
深圳2000年和2010年全市总人口将分别控制在400万人和430万人之内。

用地规模：
深圳2000年和2010年全市建设用地规模将分别控制在380km^2和480km^2以内。

深圳市中心区中心广场及南中轴景观环境方案设计

深圳生态城市建设规划：
生态城市规划站在人与自然和谐共处的高度，根据城市生态学和生态经济学理论，致力于构建经济高效、社会和谐、生态优良的经济－社会－自然城市复合生态系统，就深圳依山傍海的独特地理条件，加强山地、海岸带等"生态带"建设。

由于人类对自然环境的破坏，传统的自然生态恢复正面临着种源缺乏的尴尬现状，必须通过人工的投入来弥补。从这个角度上说，深圳亟需加大投入，开展生物多样性调查，恢复高质量的热带季雨林。生态系统的恢复要经历一个从植物恢复到动物恢复的过程。

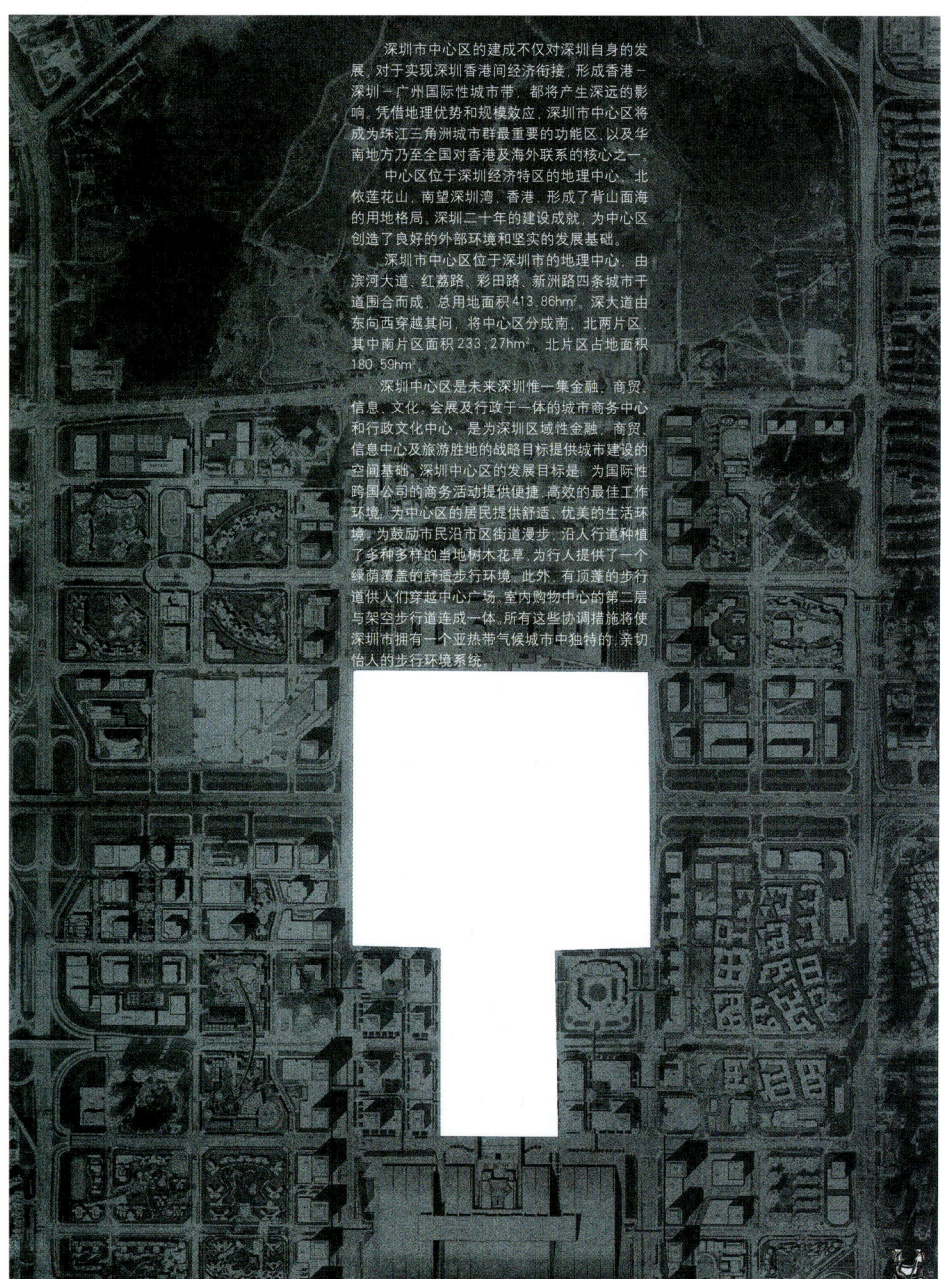

深圳市中心区的建成不仅对深圳自身的发展，对于实现深圳香港间经济衔接，形成香港－深圳－广州国际性城市带，都将产生深远的影响，凭借地理优势和规模效应，深圳市中心区将成为珠江三角洲城市群最重要的功能区，以及华南地方乃至全国对香港及海外联系的核心之一。

中心区位于深圳经济特区的地理中心，北依莲花山，南望深圳湾、香港，形成了背山面海的用地格局，深圳二十年的建设成就，为中心区创造了良好的外部环境和坚实的发展基础。

深圳市中心区位于深圳市的地理中心，由滨河大道、红荔路、彩田路、新洲路四条城市干道围合而成，总用地面积413.86hm²，深大道由东向西穿越其间，将中心区分成南、北两片区，其中南片区面积233.27hm²，北片区占地面积180.59hm²。

深圳中心区是未来深圳惟一集金融、商贸、信息、文化、会展及行政于一体的城市商务中心和行政文化中心，是为深圳区域性金融、商贸、信息中心及旅游胜地的战略目标提供城市建设的空间基础。深圳中心区的发展目标是：为国际性跨国公司的商务活动提供便捷、高效的最佳工作环境，为中心区的居民提供舒适、优美的生活环境，为鼓励市民沿市区街道漫步，沿人行道遍植了多种多样的当地树木花草，为行人提供了一个绿荫覆盖的舒适步行环境。此外，有顶篷的步行道供人们穿越中心广场，室内购物中心的第二层与架空步行道连成一体，所有这些协调措施将使深圳市拥有一个亚热带气候城市中独特的、亲切怡人的步行环境系统。

成功案例 A　阿姆斯特丹的 Bos Park 城市公园是1967年建成的，公园的平面被两个建筑师 (Cvan Esteren and J H Mulder) 构画的像一幅抽象的画，将阿姆斯特丹特有的植被种类绘画在游人面前。

公园有着极为密集的穿越网络，有六个互相穿插的人行小径，使行人体会着不同的公园感受。

成功案例B 美国纽约的中央公园排列在世界的最著名的城市公共场所之一是由于它的原始的设计和它当前的管理。中央公园的设计容纳了为纽约人和来自世界各地的游客各种各样的活动。步行者道路引导人通过公园通过各种各样的目的地，譬如风船池塘、Belvedere城堡，和公园深处宽敞的中心大道，树整整齐齐排行着，被设计为庄严漫步道。相反，在茂盛的树林中漫步给人以密集森林的隐居感。中央公园是一个极为丰富多彩和动感的公园。

成功案例C 美国波士顿的Emerald Necklace公园的设计是有意识的让游人经过一幅幅不同的景观，它会带着你通过一个个不同的场面，就像音乐会在你身上有作用一样。它会放松您，会让你漫游在你的想象中，风景哲学被设计在波士顿的这个城市公园里。这样的一个城市的中央公园为城市的居住创造了良好的环境。

成功案例D 法国巴黎的la Villette城市公园是1982年设计的，在设计中建筑师将穿越公园的流动的行人轨道作为一个很重要的设计层次，与其他的点状红色物，及成片的绿色植被接合在一起构成了这个现代化的城市公园。

20世纪西方现代主义中两个概念的兴起：
1）探索将画面作为单纯的二维空间来构图；
2）用绘画作品来体现作者的行动或者体现其创作的过程。
自19世纪后半叶印象派画家抛弃学院式现实主义后，三维空间感（体积）与二维空间的构图方式之间的矛盾一直是西方艺术家概念探究的热点。
中国山水画使用空气透视法来夸张空间深度感，这一特点特别体现在从山水的中景直至背景极远处的过渡中。
中、西方国家几个世纪以来一直使用空气透视法描绘景物渐逝于远处的过程中光和天气在景物上的变换。

中国山水画是一门高难度的视觉艺术，能体现炽热的情感、浓郁的诗意、以及最完备的哲学与玄学的观念。
画山水，不是把景物照搬，而是把景物加以选取和提炼，苍穹幽茫深邃。山野旷阔辽远，中天一弯寂寂新月，洒一抹硕大无朋的投影于渺茫的广水之中。西楼兀立山巅，窗间透出灯火，和如钩的新月遥相辉映。天地间一片警醒人的默默。

深圳市中心区中心广场及南中轴景观环境方案设计

深圳21世纪的城市广场

现代的城市广场是连结城市各个部分的一种形式和方式，是城市的一个网络，是一个流动的血脉，而不仅仅是一个目的地。

现代的城市广场不是城市的一个被隔绝的区域，现代的城市广场是在去城市不同地方一种连接，从步行到或自行车，被这种绿色走廊围绕着，踏青在这方土地上。这样的公园创造了一个崭新的城市，源于一个绿色空间的绿色走廊延伸入城市各个角落：清洁空气，吸收尘土，吸收二氧化碳，吸收颗粒物质，吸收水并清洗过滤。

这样的现代的城市广场及其延伸的绿色走廊将使城市成为最具吸引力城市。

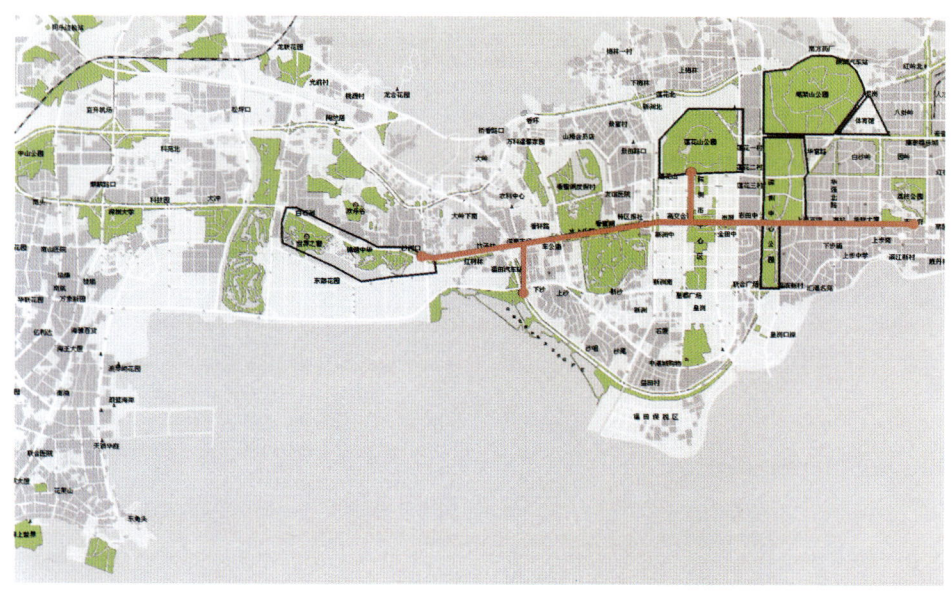

A. 深圳市中心区中心广场及南中轴公园是城市绿色网络的一部分，并构造了城市形体。

深圳市中心区中心广场及南中轴公园延伸触及到的深圳其他绿色和水域会使深圳成为21世纪的城市模型。

这样的网络的每一个分支可被区别对待，成为一系列的世界或者本地的、提供树荫的或被太阳渗透的、鲜花盛开的或绿叶成片的城市植被的走廊。

深圳市中心区中心广场
及南中轴景观环境方案设计

交通流线

B.设计的深圳市中心区中心广场及南中轴公园是一个立体的多层次的城市广场，有两个主要的立体平台跨越路面，沿着这二条平台—我们选择了两种不同的穿越感受：一个充满花香的走廊和一个被绿色藤树荫围绕的空间。

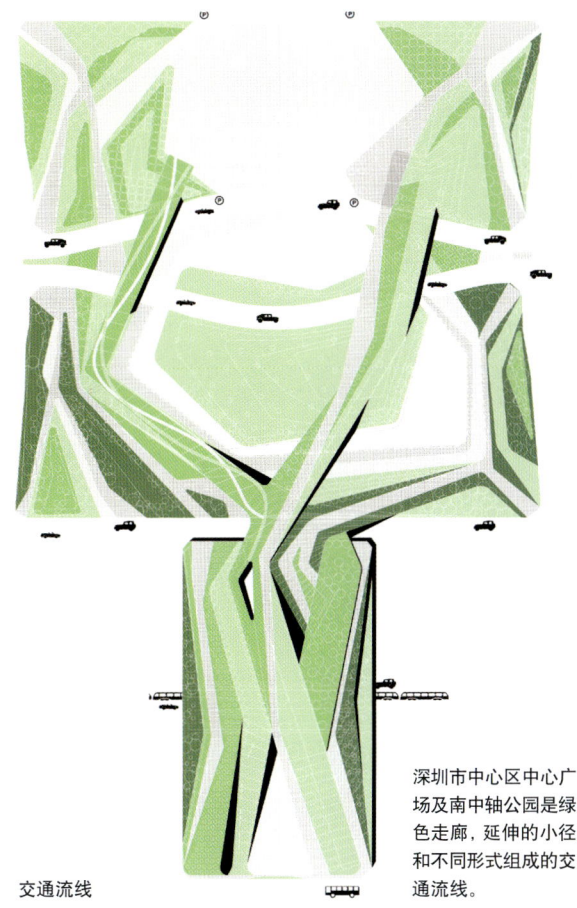

交通流线

深圳市中心区中心广场及南中轴公园是绿色走廊，延伸的小径和不同形式组成的交通流线。

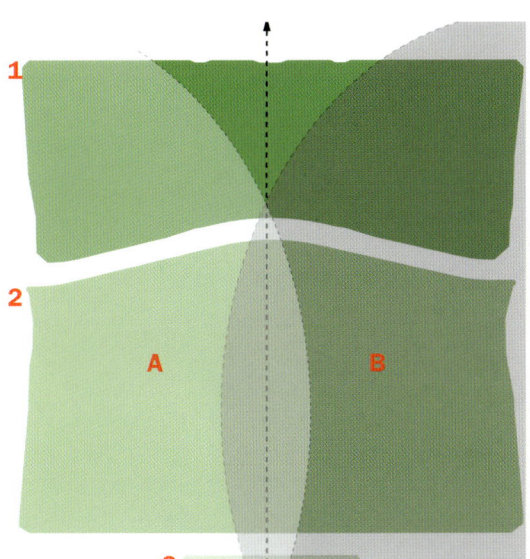

广场设计

C.我们设计的深圳市中心中心广场及南中轴公园将东西两面区别设计，东面有着茂密的树林为炎热的夏季提供了阴凉树荫，而西面有着比较开阔的空间为市民提供阳光广场。
在南北向有着三个不同的景观层面，一个开阔的硬地城市广场，一个水围绕着的水晶岛，和一个植被茂盛的屋顶花园。
这些层面没有绝对的边缘，它们在互相渗透，交叉回绕，使整个广场浑然一体，同时又为不同的公共活动提供了他们所需的不同的场地环境。

广场设计

《深圳市中心区城市设计与建筑设计 1996—2004》系列丛书

深圳市中心区中心广场
及南中轴景观环境方案设计

广场设计

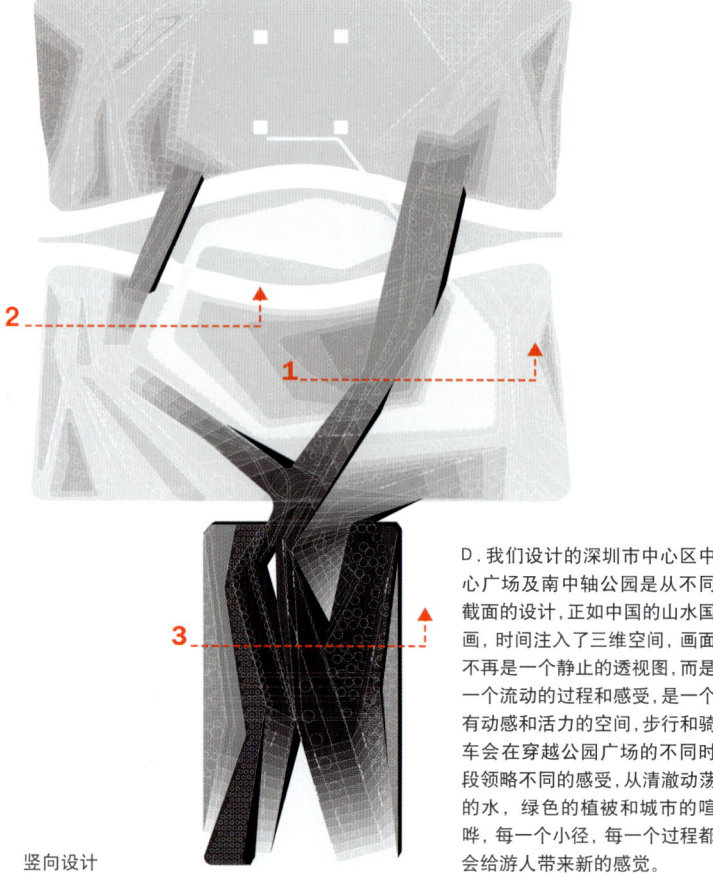

竖向设计

D. 我们设计的深圳市中心区中心广场及南中轴公园是从不同截面的设计，正如中国的山水国画，时间注入了三维空间，画面不再是一个静止的透视图，而是一个流动的过程和感受，是一个有动感和活力的空间，步行和骑车会在穿越公园广场的不同时段领略不同的感受，从清澈动荡的水，绿色的植被和城市的喧哗，每一个小径，每一个过程都会给游人带来新的感觉。

广场设计

深圳市中心区中心广场
及南中轴景观环境方案设计

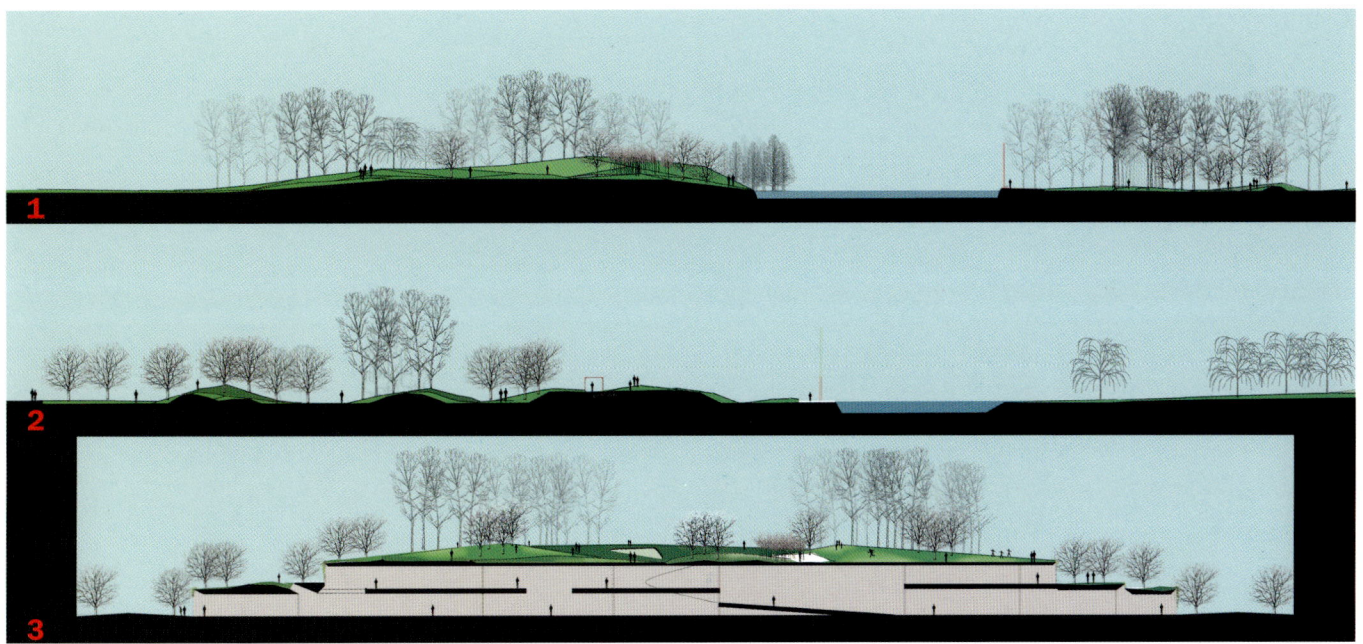

竖向设计

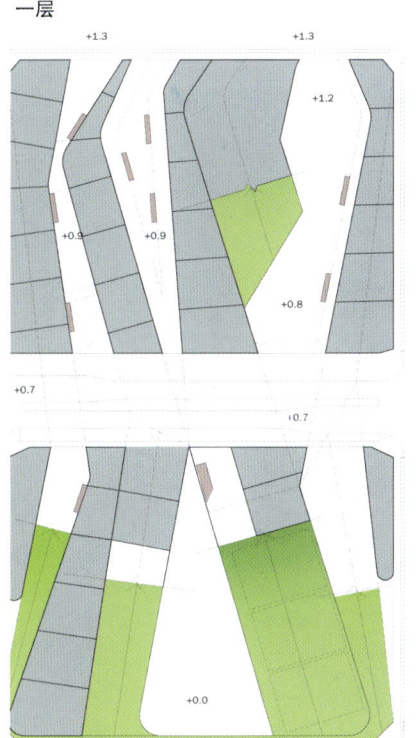

一层

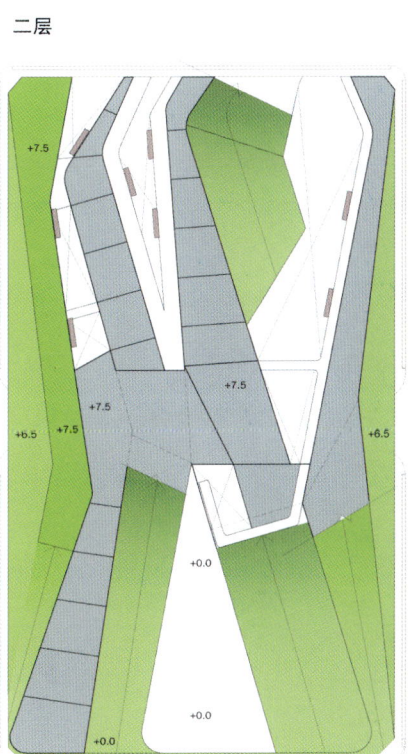

二层

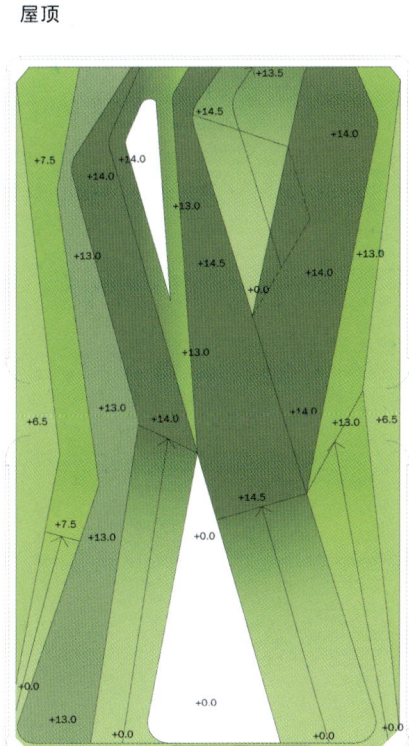

屋顶

深圳市中心区中心广场
及南中轴景观环境方案设计

屋顶种植结构

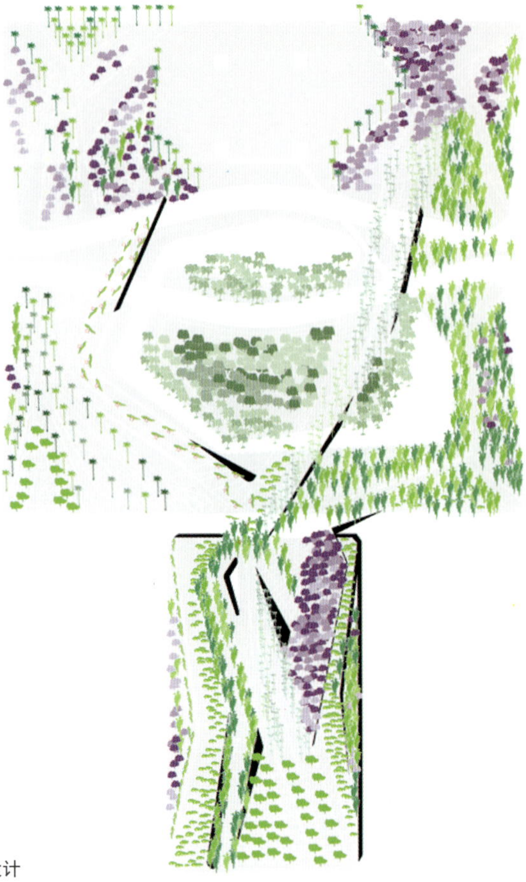

景观设计

中国式园林植被

Acacia confusa　　Alangium chinense　　castanopsis chinensis　　Cinnamomum campho

Dimpocarpus longan　　ficus-microcarpa　　liquid　　scheffiera heptaphylla

西方园林植被

Aquilaria malaccensis

Araucaria araucana

Bauhinia tomentosa

Berchemia zeyheri

Caryocar costaricense

Guaiacum officinale

Guaiacum sanctum

tabebuia chrysotricalo

混合式园林植被

深圳市中心区中心广场
及南中轴景观环境方案设计

水平和立体的水

景观设计

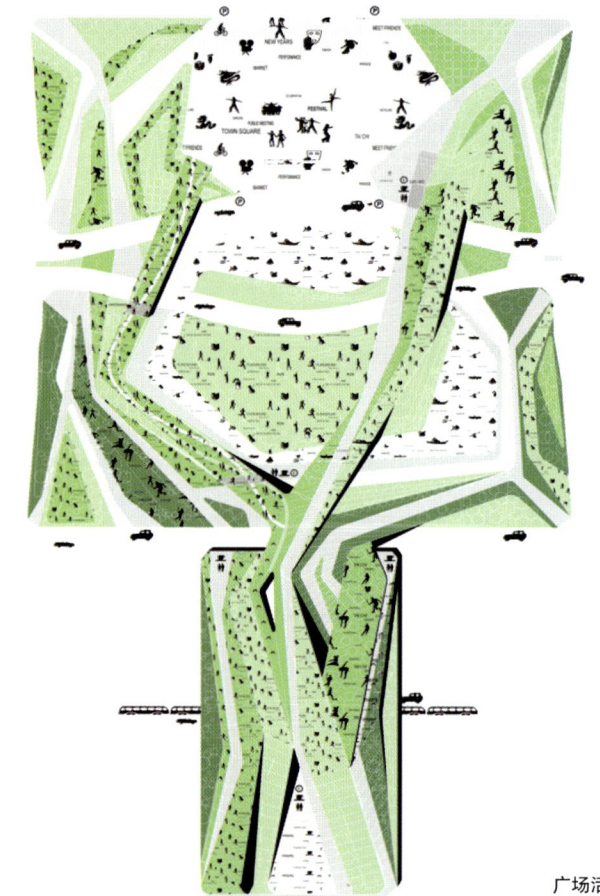

广场活动分布图

深圳市中心区中心广场
及南中轴景观环境方案设计

公共卫生间

展示牌

公共汽车站

城市信息牌

自行车停放处

指示牌

电子信息台

座椅

公共电话

垃圾筒

零售货亭

自动售报亭

深圳市中心区中心广场
及南中轴景观环境方案设计

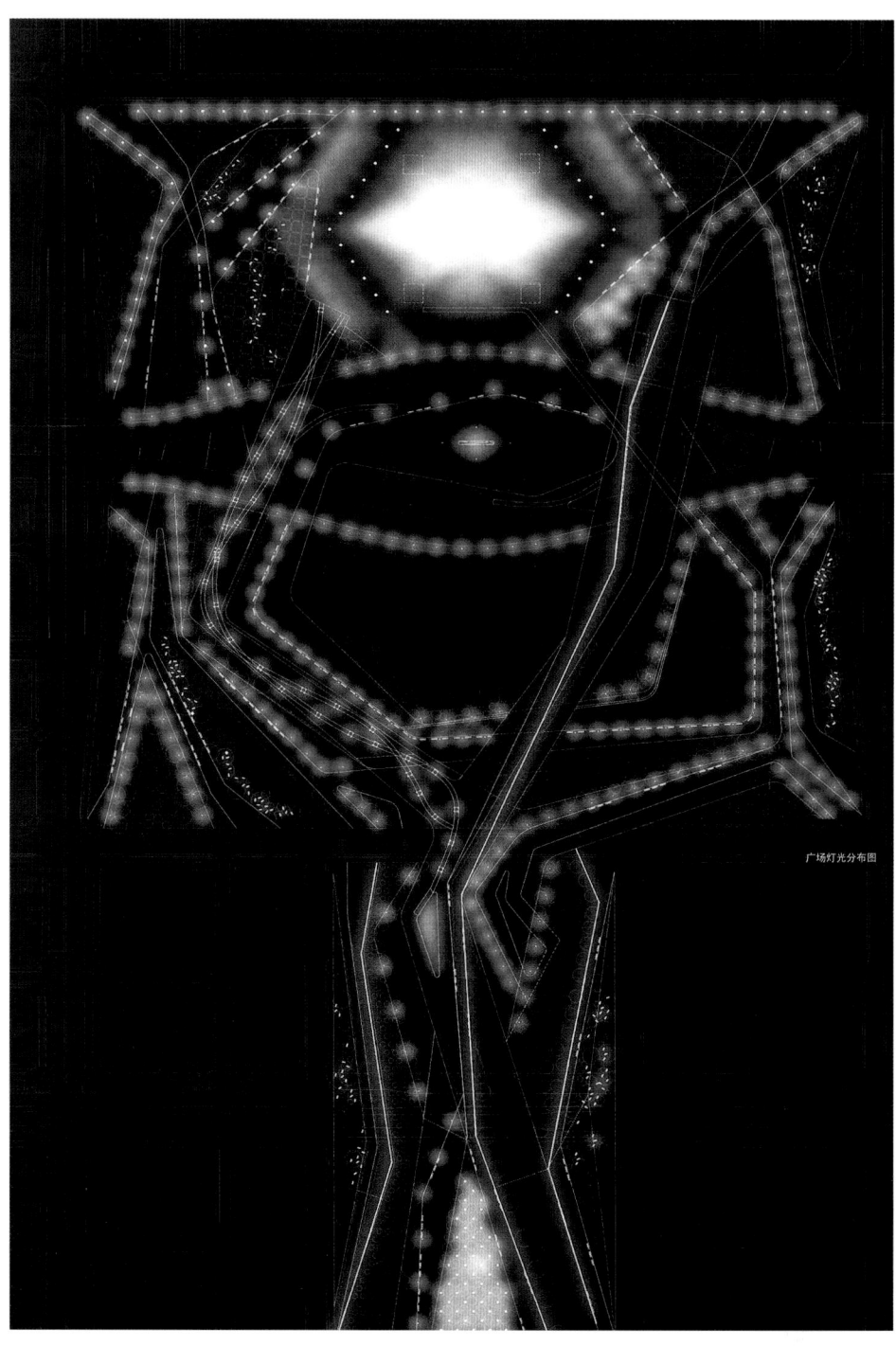

广场灯光分布图

深圳市中心区中心广场
及南中轴景观环境方案设计

夜景鸟瞰图

灯光夜景设计鸟瞰图

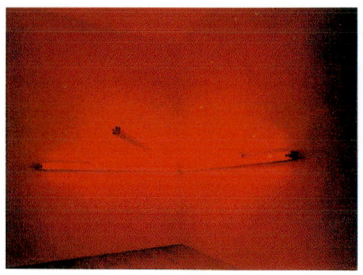
Inspiration

Inspiration

Linear Path Light

North Plaza—kanya

North Plaza—kanya

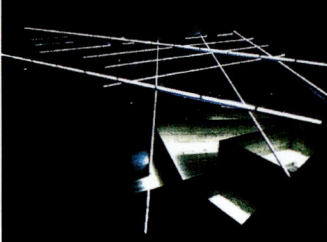
Special Lighting in Forest

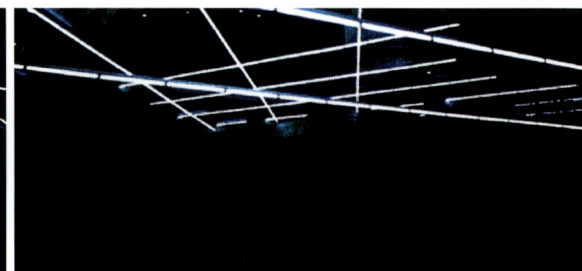
Special Lighting in Forest

Trellis—chinese lantern

Typical Path light

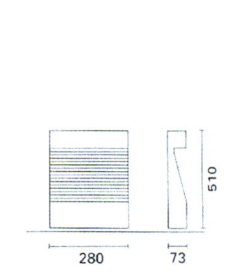
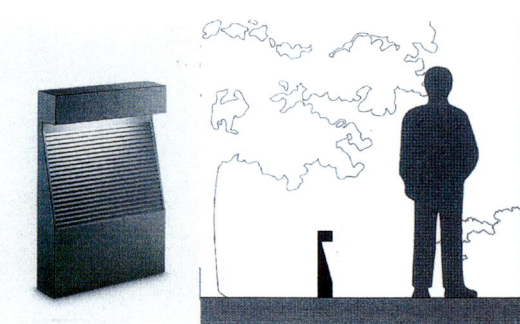

灯光夜景设计 4.G

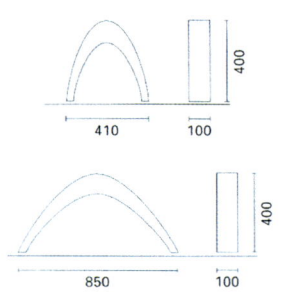
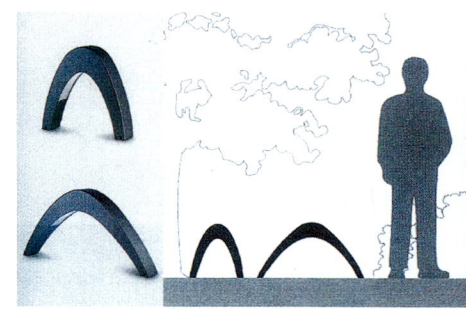

深圳市中心区中心广场
及南中轴景观环境方案设计

局部景观设计

项目工程费用汇总表

序号	工程名称	概算造价（元）	占造价百分比（%）
1	硬质道路及广场铺装	85 000 000.00	34.09
2	软质景观绿化	36 000 000.00	14.44
3	景观水系	30 000 000.00	12.03
4	景观照明	20 000 000.00	8.02
5	给排水管道工程	10 000 000.00	4.01
6	喷灌工程	3 000 000.00	1.20
7	音响系统	2 000 000.00	0.80
8	环卫设施	8 000 000.00	3.21
9	防灾避难设施	3 000 000.00	1.20
10	休息设施	1 500 000.00	0.60
11	健身设施	2 000 000.00	0.80
12	旅游服务设施	2 500 000.00	1.00
13	无障碍设施	2 000 000.00	0.80
14	雕塑及小品（包括标识设施）	8 000 000.00	3.21
15	天桥、二层步行系统	8 000 000.00	3.21
16	地下通道	6 000 000.00	2.41
17	挖湖堆山及屋顶回填土方工程	6 000 000.00	2.41
18	设计费	16 310 000.00	6.54
19	合计（Sum）	249 310 000.00	100.00

4. 深圳市城市规划设计研究院、香港阿特森泛华规划建筑与景观环境设计公司

设计详细说明

(1) 中心广场

1) 概述

中心广场由三大部分组成,分为中轴区、中部圆形花园区和外围区。中轴区包括市民广场(北广场)、水晶岛和南广场三个景区,圆形花园区包括绿色花园、红色花园、黄色花园和蓝色花园四个景区,而外围区包括两个景区,树林广场和环状放射型自然山丘区,由北至南空间序列为行政文化性广场向市民休闲文化性广场过渡,而由外向内空间序列定义为从自然向人工环境过渡,从而奠定水晶岛在中心广场区三维空间的中心地位。中心广场的空间设计是对市民中心建筑单体"天圆地方"概念的积极呼应,方与圆的关系,延续和深化了原有建筑设计的主题。

2) 详述

市民广场——市民广场是深圳市最大的行政性文化广场,其功能包括节日典礼集会、重大检阅活动以及日常升降旗等一系列城市性质的行政活动内容。其空间构成分为四个部分,分别为与市民中心相连的检阅平台,是市民中心与市民广场的联系平台,同时也是北轴与中心广场的联系平台。考虑到通过的舒适性,在其上我们布置了树林休息区。在空间联系上我们采用了中间漏空布置竖向联系台阶和垂直电梯(残疾人通道)的方式,以深化整个检阅平台的交通完整性和空间轻巧通透性,同时也保证了在市领导进行检阅活动时有充分的展示及观看空间。地面以黑、深灰、浅灰三色组成,庄严而大方。其次是中央广场,中央广场中心是圆形国旗台,其装饰图案为以深圳为中心的世界地图,喻意为深圳作为祖国开放成果的展示窗口,与世界关系日益紧密,与世界发展同步,而旗杆则设在中心——深圳的标注位置上,每天冉冉升起的国旗,也代表着深圳日新月异的发展速度。

中央广场地面铺装以白色为主色,以浅灰色为装饰线,纯洁而庄重。装饰在地面上不规则放射状排布的圆形地灯,则表达出三层含义,一是城市环境所具备的吸引力,二是表达深圳与祖国和世界的强烈联系关系,三是对四面八方信息的接收和采纳。市民广场中心区可容纳约7 000人规模的小型公共集会活动。

市民广场第三个组成部分是水阶和悬桥

总平面图

深圳市中心区中心广场
及南中轴景观环境方案设计

及旱阶，下沉水阶和优美悬桥有增强空间三维效果和营造活跃气氛的作用，设计师主要考虑到市民广场日常使用的灵活性和活泼性，而水边的旱阶在日常生活中可以成为人们临水而坐的休闲良好场所，同时也是中等规模集会（约25 000人）时人们的看台，这时，旱阶的外围草坪也可成为人们驻足观看的临时场所。若是大型集合活动，则可以使市民广场外围硬质铺地，此时整个市民广场可容纳近40 000人。

市民广场第四个组成部分是通往水晶岛地下活动广场的大台阶，宽大的交通面避免了以往地下过街通道的阴暗感觉，而在其中形成了一个明亮、舒适、活泼的地下广场式通道。这里也是绿河源头出现的地方。

市民广场的四个角布置了四条向心的进出通道，通道中央是线形的叠水作为空间线性装置物，水流的方向同时起到了定义空间方向的作用。

水晶岛——考虑到深南大道两边车行视线的通透性，我们一改以往的设计思路，把水晶岛中央处理成下沉式花园广场（-6.0m标高），其传统文化上的含义是五行中"土"的概念，中心的椭圆广场代表着山丘、石头和水体等土生元素，而环绕椭圆的圆形花园是一个迷宫花园，其含义是人生故事的诠释，以黄色卵石为地面铺装，以绿色灌木为空间隔断，以地面石材雕刻图案、诗词为装饰物，在表达生命旅程意义的同时，也反映了地景文化的优美性。如果从上往下看，整个下沉广场宛如一幅抽象的图画，但当你步入其中，又步移景异，人如画中游了。设计师并未忘却先前规划中的水晶岛的概念。我们在中心下沉广场的东西两侧，分别布置两个破地而出的水晶塔（玻璃塔），其中分别配置了景观电梯和楼梯。两个水晶塔顶设计了一座钢结构水晶长廊（玻璃长廊）与塔身一起形成一个景框，整个设计表达了水晶岛纯洁、迸发、稳重却充满张力和激情的空间形态，而景框则运用了中国古典园林设计的典型手法，但设计师的用意却不止如此，其含义为中心区处处都有美景，随着你的站点变化，这景框就如照相的镜头，不断提供给你优美的画面，此时的水晶岛，不再是固定的景致，而是提供了一个观赏平台，在这里，透过景框向北可欣赏市民中心的大鹏展翅，远处莲花山的秀丽，面向南可近观南广场的美景，中观南中轴的繁华，远眺会展中心的宏伟，若乘电梯沿水晶塔而上，则可从空中俯看整个中心轴，又是另一番登泰山之巅的感受，因此，设计师赋予这景框一个最优美的

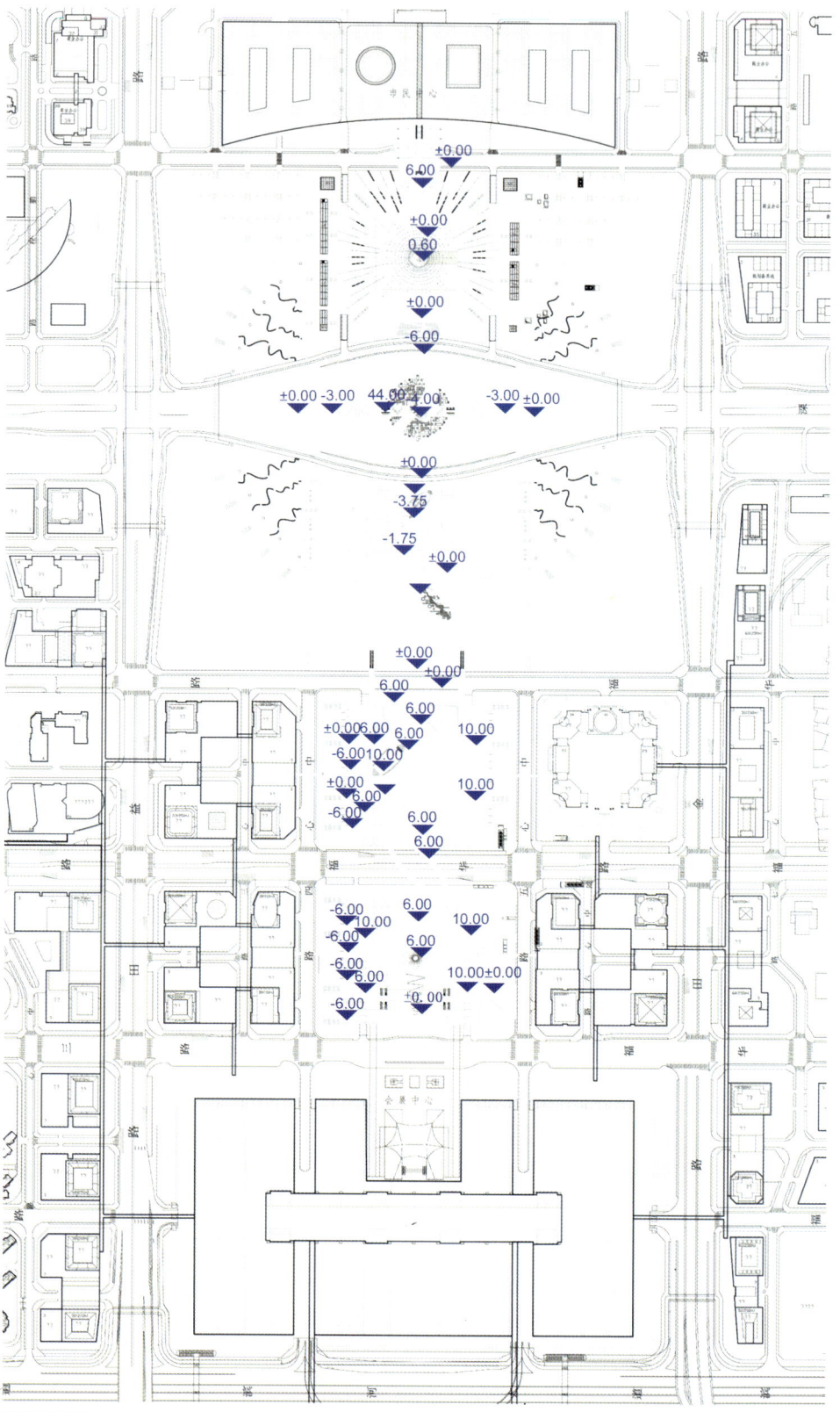

标高分析图

深圳市中心区中心广场
及南中轴景观环境方案设计

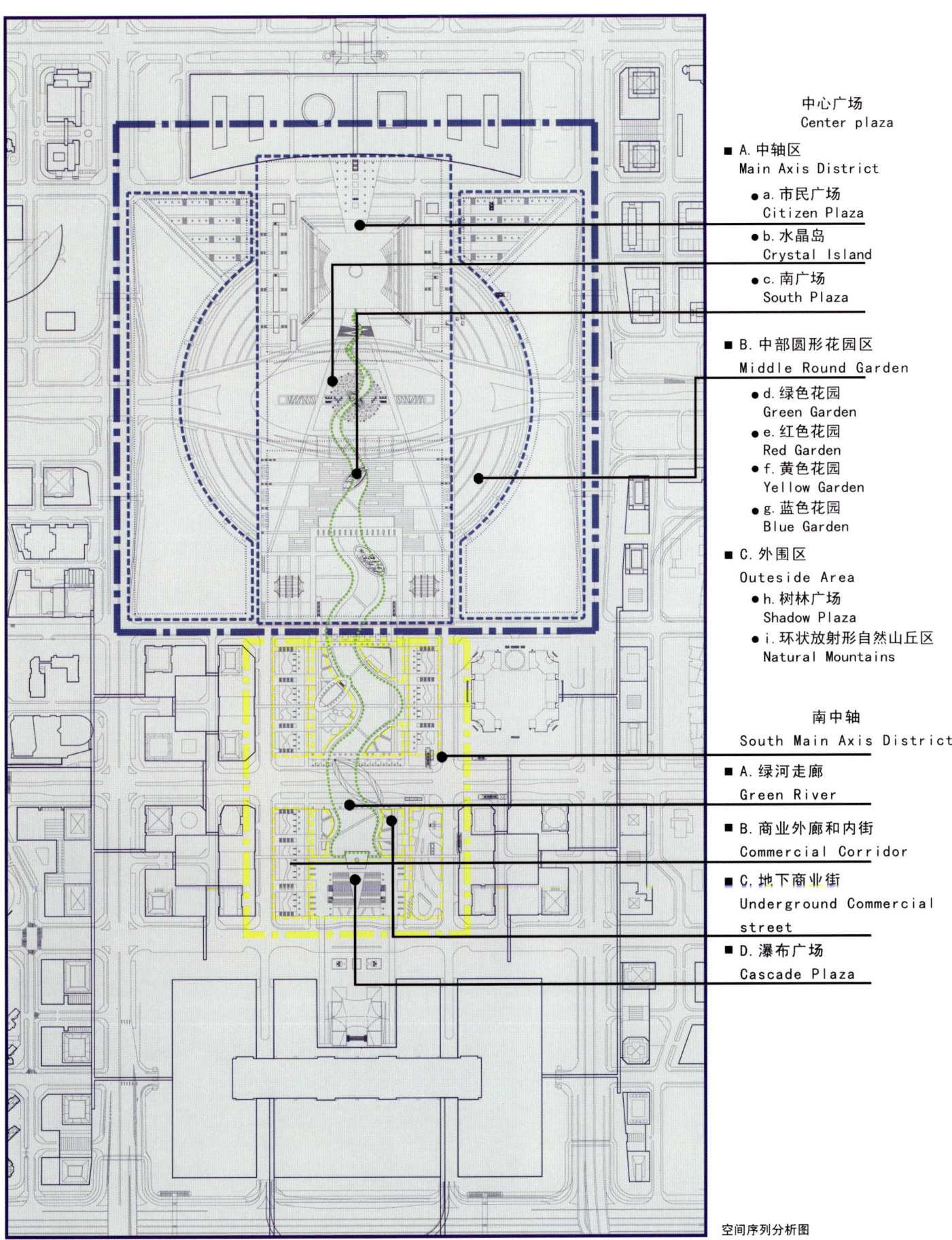

中心广场
Center plaza

■ A. 中轴区
　　Main Axis District
　　● a. 市民广场
　　　　Citizen Plaza
　　● b. 水晶岛
　　　　Crystal Island
　　● c. 南广场
　　　　South Plaza
■ B. 中部圆形花园区
　　Middle Round Garden
　　● d. 绿色花园
　　　　Green Garden
　　● e. 红色花园
　　　　Red Garden
　　● f. 黄色花园
　　　　Yellow Garden
　　● g. 蓝色花园
　　　　Blue Garden
■ C. 外围区
　　Outeside Area
　　● h. 树林广场
　　　　Shadow Plaza
　　● i. 环状放射形自然山丘区
　　　　Natural Mountains

南中轴
South Main Axis District

■ A. 绿河走廊
　　Green River
■ B. 商业外廊和内街
　　Commercial Corridor
■ C. 地下商业街
　　Underground Commercial street
■ D. 瀑布广场
　　Cascade Plaza

空间序列分析图

名字"深圳之窗"。水晶岛从东西两侧的坡地上各有一条叠水瀑布与中心花园广场相连,为这地下的花园广场空间增添了若干灵秀之气。人在水边走,聆听水声、风声,便忘却了置身于深圳最繁忙的交通干道——深南大道之下了。

南广场——南广场包括两个主要部分,由南至北分别为市民健身广场和市民休闲活动大台阶广场。前者通过树林的围台形成三个有氧活动空间,为市民体育健身活动提供了充分的绿色空间。在健身广场东西两侧分别布置了树阵广场,树下安排了舒适的休憩空间,同时东西两侧各有一个对称布置的膜结构健身区,以现代构成的方式展现了深圳城市建设中对现代美学的运用;大台阶广场是健身广场与水晶岛中心下沉空间联系的过渡空间,非常舒缓宽大的台阶,让人们忘却了高差存在的不便,反而成为一种戏剧性空间,更表现出一种城市尺度的气魄,台阶上自由布置的树池使原本规则的空间变得趣味而灵活,而树池边舒适的座椅,则成为人们休息和纳凉的理想场所。二者的交界处,是一组水阶和悬挑平台。水阶边有一个椭圆水广场,其含义是五行中的"水"概念。水广场的内涵包括水生的植物花园和一个主题性水景雕塑及各种喷泉景观系统。水广场同部挑于水阶之上,空间效果令人惊喜,同时也具有较强的社会功能适用性。悬挑平台则是以一个个树池的结构体为支撑柱,底部的水从柱间流过,人在树下闲坐,水在脚下流淌,心境自然变得舒畅而空明悠远。大台阶广场中也布置了一个椭圆形的光之花园,其含义是五行中"火"的概念。设计师利用光纤、雕塑、地景灯光及植被的布置描绘出一个光的花园。在这个花园中充分体现了高科技的景观技术。此外,大台阶广场的东西边界上分别布置了几组小体量休闲商业建筑,内容以咖啡厅、冷饮店、精品店为主,以满足人们在休闲活动中的购物需求。

中部圆形花园区——优美的中部圆形花园区由四个景区组成,顺时针分别为绿色的花园,代表深圳绿色城市环境以及和平、公正的城市社会形态;红色的花园,代表深圳热情、竞争、积极向上的社会氛围;蓝色花园,代表蓝天和大海,表达了深圳得天独厚的自然条件;黄色花园,代表了土地母亲和伟大的中华民族,前面两者在后面两者的基础上产生、发展和不断进步,而后面两者是形成前面两者的必要基础和稳固后盾。

这四个花园从时间的角度又分别从主流色彩的层面代表着春、夏、秋、冬四个季节,其周边的24个时间柱,平均布置在4个花园中,每个花园6个,代表着全年24个时节,柱面上漏空雕刻着24时节农耕图,表达出中华民族自古勤奋劳动的优良文化传统,同时也提醒人们时刻不可忘记这优良传统;柱子的顶部是沙漏,内部填充彩色发光材料,配合底部的花园,分别为绿、红、黄、蓝四种色彩,在夜晚可以产生相应的灯光色彩效果,24个沙漏代表了一天中24个小时,并随时间的变化而运动和翻转,并在整点时刻以音乐形式报时。这四个色彩的花园同时也传达着深圳是世界性花园城市的主题信息。

中心广场外围区——外围区包括两个部分,包括市民广场两侧棕榈泉广场和环状放射型自然山丘区。前者作为市民广场的配套广场,主要提供充分的遮阴空间,以弥补市民广场空阔性所带来的夏日里人流停滞困难问题,但从空间形态上是对市民中心建筑单体的重要呼应。在东西两个广场中,设计师分别布置了三组舒展如翅膀般的雕塑性长廊,从中心向外,由低至高,像对翅膀把市民广场托起,从而达到与建筑单体设计形神合一的空间效果。外围区中的环状放射型山丘的布局,体现了自然和人文两个方面的因素。自然方面代表了深圳城市地貌中山岭的存在,而放射状布局,从外至里,由高到低的处理手法,除了从空间上加强了水晶岛的中心凝聚力和对绿河的怀抱效果之外,更是从人文的角度表达了市政府民主的工作作风,可以形象理解为政府所产生的城市建设和发展的指导思想在经过融合市民意见和建议的过程后,升华为可以真正推动社会生产力进步的动力源泉,沿绿河向南延展,逐渐强大,最终成为决定社会发展水平的力量,也就是前面我们所提到的智慧产生财富的线索过程。此外,山丘的环状起伏放射型布置形态让人们在不同的角度和站点形成多条视觉通廊,可以透视中心广场内部的景色,这种沿外围或挡或透的视觉效果,又使其成为很有趣味的一条观景途径。白天的山丘,是绿色起伏的地形,而夜晚则变成光的波浪,给中心区的夜景增添一份特色。每一条山谷内端,都有一个小型遮阳广场,提供给人们舒适的休息场所。

(2)南中轴
1)概述
南中轴是一个商业和市民休闲活动混合的复合型城市活动空间,如何在满足商业活动需求的同时,还保证一条生态的、空间特色性较强的绿色生态轴应该是本次设计的难点,但最终的设计成果是令设计师满意的,可以说在功能、空间变化、景观效果、生态性各方面达到和谐统一的关系。按地块位置可划分为南一区与南二区两块,但从标高关系和使用功能上分析,则可分为三个部分,+6.0标高处的绿色走廊、±0.000标高处的商业外廊和内街、-6.0标高处的地下商业街部分。

2)-6.000标高处的地下商业街为了避免地下通道的狭窄感觉,设计师把地下商业街的沿路一侧做成自由曲线退台式斜坡,减缓对人们视觉的压力,以及从空间上增强采光、通风以及景观的效果,商业街内部布置了坐凳树池,提供给人们休息的空间,同时树池间结合绿化斜坡设计了一组叠水喷泉水池,以调节下沉空间的氛围,环境反而因下沉而优化,因为避免了来自道路的噪音,下沉式商业街和±0.000标高对于正常人有很便捷的交通联系,但残疾人则要通过竖向电梯来解决竖向交通问题。

±0.000标高处的商业走廊和商业内街,商业走廊是形成城市道路两侧的整体印象的建筑物,木板长廊和遮阳格栅以及棕榈植物都令这条商业走廊充满热带休闲的风情,这可以是一条精品店走廊。穿过走廊内向,则走入一个令你惊喜万分的空间,似乎商业街规律被打破,曲线般流动的空间,内置的花园,常绿的乔木和盛开的鲜花以及跃动的喷泉,这种梦幻的空间让你难以分辨室内与室外的关系,似乎可以理解为一条阳光共享绿色商业内街,而两条内街所夹玻璃体商业建筑,又有充分的空间成为一个个规模较大的商场。这种里外商业、景观空间贯通、融合的场所环境应该是市民们钟情的购物休闲天地。

+6.000标高处的绿河生态走廊以平坦、渐变曲线的草坪构成,草坪上疏种垂柳等水空间性质的中小型乔木,从而形成绿河的空间效果。绿河走廊的南端与会展中心的两座人行天桥相连,人们从会展中心的二楼平台可以直接到达+6.000标高处的绿河走廊平台,在这连接处,设计师布置了一个"凹"形的瀑布广场,便于人流的快速疏散,中间以大台阶的方式与±0.000标高相连,大台阶不仅成为交通的空间,同时也是人们休闲坐卧的舒适场所。在台阶的中部,是一条梯形水阶,由上而下形成瀑布水景,在塑造优美景观的同时，也呼应了"流水为财，财源广进"的民俗说法。在+6.000标高处，南一区和南二区之间以椭圆形钢结构桥相连，代表着五行中"金"的概念，而南一区商业街中心部位，设计师设计了一个椭圆形玻璃阳光共享大厅，-6.000标高处内置花园土层穿过地下车库与大地相连，花园内种植一棵百年古榕树以及其他若干花卉、灌木，阳光共享大厅共有12m高，在-6.000标高层、±0.000标高层和+6.000标高层之处，花园两端布置了餐饮和咖啡店以及休息廊，形成商业街内部这绿河中一个集中花园式餐饮区，而从五行说表达，阳光共享大厅代表了"木"的概念。至此，中国传统文化中构成自然界的五个基本元素穿插在整个绿河的空间中以适合于现代人生活方式的形态表现了出来，同时也喻意着绿河中人工岛的存在性，即人与自然完全可以有机、和谐的共生。

南中轴与周边环境的连接存在三个标高层面，一是地下商业街，以台阶和电梯的方式联系；二是±0.000标高处商业街，与东西两侧道路以桥的形式联系，较为方便，南北两侧之间直接和道路人行道相连；三是+6.0标高处绿河走廊，与四周均以人行天桥方式连接，东西两侧天桥和一、二区之间椭圆天桥做了特殊设计，充分反映高科技现代城市的特征，具有城市雕塑性，而与会展中心连接天桥以及与中心广场连接天桥都做简约性设计处理，以钢结构为桥体，以木板为桥面，造型轻盈、通透。

3）地面铺装材料设计原则地面铺装材料的设计是与空间的性质紧密联系的，其中的市民广场用料最为昂贵，突出了市民广场的地位，但整个行政性活动区均以黑、白、灰为基色，强调一种庄重、简约、明快、大方的空间氛围效果，但在局部又通过一些特殊设计达到丰富空间的效果；在市民休闲活动广场，地面铺装材料则过渡为以黄色和灰色相间布置，形成由庄重转向活泼，但依旧保持简约、大方的风格；在南中轴商业活动广场，地面铺装材料则以黄色和红色为主，渲染了商业氛围，但在会展中心前广场又以灰色为基调作为收尾和对北端的呼应。贯穿整个中心广场和南中轴的铺装材料是绿河两侧的黄色小路，与绿河一起，形成引导整体空间的线索，在天桥等节点处，设计师使用了一定面积的木质铺地，起到了界定空间和丰富质感的效果同时在局部，例如水花园和椭圆天桥等处，又使用了钢格栅等特殊材料构成特殊路面，希望反映了深圳高科技城市的特色风格。

4）植被设计原则

植被设计的依据同样也是不同功能的空间，依据空间的性质，设计师布置整齐的树阵或自由的树林，行列树表达对空间的界定以及壮观效果的渲染，自由的树林则表达轻松、愉快的休闲空气氛围，乔木及大灌木的选择，同时也考虑了季节的变化，由于深圳四季植被变化不明显，因此，在本次设计中刻意选择了一些四季变化清晰的树种，如榄红、凤凰木、木棉等，以表达季节的信息，同时也考虑到树形高低和色彩上的搭配。花卉及灌木的种植，设计师采用了较新的设计理念，及混种的原则，将合适的两种或三种花卉及灌木混合种植在一起，从而达到了层次丰富而效果自然的同时，在都市里赋予人们大自然的优美回忆，同时另一个作用，则是减低日后的维护成本。花卉的布置也考虑到四季的变化，不同时节有不同的惊喜。在植被的设计中，设计师还考虑到了花香的重要性，大量采用了例如白玉兰、四季桂和米仔兰、茉莉等芳香性花卉植物。

5）灯光设计原则

灯光设计同样也是依据场所性质的不同来布置，主要通道及活动区采用大面积明亮式照明，而次要通道及活动区则采用功能式照明，即满足活动照明要求即可。

而与花卉种植区和树林区则采用弱光式照明，可以形象描绘成点点星光的感觉，弱光式照明同时也采用彩色照明系统，灯光有黄色、紫色、绿色、蓝色等。依据远近和位置关系，达到照明效果层次丰富的目的，同时也在夜晚表现深圳城市色彩斑斓的特色。灯光的设计中设计师遵循一条很重要的原则，即安全照明的原则，同时也采用了一些特殊的照明方法，例如悬挂式照明和激光射灯（安装于水晶塔之上）等。

（3）公共设施设计

在本次设计中，设计师考虑安排了垃圾箱、小型及大型广告牌、电子信息发布栏、指示牌、冷饮书报亭以及电话亭的位置，同时也对这些公共设施进行了选型设计工作，设计原则为方便、实用但造型简洁、大方，有雕塑性和现代美学感。整个设计中的坐凳，大部分采用固定式，经过设计师结合环境精心设计而成，更希望这些小品从功能和造型完全融入环境，但在局部场所，也可根据活动的需要临时加设一些休息设施。

（4）雕塑系统

在本次设计中采用了两种雕塑方式，一是地景雕塑，例如水晶岛的地下故事花园等；二是立体的雕塑，如会展中心前广场的喷泉水池中的石雕等，表达了场所的主体信息，同时也采用了高新科技的雕塑产品，例如光之花园中光纤的雕塑等。

技术说明

（1）建物筑物结构说明

在本次设计中主要采用了混凝土和钢结构体系以及钢木、玻璃和石材等材料元素，注重了材料运用的环保性，整个结构体系方式在当今社会中具有完全的操作性，局部一些高科技材料和构造方式在国内外也有相类似实践作品完成。

（2）水系统说明

在本次设计中除市民广场大量使用了水体之外，其余各部分均采用了面积有限的水池叠泉以及小型喷泉水池系统，因此，在日常的运营维护上，从城市中心区的角度而言，是确实可行的，既能反映水景的美丽又能合适地控制运营成本，而市民广场之所以运用大面积水面的原因也是依据风水当中"面南背北、靠山面水"的说法，考虑到市民中心朝向面南背北，背靠莲花山，而在其前面，市民广场上设计较大水面，便从风水等角度完善了其环境的优势。对于整体水系均采用分区循环水系统，尽量减少对水体的浪费，但适度的水量蒸发，对优化中心区的环境与气候（吸收尘埃、增加湿度等）也有积极的作用。

5. 中建国际（深圳）设计公司、PTW建筑设计公司、Mather Associates 有限公司联合体

（1）深圳的新广场

深圳，一个边陲小镇，在1979年成为最早的经济特区。仅仅在20多年后，以惊人的速度发展成为中国的一个经济中心，并为未来新的增长奠定了基础。

深圳吸引了众多的年轻人前来创业，城市人口中超过90%来自外地。

依据深圳市政府拟订的城市总体规划，未来将重点发展金融、贸易、商业、信息技术、物流业以及高科技产业。总体目标是建立区域经济中心城市、花园城市和现代化的国际性城市。

滨临南海，具有亚热带气候，深圳的景观魅力源自区位特点、自然特征及文化，加之令人印象深刻的现代风格、面貌和整体景观，深圳已经成为国家园林城市和国家环保模范城市。

新的中心广场既要反映出各种各样的需求，还要表达出深圳人的创造力。新广场的整个系统要包含应有的物质系统，更要表达出历史发展的延续性。设计充分考虑了当前的需求，更融入了21世纪广场的理念，其魅力在于表达出了深圳城市社会和深圳人的理念。

（2）当代广场的概念

在建筑学领域，当代广场在形式、材料质量、审美效果以及总体功能等方面呈现出前所未有的复杂性和多样性。其形态反映了人们对社会、经济及政治等方面智慧的表达。当代广场的概念含义主要表现在以下两个方面：

1）社区精神，无须放弃个性的归属体验：

尽管每个人无须确切地知道将归属于什么，但每个人都会归属的欲望。

21世纪的广场重新解释了20世纪人民广场运动的理念。公共广场不是一个为批判而设的政治补偿，而是通过设计使广场为社区中的每个人提供一个交流的场所和潜在的空间，开敞空间表达出合理的民主观点。

广场为人与人之间、人与自然之间亲近的独特体验提供了可能。置身其中，无须放弃自我，便能自然而然地拉近人与人之间、以及人与自然之间的关系。

2）复杂性和动态的体验：

现代社会和世界的复杂性意味着广场中不再是单一的概念，广场本身就应该是一个

复杂的系统。不是简单地让人进入其中，而是人，和其中大量的植物、土壤、水、空气、颜色乃至香味、季节、景象以及触觉的感受等等，互动之间共同构成一个复杂的系统。

它不是静态的，而是有其自身的兴衰变化。因此，在设计阶段考虑到应有的灵活性和动态特征，使人自然而然地感觉到与日俱兴的变化，并自然而然地被包容其中就显得至关重要。

场地现状

总平面图来源于中国古代对称轴概念。中心广场被深南路分为南北两块。

场地由一个大的方形(600m × 625m)和一个与大方形中心相连的长方形(250m × 438m)组成，从北广场到南广场之间的步行距离过长。

基地地势平坦，周边环境未被完全开发，缺乏围合感，广场应营造大型室外空间，营造宜人的空间围合感。

如何利用形式上的秩序与比例改变场地现状，设计出一个理想的公园是此次设计的关键。

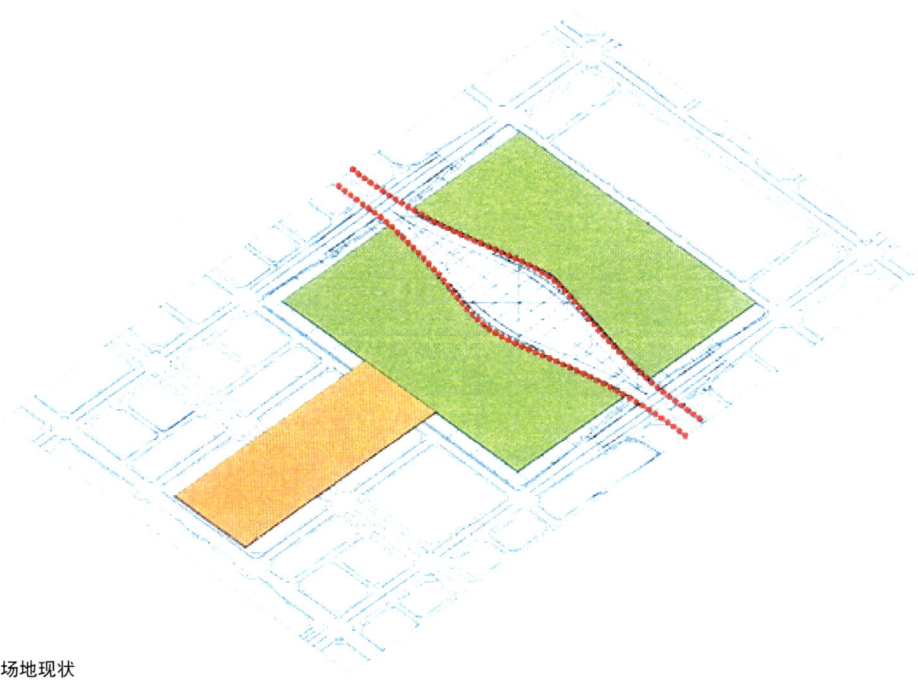

场地现状

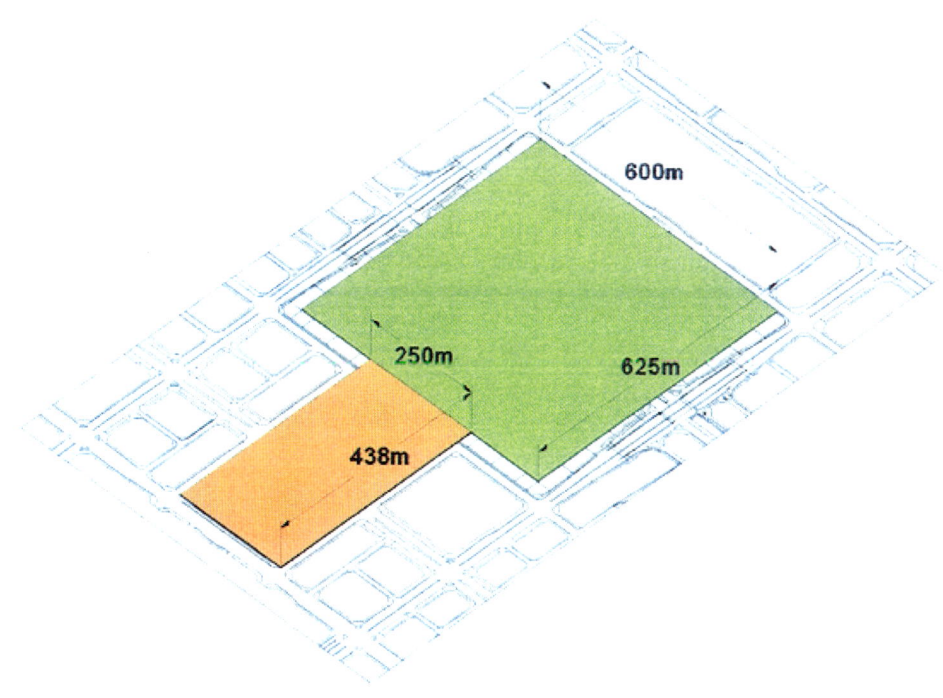

深圳市中心区中心广场
及南中轴景观环境方案设计

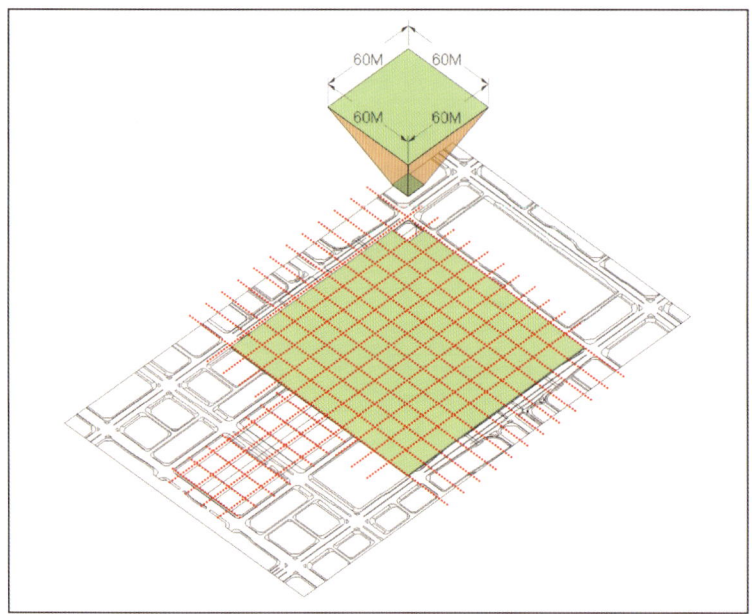

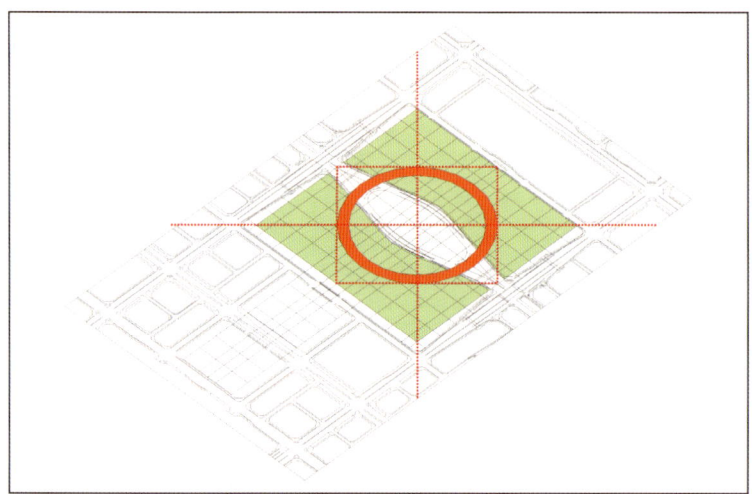

秩序与比例

网络系统：

在60m×60m为标准的风格系统中，人对周围环境的感受处于相对舒适的范围内。

几何比例：

圆形给人一种很强的向心性，按几何比例形成的圆，有力地联结两个分散的广场地块，统一了整个广场。

广场与公园：

位于环形道路内侧和商业区是平整的广场，位于环形道路外侧是公园。

道路

景观道路是中心广场的基本要素

三种道路形态：

广场道路：连接圆形广场和商业广场的中轴线将市民中心与会展中心连成一体形成贯穿南北的广场道路。

环形道路：环形道路作为导向起到指南针的作用，用来帮助游人确定位置与方向感。

公园道路：公园道路由花山之间的小路形成，同时为各种各样的户外活动提供场地。

南北广场交叉的道路系统：

在广场内道路下穿深南路连接南北两个广场，斜坡式的道路在南北广场间形成自然的交通流，方便儿童、老人、残疾人使用。

在公园内，下穿深南路的起伏的花山间的谷地形成天然的交叉道路系统。

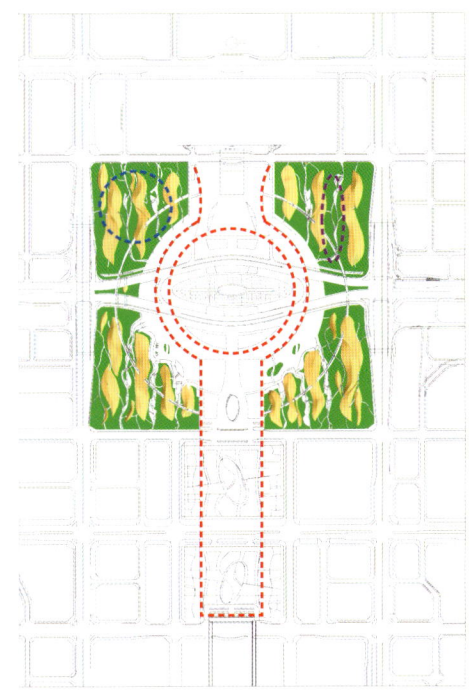

水体

水是中心广场设计的主要元素象征着生命的起源，流动的水系产生的视听效果给公园以生命力。

环形水体：

环形流动的水系把被打断的南北广场连成一体。

水晶岛：

水晶岛将作为市政或公共庆祝活动的场地，中心的池塘留作将来使用。

园林中的水体：

水与大地渐渐融为一体形成一个自然的公园系统。

商业广场中的水体：

商业广场中的水体特征包括溪流、瀑布、池塘，为游人提供一个清新有趣的环境。

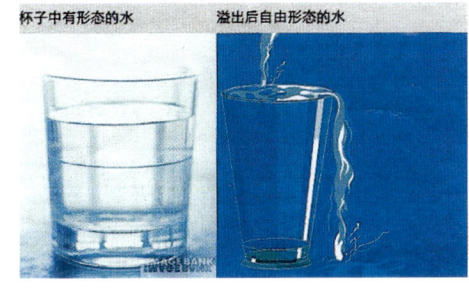

树与花

花山——花色与气象的变化暗示着季节的转变；

花山下的绿阴遮挡了深圳炎炎的夏日；

商业广场景观沿着长条形的购物中心，包括水体、灌木及花。

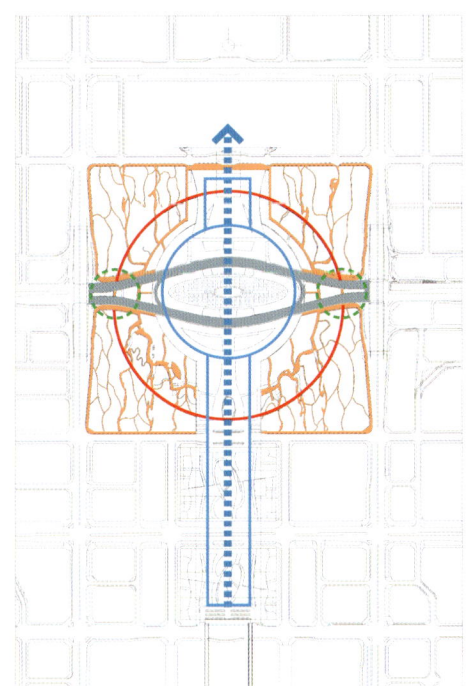

地景设计

中心广场将作为市政或公共庆祝的场地，南面商业广场将为周边建筑及地下商业区服务。

圆心外的广场公园被3～6m高，60m×60m的花山环绕，由多组缓坡构成融合了自然与人工形成超现实景观。

空间界定的景墙或屏障将分隔出各种不同类型的空间，供不同人群使用，如：排球场、足球场、网球场可以给人们提供体育活动的场所，公园空地则可以小憩。

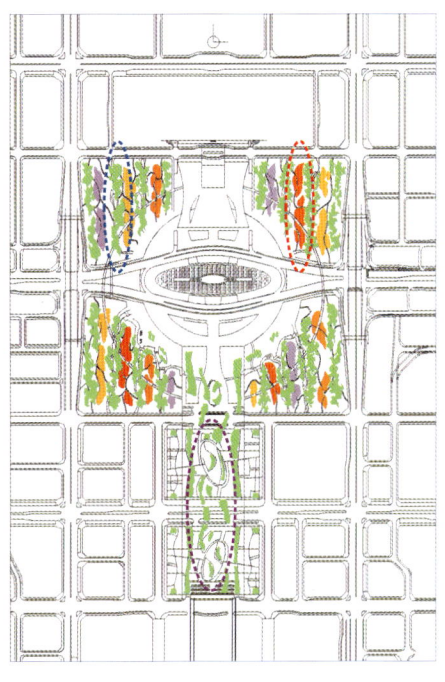

商业广场

由三个要素组成：公园式的、大型峡谷走廊空间、商业与娱乐的综合体。

设计融入更多的自然元素——大型公园及延伸到市区的一种新的曲线山系为城市提供了新的连接形式。

被灌木与花环绕的溪流、瀑布、池塘构成了商业景观。

商业广场与办公楼之间的区域用于室外活动。

玻璃天桥连接商业广场与办公区。

就餐与展览用的一系列大型室外平台为城市提供了一道风景线。

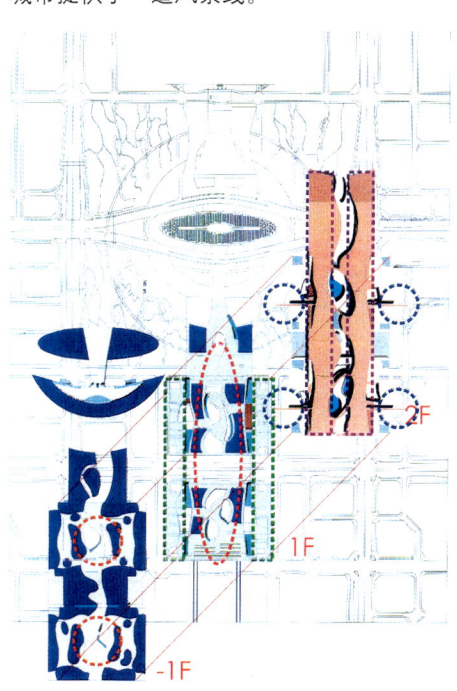

深圳市中心区中心广场
及南中轴景观环境方案设计

效果图

效果图

深圳市中心区中心广场
及南中轴景观环境方案设计

总平面图

深圳市中心区中心广场
及南中轴景观环境方案设计

一层平面图

深圳市中心区中心广场
及南中轴景观环境方案设计

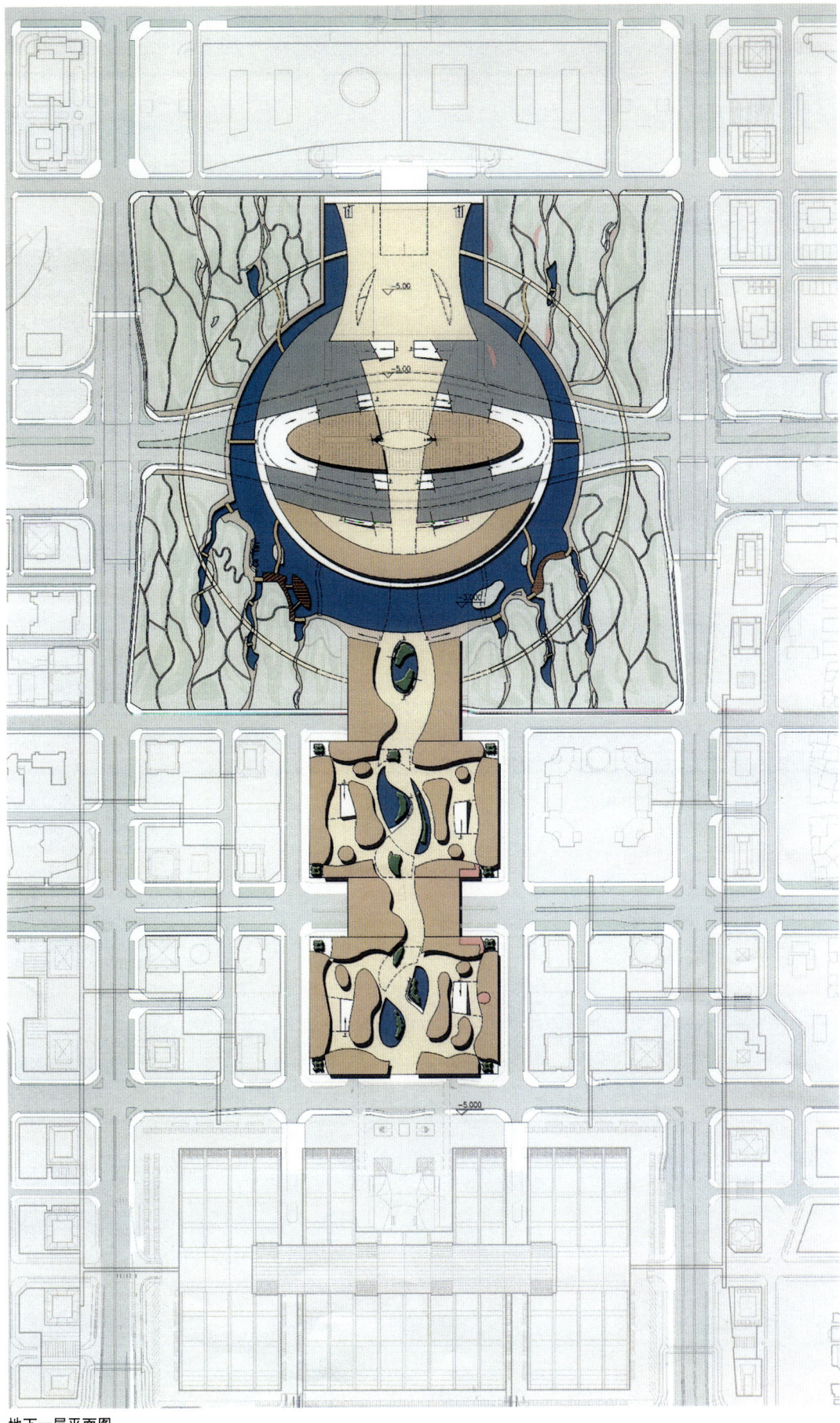

地下一层平面图

深圳市中心区中心广场
及南中轴景观环境方案设计

标高平面图

深圳市中心区中心广场
及南中轴景观环境方案设计

1-1 剖面图

1-1 剖面放大

2-2 剖面图

2-2 剖面放大

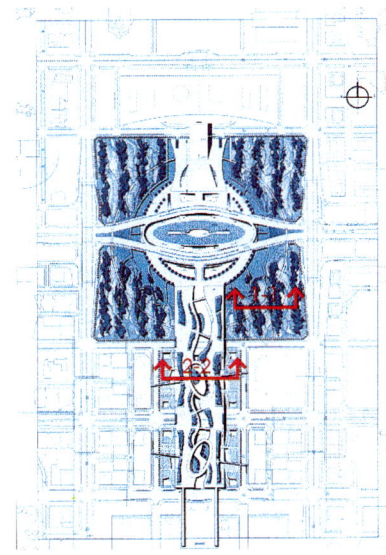

剖面设计 1

深圳市中心区中心广场
及南中轴景观环境方案设计

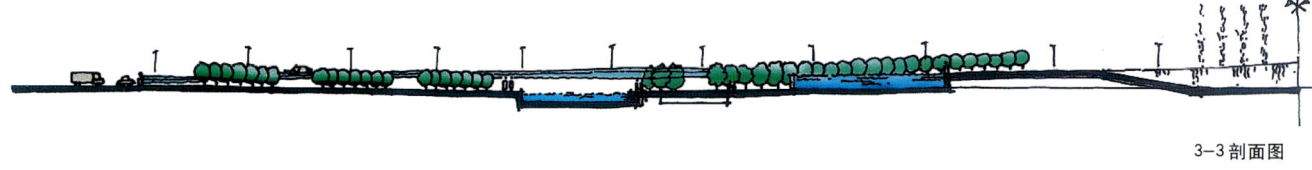

3-3 剖面图

3-3 剖面放大

4-4 剖面图

4-4 剖面放大

剖面设计 2

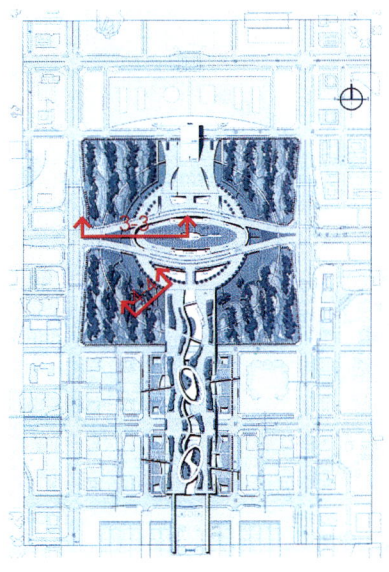

6. 马来西亚汉沙杨建筑工程设计公司、北方—汉沙杨建筑工程设计有限公司联合体

摘要

我们的设计目的是要有效地符合设计要求和创造一个有利于生态的设计方案，为深圳建立一个作为地标的生态公园。

此设计结合建筑、硬体建设、绿色环境和水景、内外之间的关系，以及不同的功能如商业、休闲娱乐及文化活动等。

此设计体现中国园林设计的热带城市设计。

主要的设计特色如下：

生态走廊构成从莲花山到展示中心的一个连绵不断的景观环境轴线。

生态纪念碑将成为深圳的新地标。

场地设有生态／社交感应物，以探测天气情况和公共聚会。

细致的起伏地形象征龙形。

纵向植被描述四季的植物。

中国庭院和广场的设计配合人们的文化和日常生活方式。

场地遍布小型零售处。

阴阳调和的象征重新诠释为一种城市关系。

反照池的设计是要根据风水原理，消灾挡煞。

在固定空间设置的垂直流通核心，作为小生态区，有助于天然空气流通、日照，以及在发生紧急事故时疏散。

一系列特别设计的广场和露天、半有盖及有盖空间相配，符合不同使用者的要求。

行人天桥连接场地和附近开发项目，使公众往来方便。

水晶岛构成深南路和地下停车场和车站一带重要的地下行人聚合点。

深圳市中心区中心广场
及南中轴景观环境方案设计

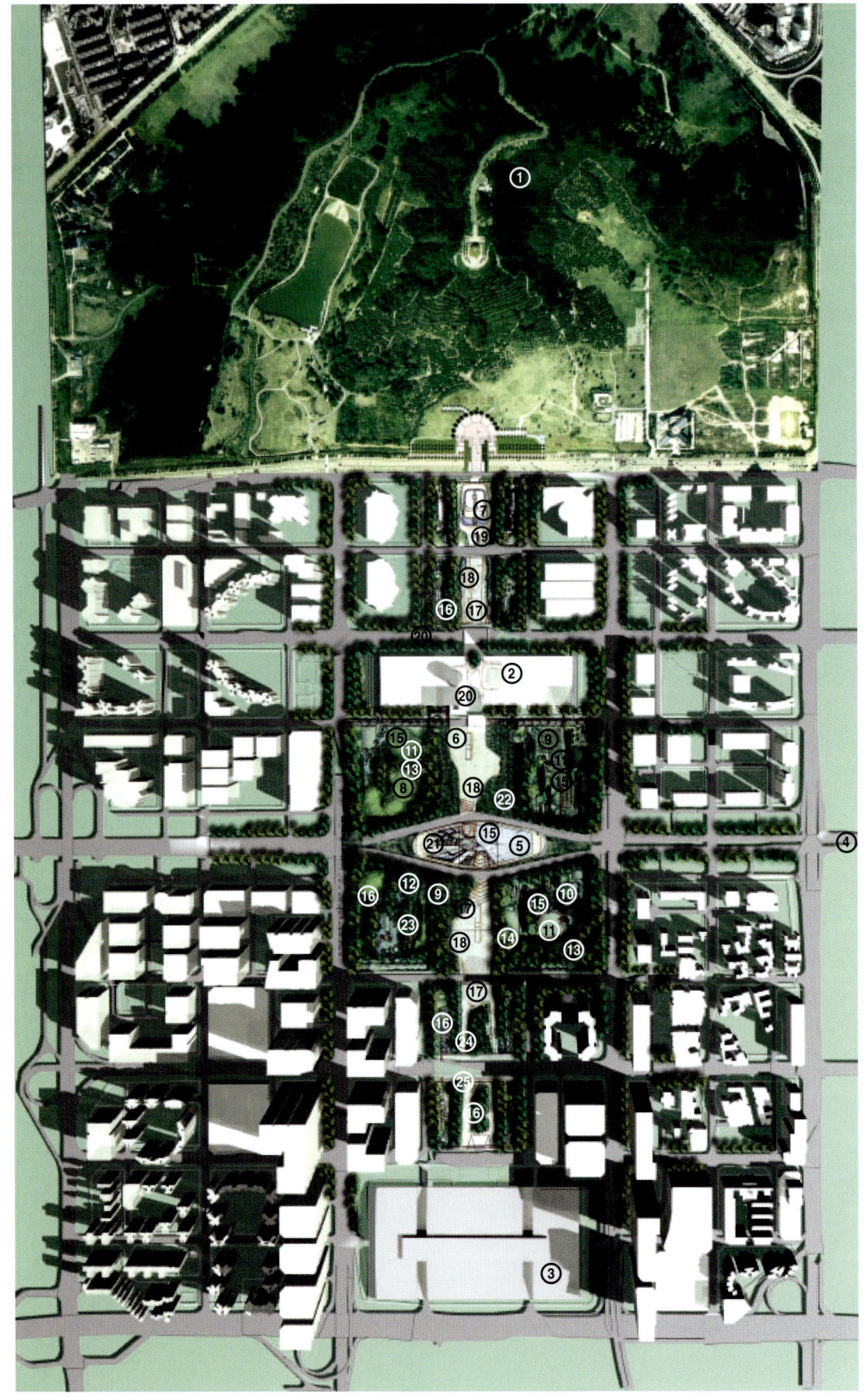

总规划图

1. 莲花岭
2. 公民中心
3. 展示中心
4. 深南路
5. 水晶岛
6. 中－南轴心／生态走廊
7. 生态纪念碑
8. 生态／社会感应器
9. 细致的起伏地形（裂缝，小径）
10. 纵向植被主题
11. 中国庭院
12. 商业场所
13. 传统中国主题／广场
14. 阴阳城市连接
15. 水景／反照池
16. 垂直流通核心／小生态区
17. 天篷结构
18. 广场
19. 仪式广场
20. 行人连接／桥
21. 水晶岛形成深南路一带的地下社交中心
22. 公民广场
23. 南广场
24. 南方1
25. 南方2

深圳市中心区中心广场
及南中轴景观环境方案设计

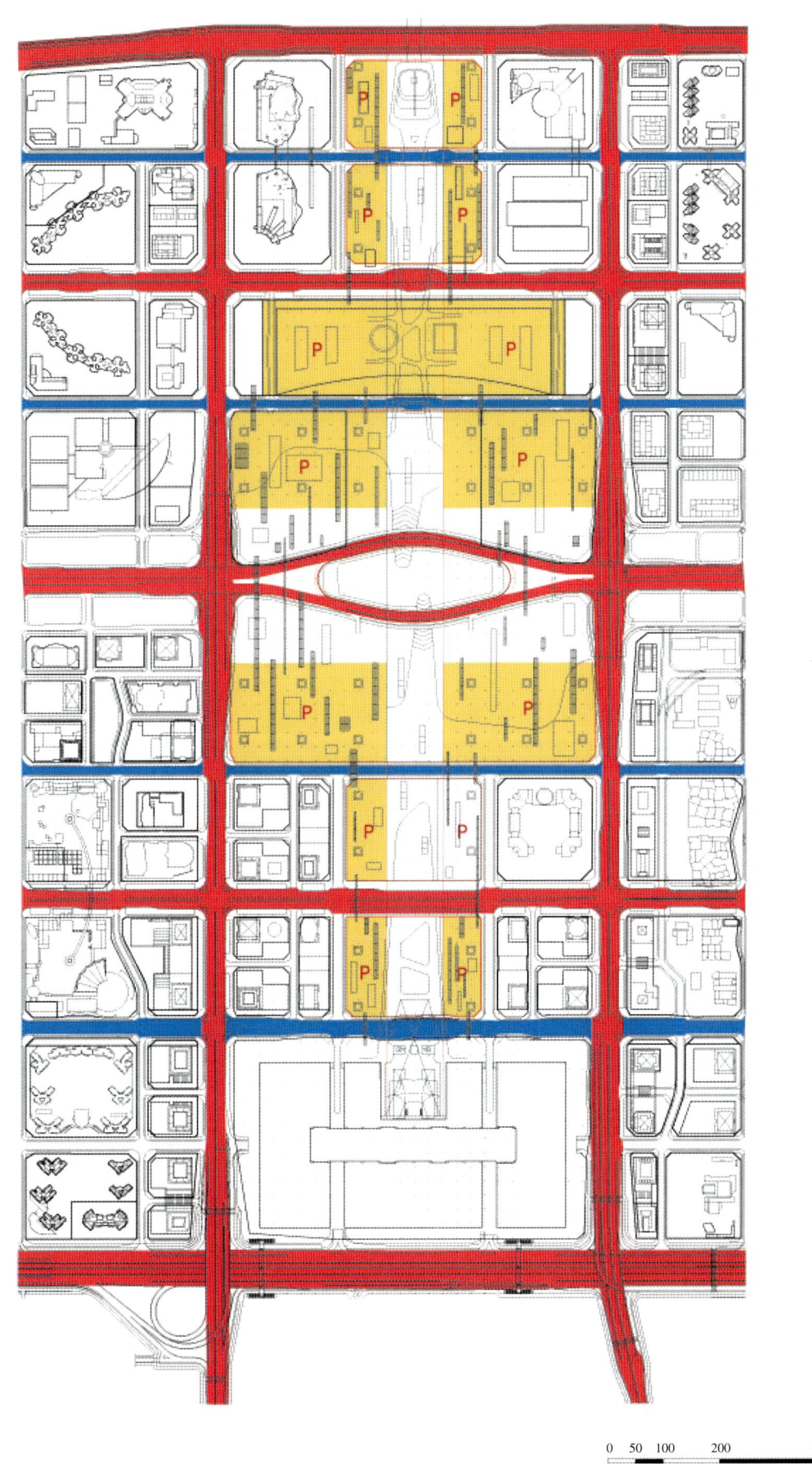

■ 主要分布图
■ 次要分布图
■ 停车处

交通分析图

《深圳市中心区城市设计与建筑设计1996—2004》系列丛书

深圳市中心区中心广场
及南中轴景观环境方案设计

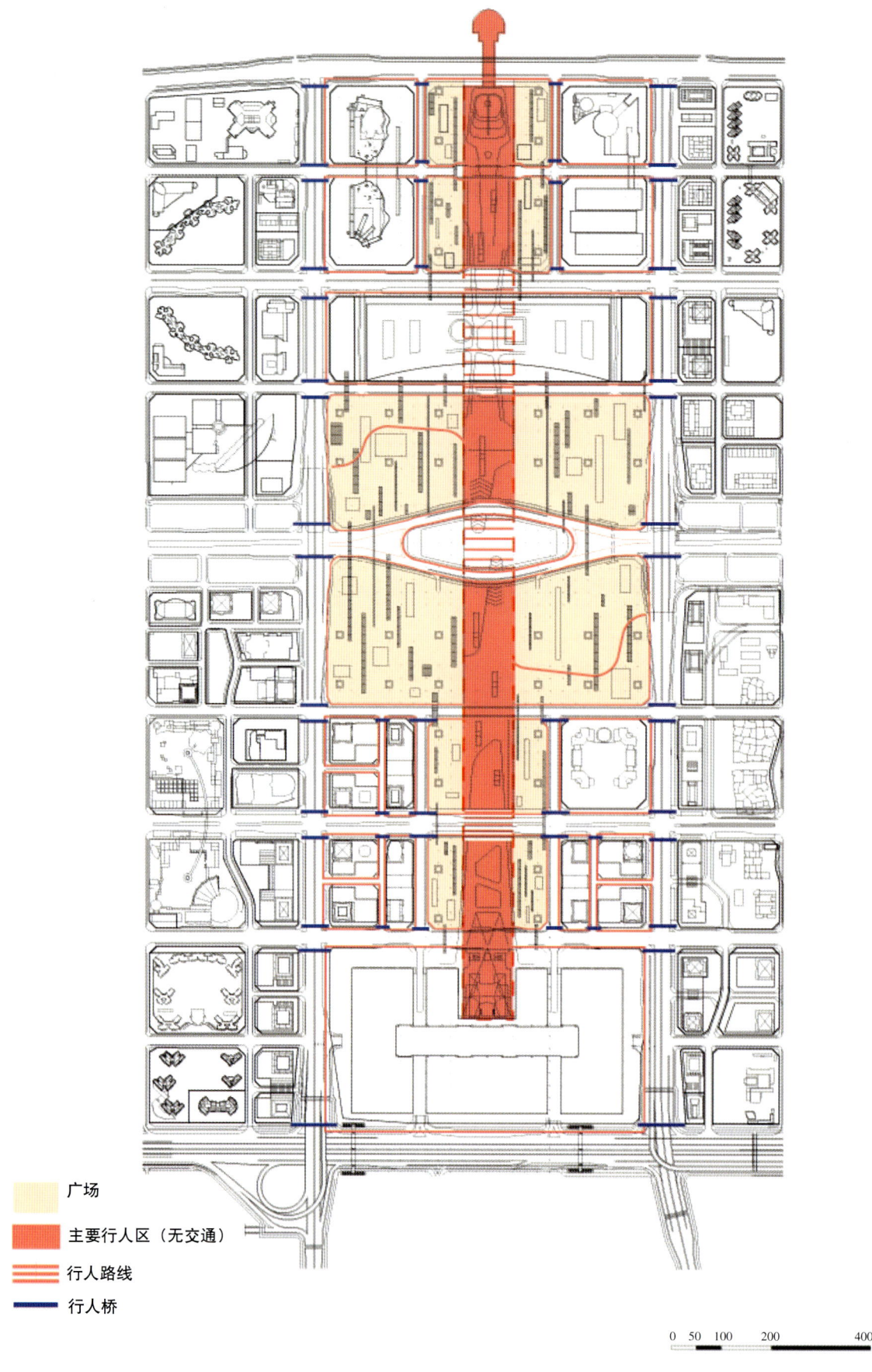

广场
主要行人区（无交通）
行人路线
行人桥

行人系统

深圳市中心区中心广场
及南中轴景观环境方案设计

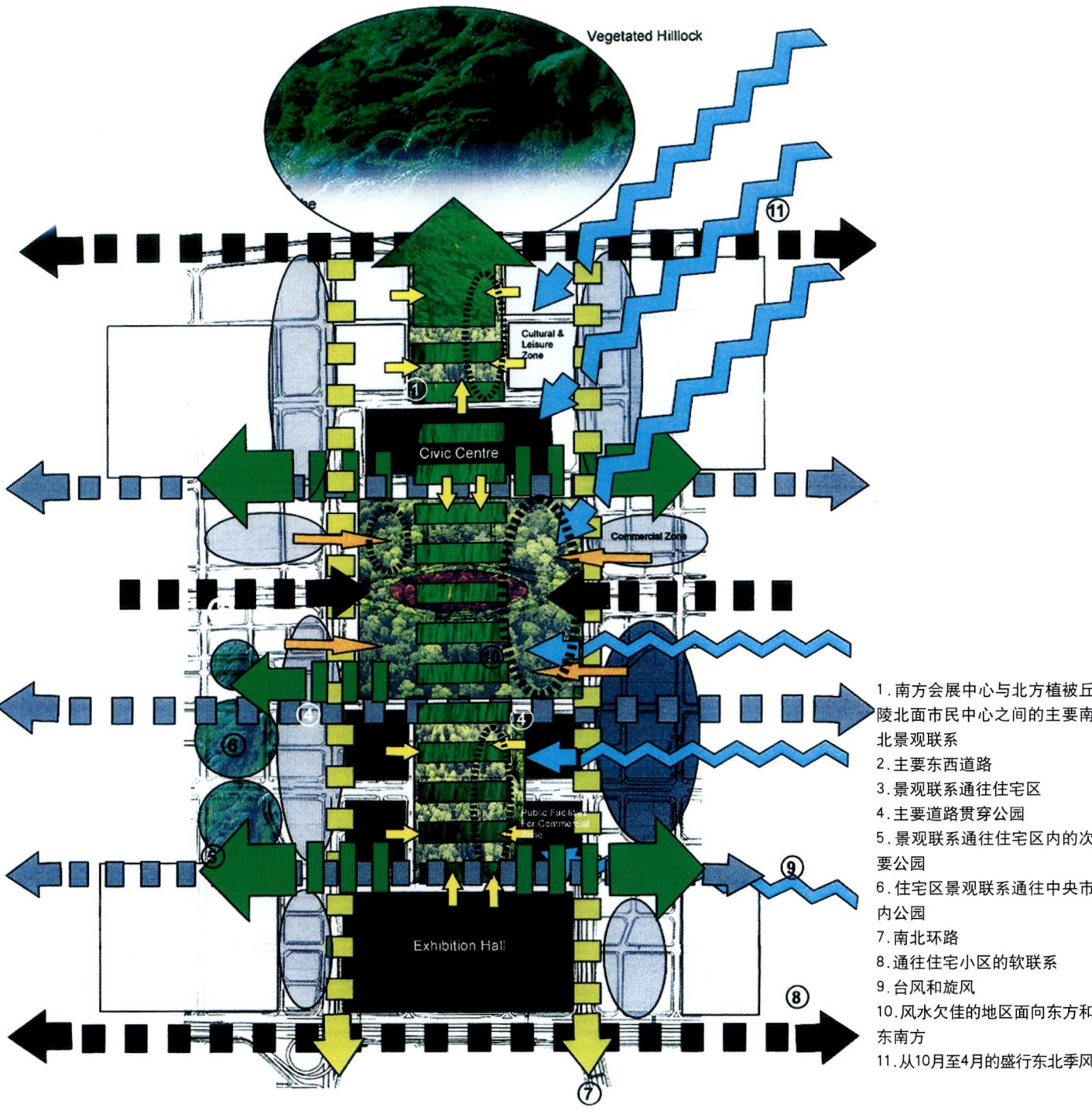

1. 南方会展中心与北方植被丘陵北面市民中心之间的主要南北景观联系
2. 主要东西道路
3. 景观联系通往住宅区
4. 主要道路贯穿公园
5. 景观联系通往住宅区内的次要公园
6. 住宅区景观联系通往中央市内公园
7. 南北环路
8. 通往住宅小区的软联系
9. 台风和旋风
10. 风水欠佳的地区面向东方和东南方
11. 从10月至4月的盛行东北季风

由于两个用地区之间被小路分隔，产生直接和动态的物理及视觉影响，需要直接的车辆和行人通道。

由于主要道路把两地分隔，产生间接和较少的物理影响，直接的行人通道仍然可产生强烈的视觉影响，但未必是车辆通道。

根据 Pa Tzu 罗盘而风水欠佳的地方（即面向东南方的公园一带），有"优柔寡断、患病和不合之象"而东北方则有"破财"之象。好风水的方位为西方、西南及东南方。

景观分析

深圳市中心区中心广场
及南中轴景观环境方案设计

夜景

日景

硬体模型

绿化带透视图

(五)方案评标会报告

2004年1月9日~10日深圳市规划与国土资源局王芃副局长在福田分局七楼会议室主持召开了"深圳中心区中心广场及南中轴景观工程方案评标会"。评标委员会由11位专家组成(名单详本页)。两院院士周干峙先生担任评审委员会主席。深圳市监察局、市国土局行政监察处邓志保先生参加了会议。

会议首先听取了由株式会社日本设计(1号)、北京土人景观规划设计研究所(2号)、美国MAD设计公司/Balmori Associates联合体(3号)、深圳市城市规划设计研究院/香港阿特森泛华规划建筑与景观设计有限公司联合体(4号)、中建国际(深圳)设计顾问有限公司/PTW建筑设计公司/Mather Associates有限公司联合体(5号)及马来西亚汉沙杨有限公司/北方——汉沙杨建筑工程设计有限公司联合体(6号)六家单位对各自设计方案所做的介绍,并解答了评标委员会专家的提问。

评标委员会经过一天半的认真评议,通过记名投票评选出三个入围方案:第一名:1号方案,第二名:2号方案,第三名:3号方案。

评委会对各方案的基本评价如下:

1号方案的特点是:设计构思系统,内容完整,主题鲜明简洁,自然宜人,有独特的设计理念,设计表达有较高的艺术水准,符合中心区生态轴线的规划设计思想。本方案具有较好的调整发展潜力。

该方案不足之处:"绿衣堤"的构思过于封闭,阻隔了中心广场与道路之间的视觉联系,有些内容的设计有待深化,如水晶岛完全自然化的处理不现实、南部广场水面过多及交通联系不便等。

2号方案的特点是:该方案对深圳历史和城市文脉作出了较深的分析和探讨,风格独特,内涵丰富,具有较高的学术水平和公众性。

该方案不足之处:布局有些凌乱,寓意不易为人所理解,与周边建筑群的整体协调性不够。

3号方案的特点是:构思完整,有较强的现代美,设计表现手法具有较高的水准。中心广场设计完整,较好地延续了中轴线的人车分流的规划思想。

该方案不足之处:尺度把握不够准确,处理过于简单,缺乏空间层次,园林特点不够突出,交通面积庞大,南中轴部分处理有些琐碎、繁杂。

方案4、5虽各有自己的特点,但均存在较大不足,如人工构筑过多,主旨思想不突出,与总体规划不够合拍等。方案6虽然强调了生态理念,但实际设计中没有体现。评委认为,无论采用那个方案,均应进一步与周边的建筑和总体规划协调,深化完善规划设计。

方案评标委员会
2004年1月10日于深圳市

(六)入围方案征询意见

1. 设计意见征求的复函

深规土函[2004]36号文收悉。1月19日,市政协组织5个专委会12名委员听取了贵局关于"市中心广场及南中轴景观环境工程设计入围方案"的介绍。现将委员的意见和建议归纳整理如下:

(1)各入围方案利弊分析

1号方案

本方案提出"绿衣堤"、"绿色抽屉"和"绿色的云"等较为新颖的概念,突出安静的绿色空间,此点为委员普遍认可。

本方案设计运用将风景庭院化的手法,整体感很强。借鉴杭州西湖苏堤和美国纽约中央公园的做法,同时如何更深刻体现深圳的城市文化和城市精神,乃至更独到的凸显深圳未来的城市形象,此点仍有发挥的余地。

南中轴作为深圳CBD的中心和中心区公共空间系统的主要部分,必将吸聚大量的交通流。本案突出了"绿"的概念,但在交通组织方面尚乏可陈。如何既营造大片的绿化,又最大程度提高实用性(而非单纯满足感官需求),保障车流畅通和人的舒适,给市民留下足够的、可在林下切身体验、参与的空间,同时为中心区保持足够的商业氛围、聚集人气,做到动静相宜、人景互动,使生态与人文、商业更好结合,是本方案须面对的突出问题。

2号方案

本方案构思独特、内涵丰富,最为突出深圳文化特色,最具公众性。

本方案通过南北方向细块分割的设计,将空间分割成为不同风格的局部个体,但也

深圳市中心区中心广场及南中轴景观环境工程方案评标委员会名单

序号	姓名	专业	工作单位/职位
1	周干峙	城市规划	中国工程院、科学院两院院士
2	李名仪	建筑学	美国李名仪/廷丘勒建筑师事务所 总裁
3	Von Gerkan 冯·格康	建筑学	德国GMP冯·格康,玛格及合作者建筑师事务所 总裁
4	南和正	城市规划	日本GK设计 常务董事
5	黄常山	园林景观	美国德克萨斯州大学 教授 美国注册景观建筑师
6	乔全生	城市设计	泛亚易道(香港)景观设计公司 美国注册建筑师
7	孟建民	建筑学	深圳市建筑设计总院 总建筑师
8	王全德	园林景观	北京林业大学园林设计院深圳分院 总规划师
9	汤桦	建筑学	汤桦设计咨询有限公司 总建筑师
10	李宝章	园林景观	奥雅(香港)园境师事务所 加拿大注册园境建筑师
11	陈一新	建筑学	深圳市规划与国土资源局 中国一级注册建筑师

因此导致整体感不强,有可能造成不易为公众理解和接受的悖反效果。

有委员担心农耕文明的"八园"设计,与深圳的国际化城市定位不符。

3号方案

本方案的设计理念,将"深圳的大客厅"作为一个循环系统、提供"一种连接",提出"跳动的心"的概念,与深圳的城市特点有契合之处。中心广场设计完整,突出体现了城市中轴线的完整性,现代感较强,在感官上给予市民充分的开放感,在体验上保障市民能够深入景中,切身参与。

本方案充分考虑了交通布局的衔接,交通组织上不同交通形式的关联。总的来看,本案比较现实、客观的考虑了中心区、CBD的实际需求。

现代感强的设计也要避免"同质化",体现深刻的文化内涵,这是本方案须进一步论证和解决的突出方面。本方案在内涵上仅提出了"中国山水画"的意蕴,略显单薄,仍可挖掘。

(2)委员意见和建议

1)市有关部门在本次景观工程设计方案招标评选中,体现了慎重、公开、科学的工作作风。建议继续加大宣传力度,让更多市民了解、关心、参与其中。

2)本工程功能重叠、意义非凡,在具体操作上更应充分考虑经济的可操作性、社会的可持续性和历史的延续性。要避免类似市民中心顶盖两翼采集太阳能功能而未实现的情况重演。

3)目前入围方案没有接近完美,如从中选择其一,应充分吸纳其他方案的优势、甚至是没有入围的方案的优点。

专此函复。

政协深圳市委员会办公厅

2004年2月2日

2. 市人大代表关于市中心区中心广场及南中轴景观环境工程招标入围方案的意见

2004年2月10日下午,深圳市规划与国土资源局向市人大常委会组织的以市人大袁汝稳副主任为首的人大代表小组(共17人),汇报了市中心区中心广场及南中轴景观环境工程设计招标的三个入围方案。会议由王芃副局长主持,高级建筑师陈一新作了入围方案汇报。到会的市人大代表听取了汇报后,分别发表了个人意见,经整理,主要有以下几个方面:

(1)9位代表赞成1号方案。主要理由为:应尊重评标会专家意见,支持1号方案闹中取静的概念,认为该方案给人回归自然的感觉,符合中国天人合一的思想。

代表们认为,1号方案的深化设计应注意以下一些问题:

1)中轴线应开阔,中间为花园式广场,两侧为树林。

2)应增加路网密度,注意人员的疏散,不主张围合起来。

3)中心广场的定位是广场加公园,应有足够的供人进行文化活动的场所。

4)树种的选择必须考虑经济性,应注意降低政府的维护成本。

5)是否需要绿衣堤、绿衣堤围合的程度、堤的高度及树木的高低等都应再慎重考虑,尽量减少视线的遮挡。

(2)6位代表赞成3号方案。主要理由为:

1)方案简洁明快,较活跃,与周边项目关系的处理及人流组织较好。

2)符合项目定位,与深圳市现代化国际性城市的定位较协调。

3)政府所在地要便民、亲民,要能吸引游人前来观光、旅游,要做出广场的感觉,广场应开阔、坦荡;本方案的广场整体性好、开阔。

(3)2位代表对1号方案和3号方案都较欣赏,认为可综合两者的优点。

(4)对于2号方案,代表们普遍认为过于繁杂、抽象、不易被公众理解,而且实施难度较大。

(5)其他的主要意见有:

1)项目应以人为本,市民中心要让人去看、去玩,需要人流聚集的地方。

2)应注意水和绿地、白天和晚上、木和花的结合,应兼顾安全与方便。

3)赞成专家的意见,深南大道应下穿。

2004年2月24日

3. 市中心区中心广场及南中轴景观环境工程招标入围方案公众咨询意见

本次公众展示咨询的时间为2004年1月12日至2月8日。咨询期间共收到公众咨询意见27份。经整理,公众意见主要有以下几个方面:

(1)1号方案。有5份意见认为方案1较好,主要意见如下:

1)绿色的主题选择较好,运用大都市庭院与中式传统文化融合得比较成功。

2)绿衣堤太封闭,与周边联系不便,存在视线阻隔,需改进(如改为缓坡、增加入行通道等)。

3)全部为森林的感觉,显得单调。

4)缺乏历史、文脉等内涵。

5)应慎重考虑治安问题。

6)水体设计需改进。

7)具体细部设计应多考虑一些内容,植物的选择应细化。

(2)2号方案。有4份意见认为方案2较好,2份意见建议将方案2与方案3综合起来作为实施方案。主要意见如下:

1)构思巧妙,有创意,有城市个性和特点。

2)较零乱,细碎,没有气势。

(3)3号方案。主要意见如下:

1)景观和水体设计较好。

2)无特色,主题不突出。

3)较抽象,较概念化。

4)建造成本可能太高。

(4)其他意见主要为:

1)应设计出大广场的感觉,日景和夜景应兼而有之。

2)要坚持绿化环保,考虑竖向不同层次的绿化。

3)应解决深南大道分割中心广场的问题。

4)植物及其他各种材料的选择应便于今后的维护保养。

5)应方便市民进入,为游人留有足够的场地。

6)中心区周围已有大量绿地,没必要再重点搞绿化,深圳最缺乏的是突出的精彩的城市景观。

2004年2月24日

4. 市规划学会关于市中心区中心广场及南中轴景观环境工程招标入围方案的意见

2004年2月11日,在设计大厦规划展厅,由市规划与国土资源局王芃副局长主持会议，高级建筑师李明向由顾汇达副会长带领的市规划学会委员介绍了市中心区中心广场及南中轴景观环境工程三个招标入围方案的情况，并在二楼会议室听取了委员们对三个方案的个人意见。到会的市规划学会委员共15人，其中9人较认可1号方案，1人倾向于3号方案，2人认为没有满意的方案。经整理，主要意见如下：

（1）支持1号方案的主要理由为：该方案绿化的思路较好，在中心区塑造这样一个公园的理念不错，抓住了时代的特点，而且该方案宏大、规整，实施的风险和代价最小，将来改造的余地大。

委员们同时也指出了1号方案的不足，提出了改进意见和建议：

1）方案的深度不够。
2）绿衣堤应局部降低或取消。
3）应处理好深南大道与中心区（包括南、北广场之间）、南广场与周边环境的关系。
4）视线受阻，可考虑增加视线通廊等措施。
5）交通设计不完善，园中应增加一些便捷的连接道路。
6）应有足够的供人活动的休闲场地。
7）欠缺文化内涵。
8）应注意不同空间和材质界面的过渡。

（2）支持3号方案的人认为：从项目的功能定位、活动的需求以及具体形式等方面来说，3号方案活泼、有活力、有冲劲，较符合要求。

（3）其他意见主要为：

1）广场是供市民活动的，应让市民有亲切感，让市民通过广场能对深圳产生认同感，应有能举行各类活动的场所，应以人为本而不是以树为本。
2）设计的主题不够明确，深圳的公园已不少，1号方案到底是在作公园还是绿化广场，大量的绿化是否能称为广场。
3）三个方案对中心广场与周边建筑的关系考虑都不够。
4）本次招标提供了一些有益的思路和启发。

2004年2月24日

（七）中标通知书

关于深圳市中心区中心广场及南中轴景观环境工程设计方案中标的通知

深规土 [2004] 201号

株式会社日本设计：

深圳市中心区中心广场及南中轴景观环境工程招标方案评标会于2004年1月9、10日召开。专家评委会经过认真评议，评选出3个入围方案：第一名为1号方案（株式会社日本设计），第二名为2号方案（北京土人景观规划设计研究所），第三名为3号方案（美国MAD设计公司／Balmori Associates 联合体）。

3个入围方案经公开展示和广泛征询各有关部门意见，并报经深圳市人民政府批准，确定你单位提供的1号方案为中标方案。

特此通知

深圳市规划与国土资源局
2004年4月13日

（八）中标方案的修改意见

深规土函 [2004] 218号

株式会社日本设计：

对于你单位提供的深圳市中心区中心广场及南中轴景观环境工程中标设计方案，现提出如下修改意见：

1.取消绿衣堤，提出系统的整体设计方案。

2.水晶岛维持平面绿化，具体绿化配置方案应与南北广场相协调；人行系统在南北广场和水晶岛须保持连续，不设二层天桥平台；在深南路处要做地下连通的比较方案。

3.应进行充分的景观视觉分析设计，例如对于市民中心，要提供在深南路上的视觉效果分析以及旅游观光点的视线设计；对于会展中心以及该工程周围建筑、街道环境也应进行视线分析和设计。

4.绿色树林下面应安排一些可供市民活动的内容和场地，应做到总体鸟瞰是绿色的，但树林下有活动内容的"城市客厅"，例如：长跑环线、观光拍摄点若干处、防灾避难、儿童游戏场（不含大型游乐设施）、自行车道、电瓶车环道、民族节日庆典场所等。

5.植物的选择应细化，树种的选择应尽早提出方案。

6.应充分考虑项目建设的经济性，注意降低项目建设成本和维护管理成本。

7.应在中心广场四个角安排旅游巴士停车场，每处约5～6个车位，并完善项目的交通设计。

8.应考虑与南中轴两个商业项目的结合设计，尽早与商业项目的开发商和设计单位进行沟通、协商。

9.应进行项目与周边连接天桥的方案设计。

10.严格控制或不考虑景观用水，体现生态环保理念，雨水的利用以维持调蓄平衡为前提。

11.应进行声、光、电系统设计，包括该项目的灯光夜景效果和音响效果的设计及说明。

12.市民广场应整体考虑，允许对已完成的连接平台、升旗台优化完善。

13.本次调整的设计方案应提供广场内主要配套设施（例如：公厕、休息亭、观光台、小卖部等）的平面布置、位置等。

请你单位按上述意见修改设计方案后，再报我局审定。

深圳市规划与国土资源局
2004年4月16日

三、实施设计方案
（一）中标方案修改

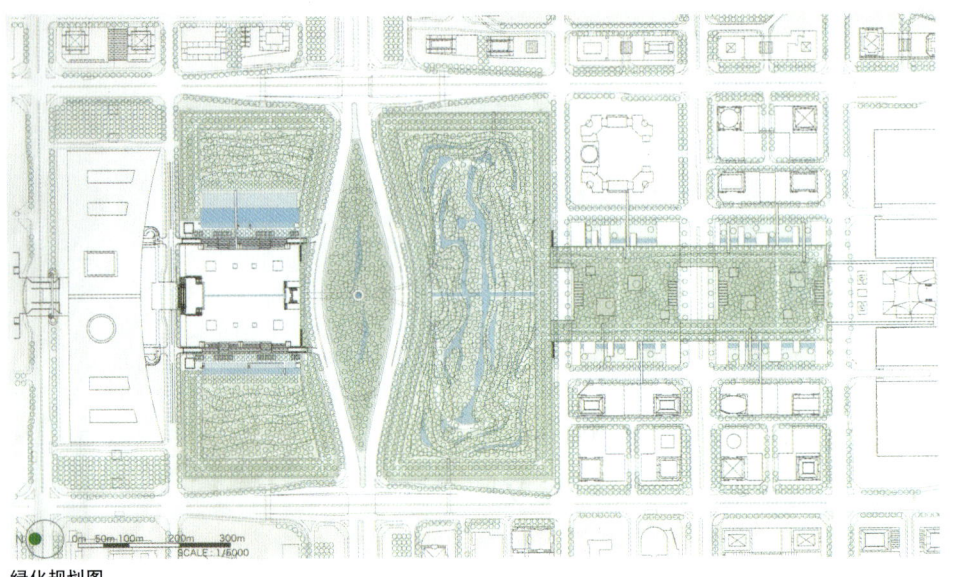

绿化规划图

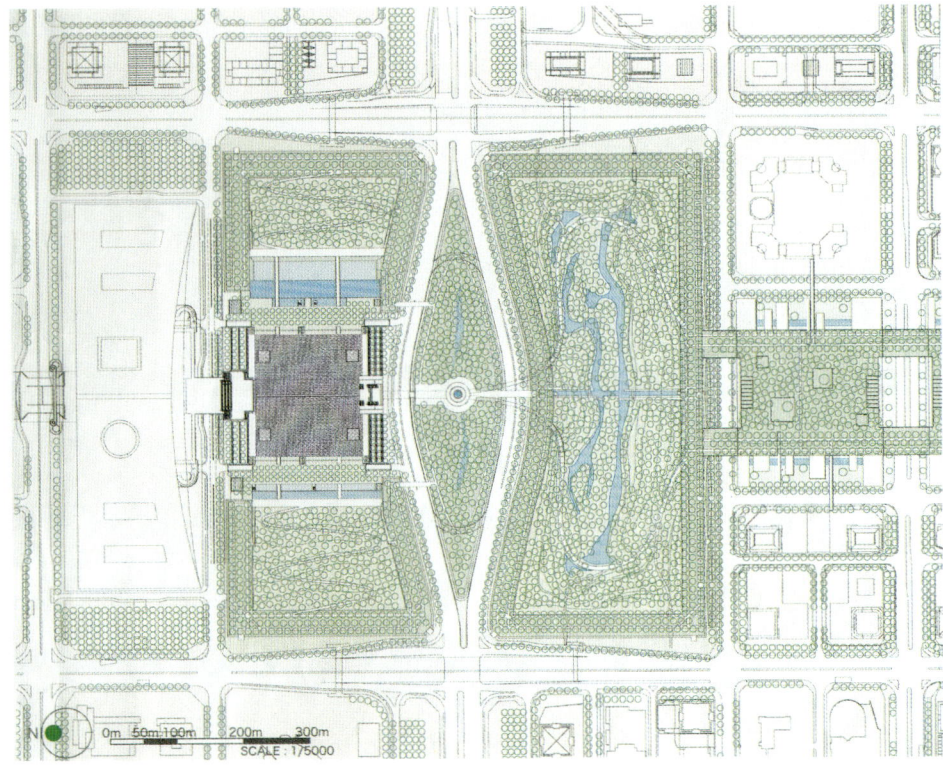

绿化规划图

市民广场

取消市民广场南侧部分的绿衣堤。

为了避免喧嚣繁忙的道路的影响，将广场标高定为2.93m。

为了表现市民广场在举办庆典仪式时庄严肃穆的氛围，在广场中央采用大块花岗石铺装，形成规整的空间。

为体现空间的宏伟与开阔，尽可能避免物体由地下突出地面。故将地下停车场采光用天窗的顶部设计在与广场同一标高。进气口处采用格栅进行通风。

在广场周边设置6个25m高的光塔，采用磨砂玻璃幕墙装饰，使其对广场进行投光照明。

在市民广场外围设置水雾喷射装置意图降温及防尘。

增设渡过池水的桥梁。

水晶岛

通过具有象征意义的空中剧场与地下通路的设置，形成本规划的整体构成。在此基础上，在绿衣堤上增设桥梁，其中一座用于连接南广场与水晶岛，架于中央部位；另两座用于连接水晶岛与市民广场，分设于东西两侧。

为提高游人与水晶岛绿色的亲近感，在水晶岛周围增设巡游路。

为强调由莲花山，市民中心，市民广场所组成的轴线，突出视觉上的效果，在空中剧场北侧的轴线上也设置一处绿色抽屉，在此可以欣赏全园景色，进而远眺莲花山。

南广场

由于南广场南侧为办公及商业区，为减少堤坝带来的压迫感，并便于市民的游玩，将绿衣堤设置成坡度缓和的坡面，南侧的堤采用台阶状逐层后退，将游人自然的引入另一派风景迥然不同的绿色世界。

在东西两侧各设置两条通往园中园的道路。

缩小园中园内池面范围。

深圳市中心区中心广场及南中轴景观环境方案设计

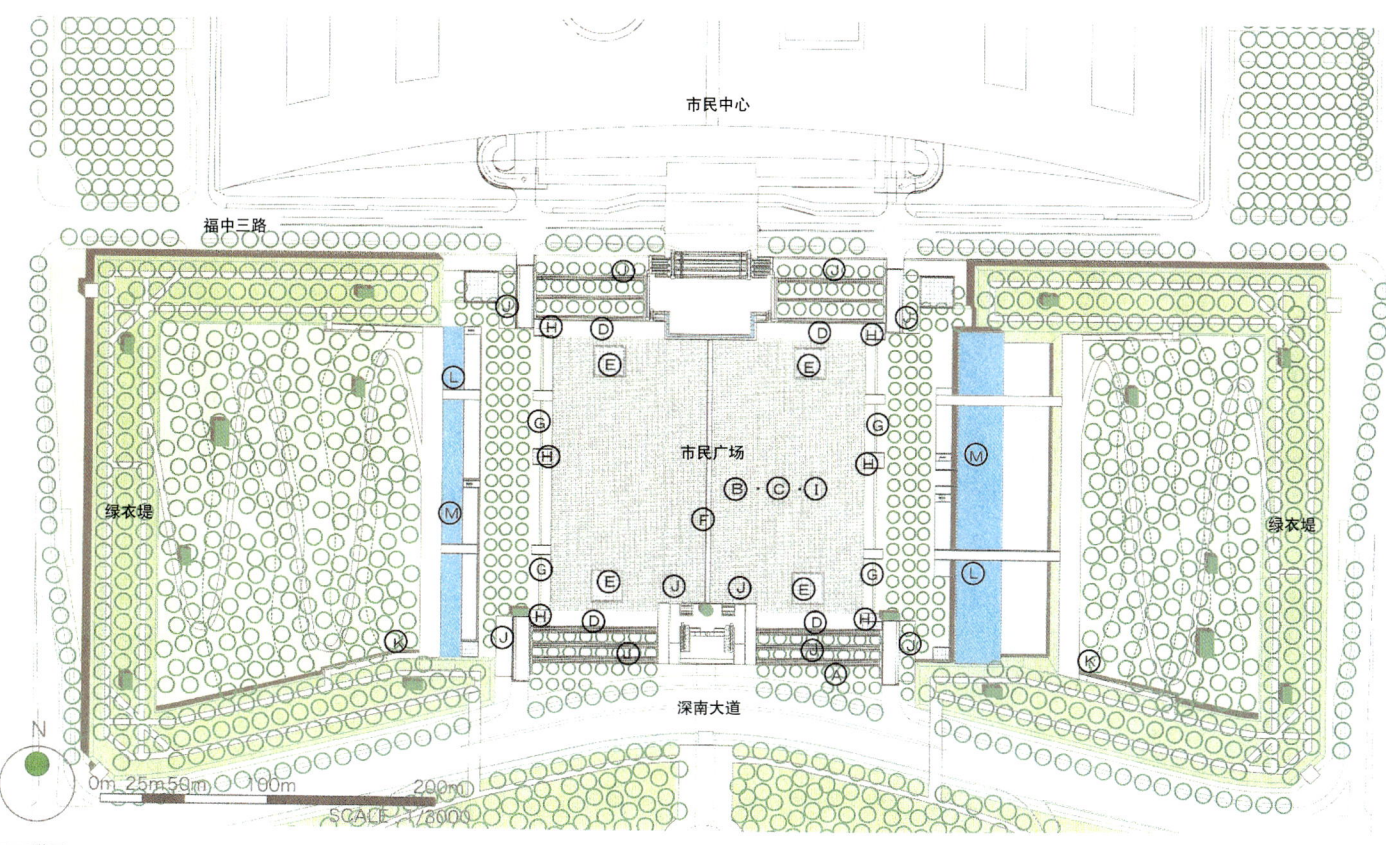

平面详图

指出事项：希望创造出市民广场南侧的开阔感。修改事项：

A. 取消面向市民广场南侧部分的绿衣堤。

B. 为了避免喧嚣繁忙的道路的影响，将广场的标高定为2.93m。

指出事项：要求提出关于市民广场地面的材料，铺装图案，标高及垂直动线，天窗的形状等的具体方案。

修改事项：

C. 为了表现市民广场在举办庆典仪式时庄严肃穆的氛围，在广场中央采用大块花岗石铺装，形成规整的空间。

D. 与此对应，在中央正方形的周围（南北两侧）地面上镶嵌细小石材，两种图案，渭泾分明，令人耳目一新。

E. 为体现空间的宏伟与开阔，尽可能避免物体由地下突出地面。故将地下停车场采光用的天窗顶部设计在与广场同一标高。进气口处采用格栅进行通风。

F. 基于同样的考虑，将楼梯出入口埋设于标高±0.000的位置，重新规划了南侧的道路。

G. 以看台草坡取代原有的一部分停车场的天窗，并种植各种树木，形成宜人的绿荫。

H. 在广场周边设置6个25m高的光塔，采用磨砂玻璃幕墙装饰，使其对广场进行投光照明。

指出事项以外的其他变更事项：

I. 在市民广场外围设置喷雾装置意图降温及防尘。

J. 设置台阶及坡面（无障碍设计）以更好的便于人们通往广场。

K. 取消原有的一部分绿衣堤的同时，代之以坡面。

L. 增设渡过池水的桥梁。

M. 水中的水面标高定为3.5m，与周围标高保持一致。

市民广场周围的铺石示意图

水雾喷射装置示意图

由市民广场通往深南大道方向的富于变化的连续景色

由水晶岛及绿色抽屉到市民中心的富于变化的连续景色

坡面与绿衣堤的关系剖面图

指出事项：水晶岛的生态乐园过于狭小封闭。要求以新的设计思想重新检讨，以体现人与自然的融合。

修改事项：

N.通过具有象征意义的空中剧场与地下通路的设置，形成本规划的整体构成。在此基础上，在绿衣堤（6.5m标高处）上增设桥梁，其中一座用于连接南广场的水晶岛，架于中央部位；另两座用于连接水晶岛与市民广场，分设于东西两侧。

O.为提高游人与水晶岛绿色的亲近感，在水晶岛周围增设巡游路。

P.为强调由莲花山，市民中心，市民广场所组成的轴线，突出视觉上的效果，在空中剧场北侧的轴线上也设置一处绿色抽屉，在此可以欣赏全园景色，进而远眺莲花山。

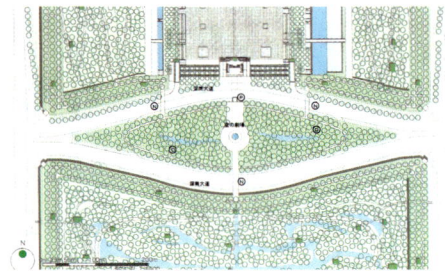
水晶岛平面详图

由福华一路到南广场南侧坡面的连续景色

南广场平面详图

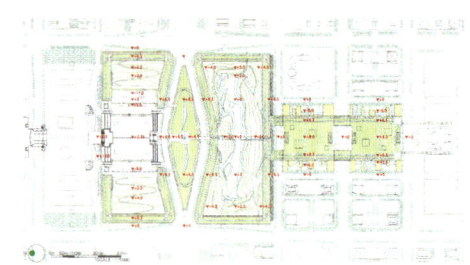
标高位置图

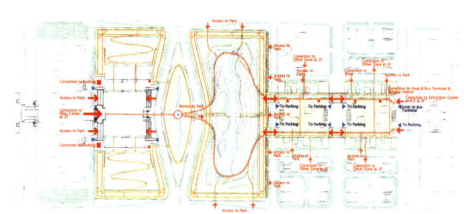
动线设计图

指出事项：南广场南侧的绿衣堤与周边环境的调和问题。

修改事项：

Q.由于南广场南侧为办公及商业区，为减少堤坝带来的压迫感，并便于市民的游玩，将绿衣堤改为坡度缓和的坡面，南侧的堤采用台阶状逐层后退。

R.结合上述改动，取消原案中通往花园桥的楼梯。

S.在东西两侧各设置2条通往园中园的通路。

指示事项：水域部分过多。（审查委员指出事项）

修改事项：

T.缩小园中园内池面范围。

U.在位于轴线处的瀑布的两肋处，设置可以由园中园蹬上绿衣堤的小路。

深 圳 市 中 心 区 中 心 广 场
及 南 中 轴 景 观 环 境 方 案 设 计

大都市庭院

所谓大都市的庭院,展示城市组成及生活方式以外,可以说是人类创造出的自然的杰作。包括城市在内,长时间孕育所成的绿色的地毯就成为人们引以为骄傲的城市客厅。

位于纽约的中央公园,就是从活力洋溢的街心开辟出一块矩形的空地,将自然移植其内所组成的大都市的公园。高耸林立的建筑上眺望出去,仿佛绿色的地毯一般,提升了城市的原点。覆盖着绿色的舒适的空间,给人们提供小憩的场地,让人流连忘返。

本工程是按照中国传统的建筑构成,与莲花山一体形成太极,规划出一块具有与纽约公园相似的绿色地毯。不同的是,流连于树下的人们,一定会为这个公园新颖的景观设计思想感叹。

Central Park photo

Central Park

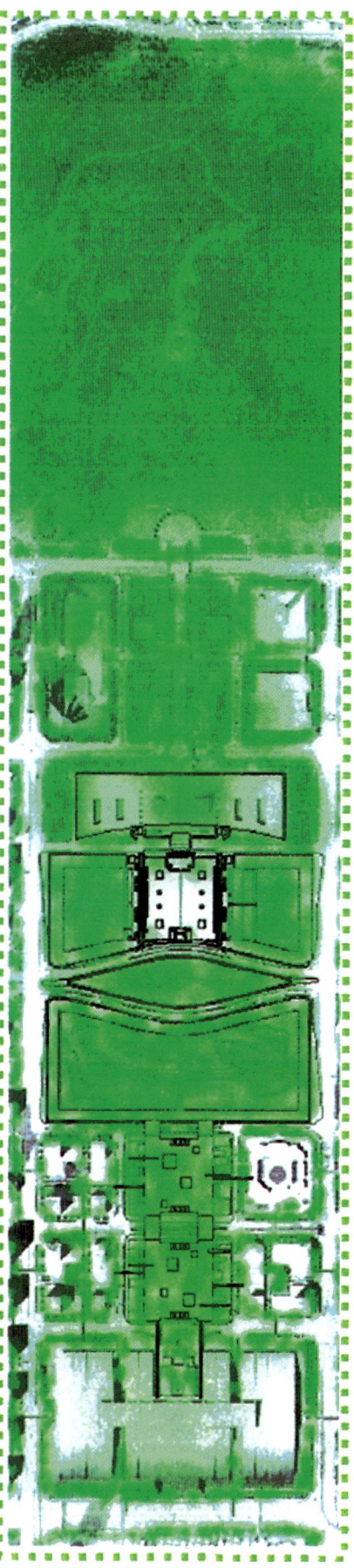

规划用地

深圳绿风丘廊

本规划将中心地区的三边采用中国传统的类似于杭州西湖的苏堤的手法将风景庭园化。筑以绿风丘廊，绿风秋廊上修筑巡游小路。

高6.5m，宽30m的绿风丘廊将城市的喧嚣拒之门外。

深圳绿风丘廊沿着南中轴的2层屋顶分向东西，跨过深南大道延伸到基地最北端，派生出连接地下、地上、空中的丰富的回游性。

人们在绿风丘廊的石铺小路上散步，游玩，必要位置设置的椅子上小憩，聊天，一派生机。并且可以从街区角设置的如同"绿色抽屉"的平台眺望城市的规划。

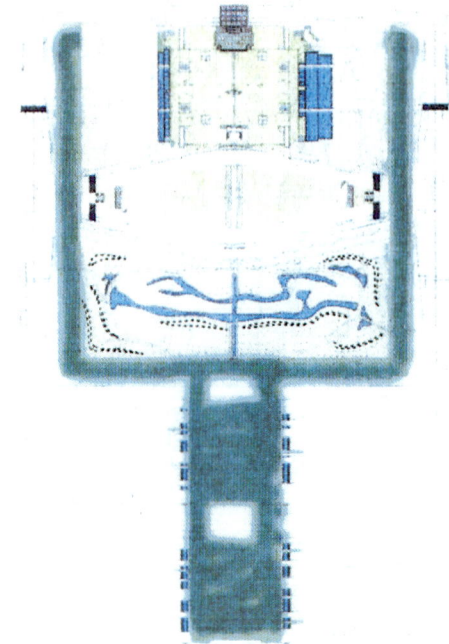

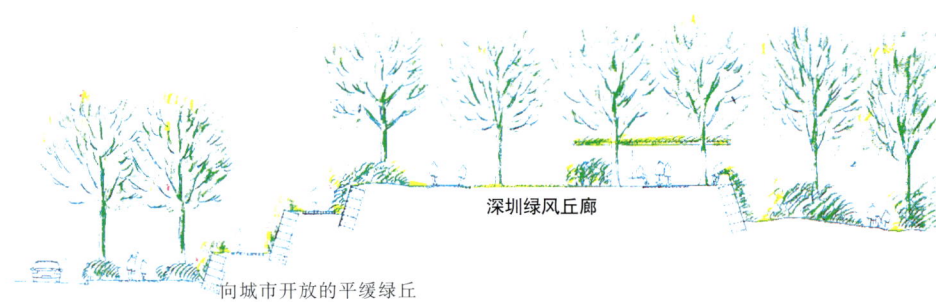

向城市开放的平缓绿丘

园中园-远离城市中心

在绿风丘廊内侧建造伴有细微起伏的倾斜地形，栽培植物以防止雨水的流失，并设计兼做蓄水池的细长水域。（水面标准GL−0.5）

干燥的绿风丘廊，潮湿的中间坡面及完全湿润的水边，水中，则根据不同的水环境条件栽培以相应的广东当地植物。

人们徜徉在石路，石阶，草坪组成的小路上，时而渡过小桥，时而在水边玩耍小憩。

绿色的云

中心地区的上空为高大乔木的树冠（绿色的云）所覆盖的舒适的[城市客厅]。

若小鸟从空中俯视，一定是满目青翠。

在树海里，市民广场及地铁的光庭，细长的水域等像一张张变化的脸，若隐若现。

绿色的云将莲花山及绿环相连接，形成山水呼应的宜人效果。

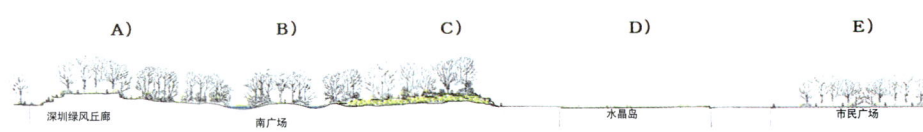

深圳市中心区中心广场
及南中轴景观环境方案设计

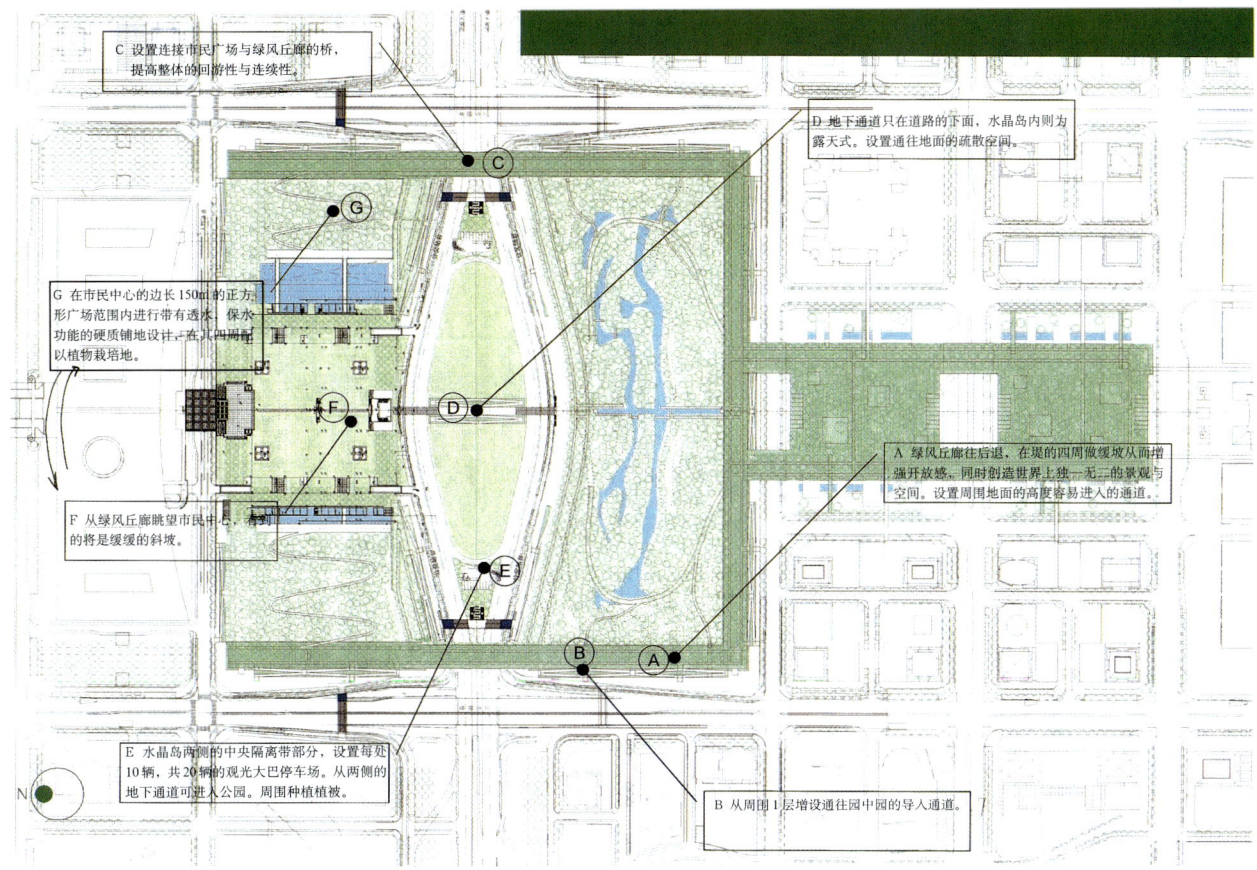

C 设置连接市民广场与绿风丘廊的桥，提高整体的回游性与连续性。

D 地下通道只在道路的下面，水晶岛内则为露天式。设置通往地面的疏散空间。

G 在市民中心的边长150m的正方形广场范围内进行带有透水、保水功能的硬质铺地设计，在其四周配以植物栽培地。

A 绿风丘廊往后退，在堤的四周做缓坡从而增强开放感，同时创造世界上独一无二的景观与空间。设置周围地面的高度容易进入的通道。

F 从绿风丘廊眺望市民中心，看到的将是缓缓的斜坡。

E 水晶岛两侧的中央隔离带部分，设置每处10辆、共20辆的观光大巴停车场。从两侧的地下通道可进入公园。周围种植植被。

B 从周围1层增设通往园中园的导入通道。

绿色规划图

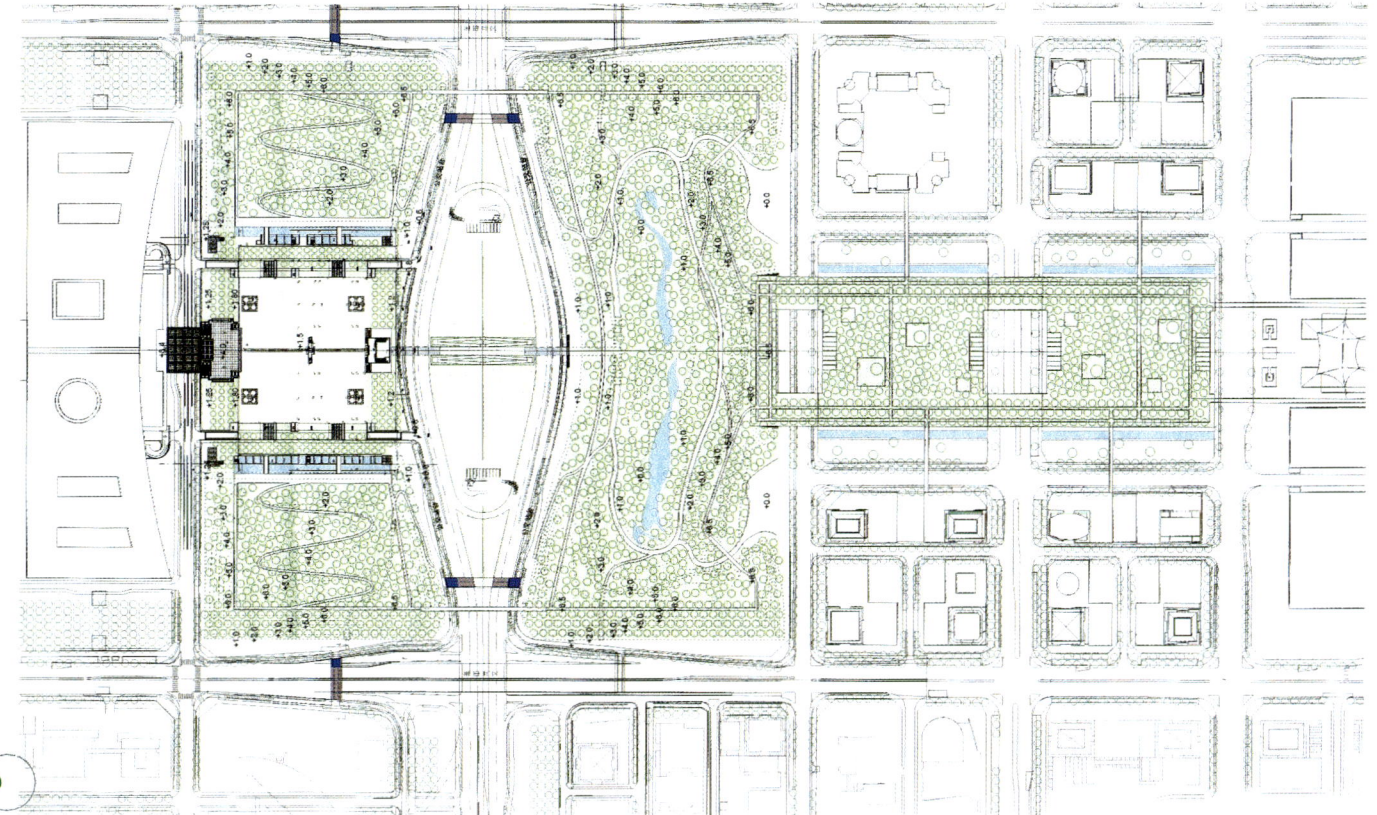

绿化规划图

（二）实施方案

（2004年11月完成）

园中园

在堤坝的内侧建造带有细微起伏的倾斜地形，种植植物以防止雨水的流失。

干燥的2条回游路，潮湿的中间斜坡及完全潮湿的中央凹地，则根据不同的水环境条件栽培以相应的广东当地植物。

人们徜徉在石路，石阶，草坪小路上，时而在水边的亭子里小憩。

绿色的云

中心地区的上空为高大乔木的树冠（绿色的云）所覆盖的舒适的城市客厅。

若小鸟从空中俯视，一定是满目青翠。

在树海里，市民广场、水晶岛的草坪、南广场的园中园等像一张张变化的脸，若隐若现。

绿色的云将莲花山及绿环相连接，形成互相呼应的宜人效果。

两条巡游路

作为公园整体骨架的2条回游路，具有各自不同的性格。

外围的回游路可眺望东西、南北的城市轴，并与四周的共同人行道相连。是感受城市氛围的城市回廊。

内侧的回游路环绕园中园，并将游客吸引到园中园。

与南中轴相接的部分，铺石的地面与草坪连成一片，可激发人们的活力。

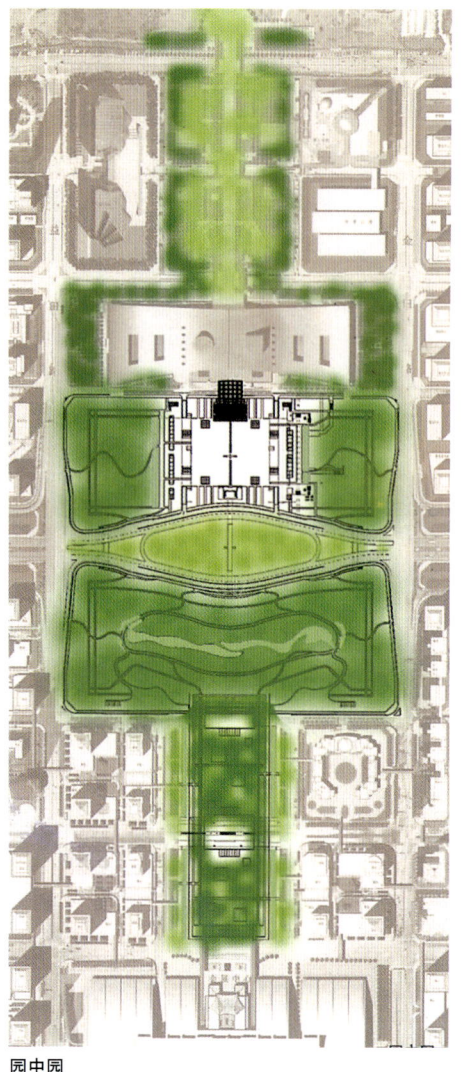

园中园

绿色的云

光塔—最终修改方案设计

深圳市中心区中心广场
及南中轴景观环境方案设计

异化与同化 －建筑小品与园林设施－

对于散落在公园内的建筑小品，试图使其作为远景时与风景融为一体，作为近景时使人感受到人工与自然的对比。踏进公园，徜徉在绿色的丛林中，感受着绿色的云的温柔，现代化技术及材料的墙面在层层叠叠的绿丛中若隐若现。

玻璃，镜面——进而系统化了的绿色墙面与屋顶绿化融为一体，构成一个个将都市与自然凝缩结合的精致小品。关于细部，积极采用玻璃的DPG工艺及合成树脂等新工艺新材料。

建筑小品及园林设施 －休息站 公共厕所－

休息站
在观光大巴停车场、繁华的南中轴，设置其下部有商店与洗手间的休息站。

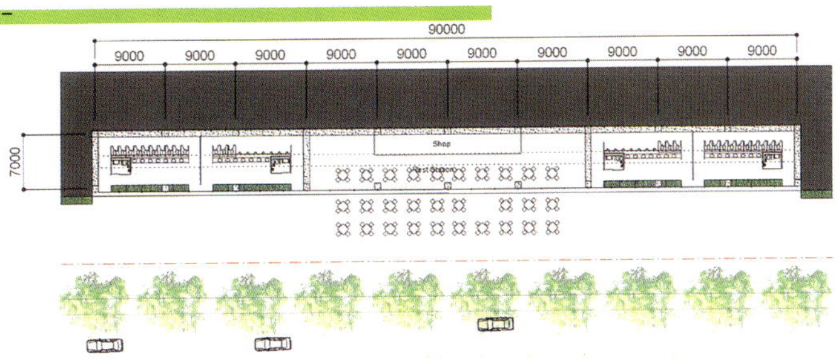

平面

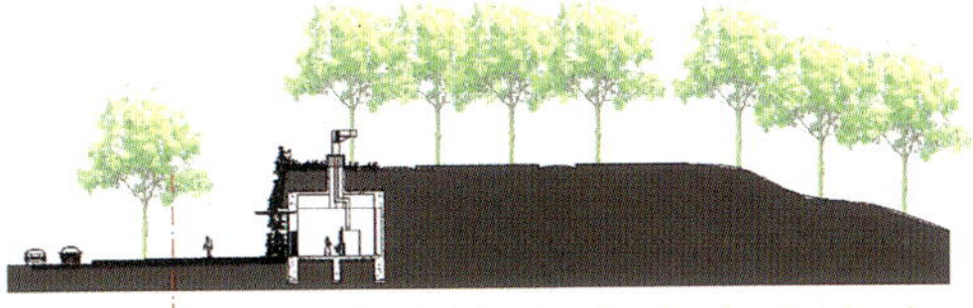

剖面

立面

休息站

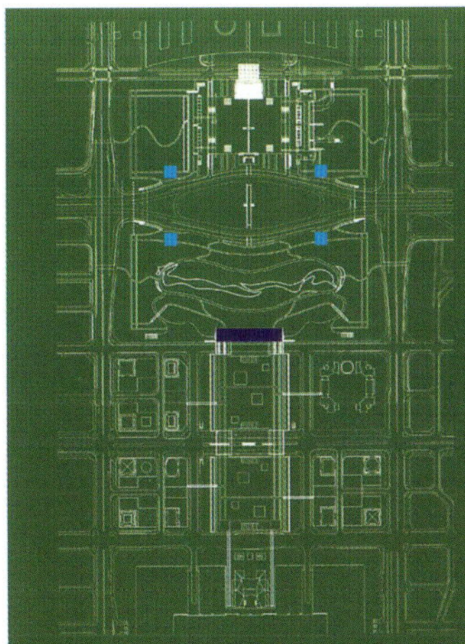

公共洗手间1～4
在人流动线中所必需的连接公共汽车站、公园的地下通道的两边设计如美术品的公共洗手间。既管理方便，又能给一般使用者带来便利，同时还有很好的视觉辨认性。

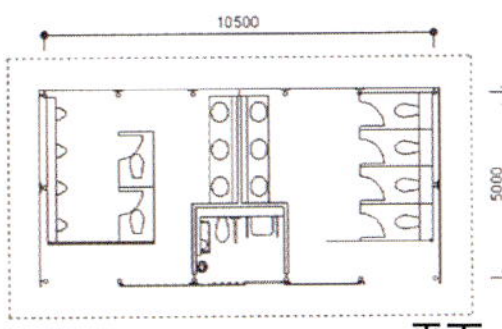

平面 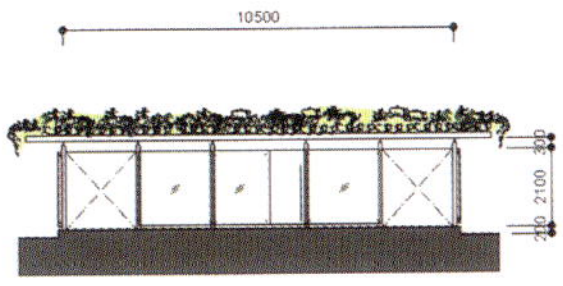　立面 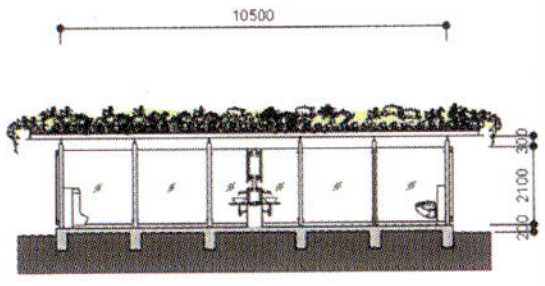　剖面

为了使公共洗手间不破坏市民广场严肃并然的空间与南广场树林的风景，把建筑物的3面埋入地中，开口部分的立面采用玻璃，从而使空间融入到周围的环境中去。

公共洗手间1～4

建筑小品及园林设施 －入口，休憩亭－

半圆形的墙面掩映出周围的绿色，成为巨大广场的一个亮点

将通透性不同的玻璃创意组合，在绿色丛林中开辟出能够放松心情、舒心交谈的休息场所。

为了便于观赏景色，于开阔地设置的休息处采用轻巧的表现手法，尽可能的消除压抑感。

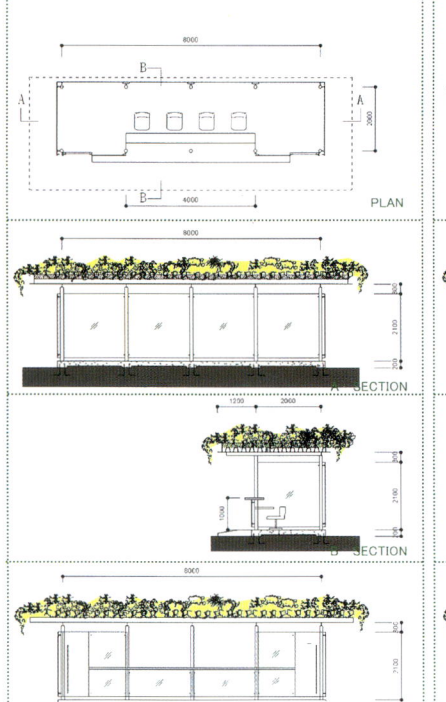
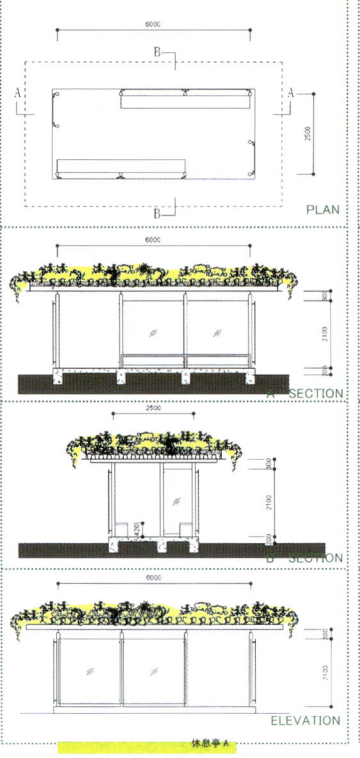
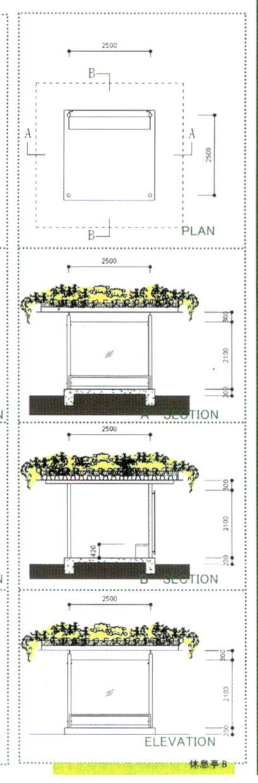
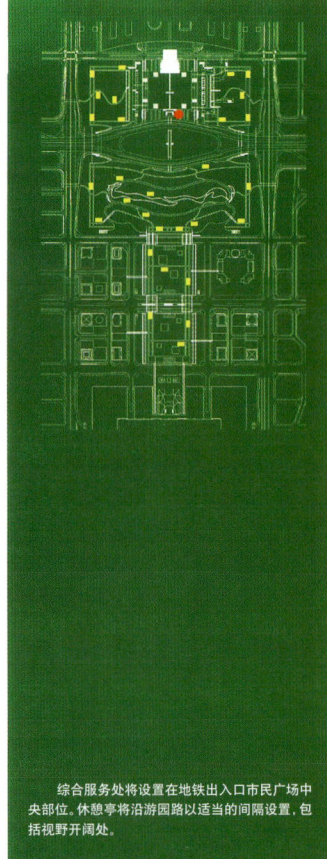

综合服务处将设置在地铁出入口市民广场中央部位，休憩亭将沿游园路以适当的间隔设置，包括视野开阔处。

建筑小品及园林设施 －商店、电话亭、长椅、垃圾箱－

作为公园内的商店，在融入自然的同时，通过镜面的映射效果，演绎出一幅幅繁荣的景象。

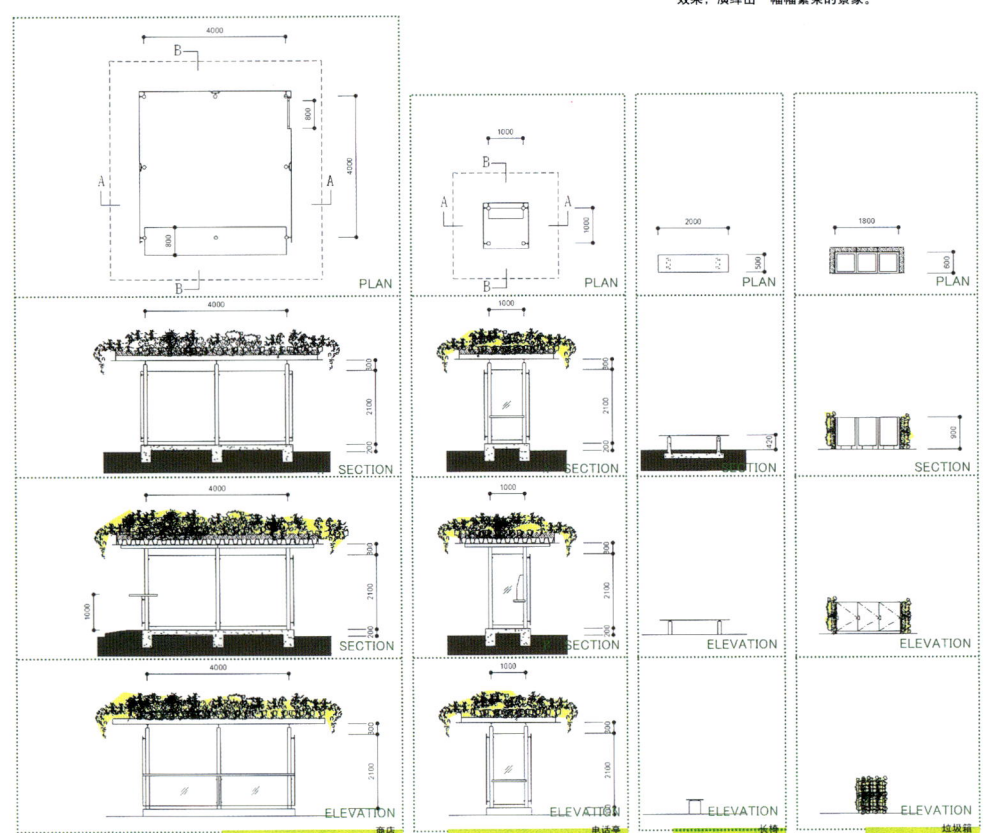
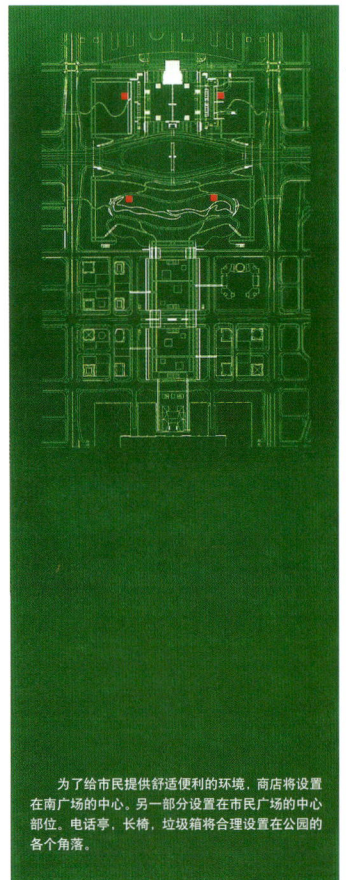

为了给市民提供舒适便利的环境，商店将设置在南广场的中心。另一部分设置在市民广场的中心部位。电话亭、长椅、垃圾箱将合理设置在公园的各个角落。

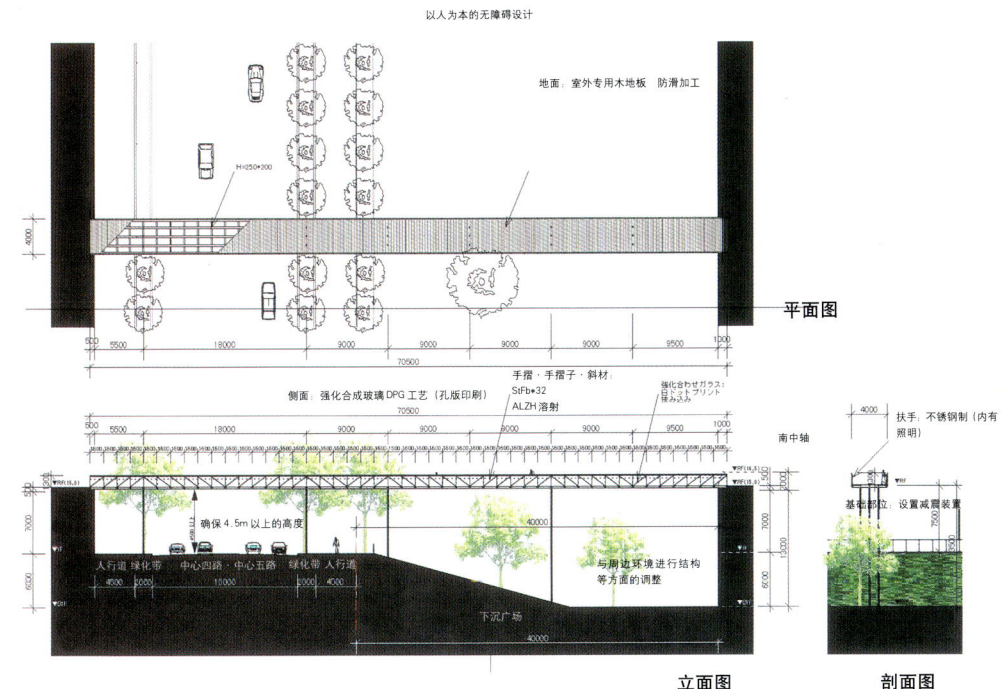
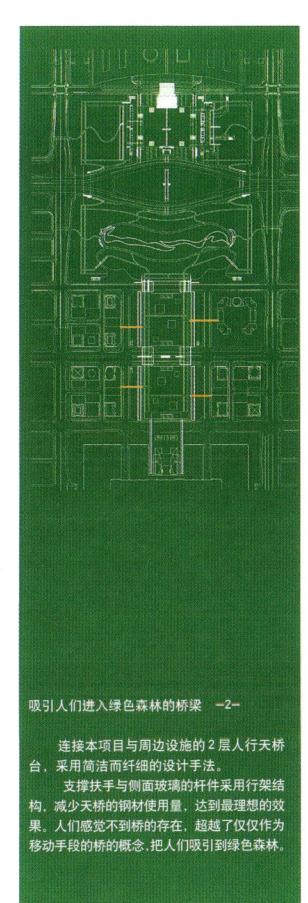

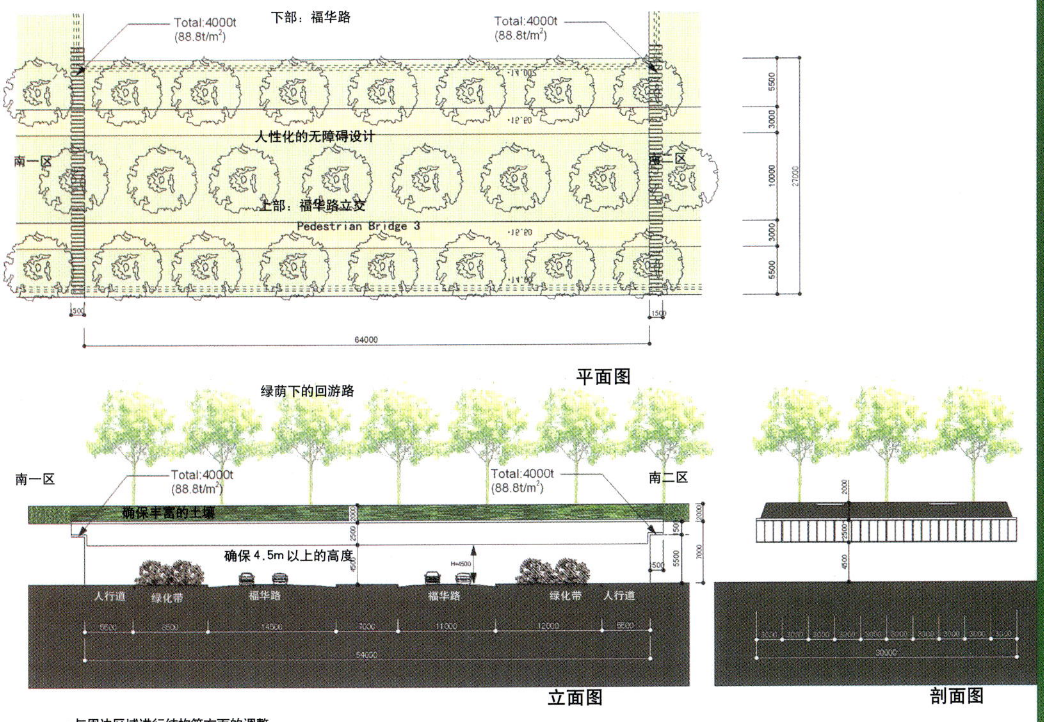

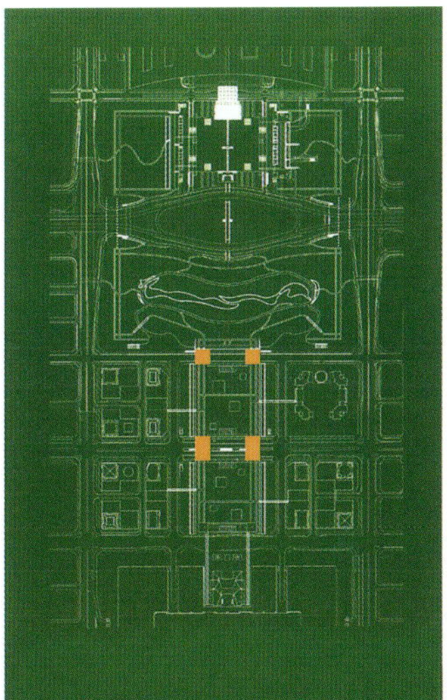

深圳市中心区中心广场
及南中轴景观环境方案设计

构成魅力照明环境的器具配置 —反映深圳城市框架的光空间的构成

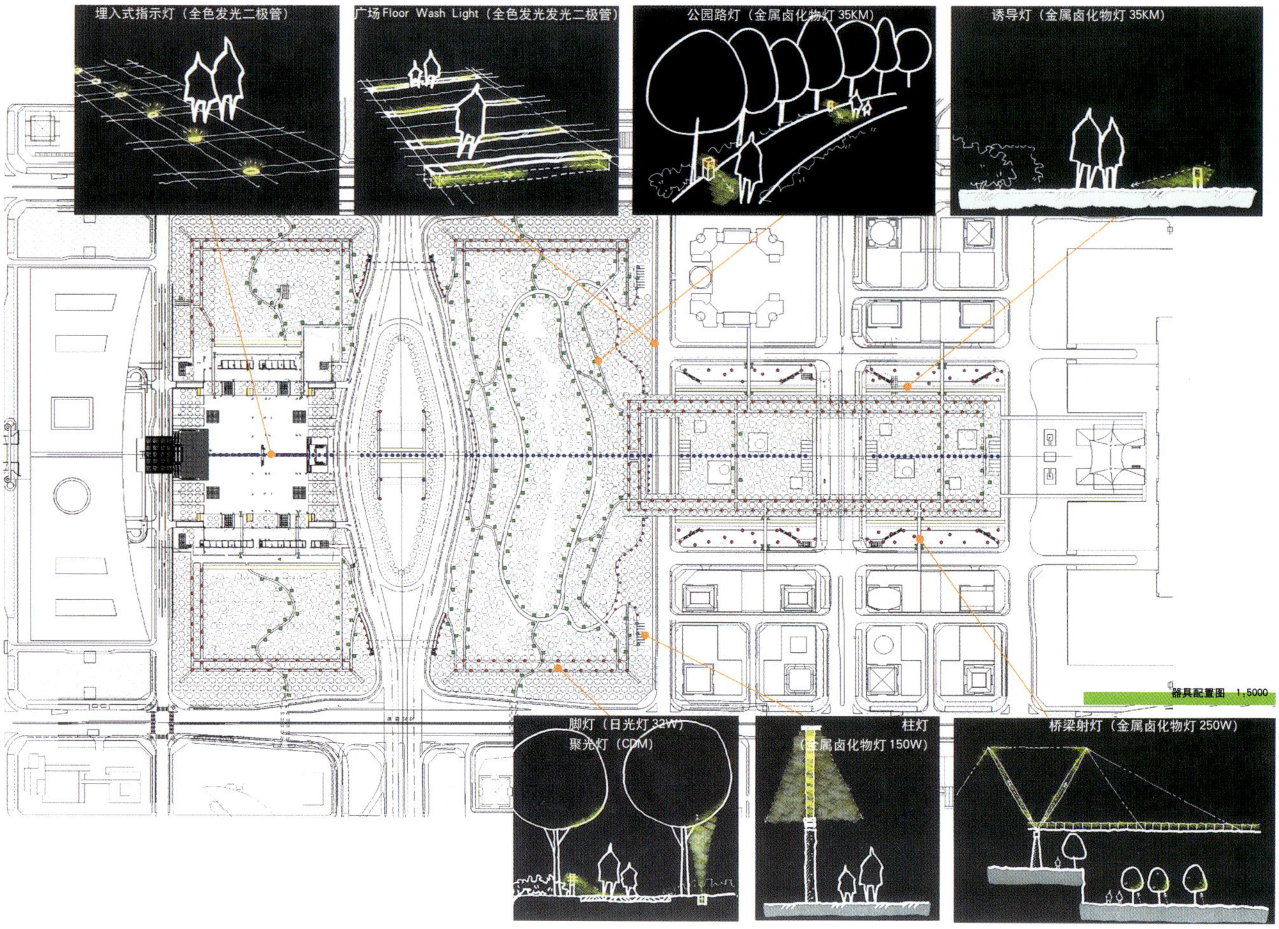

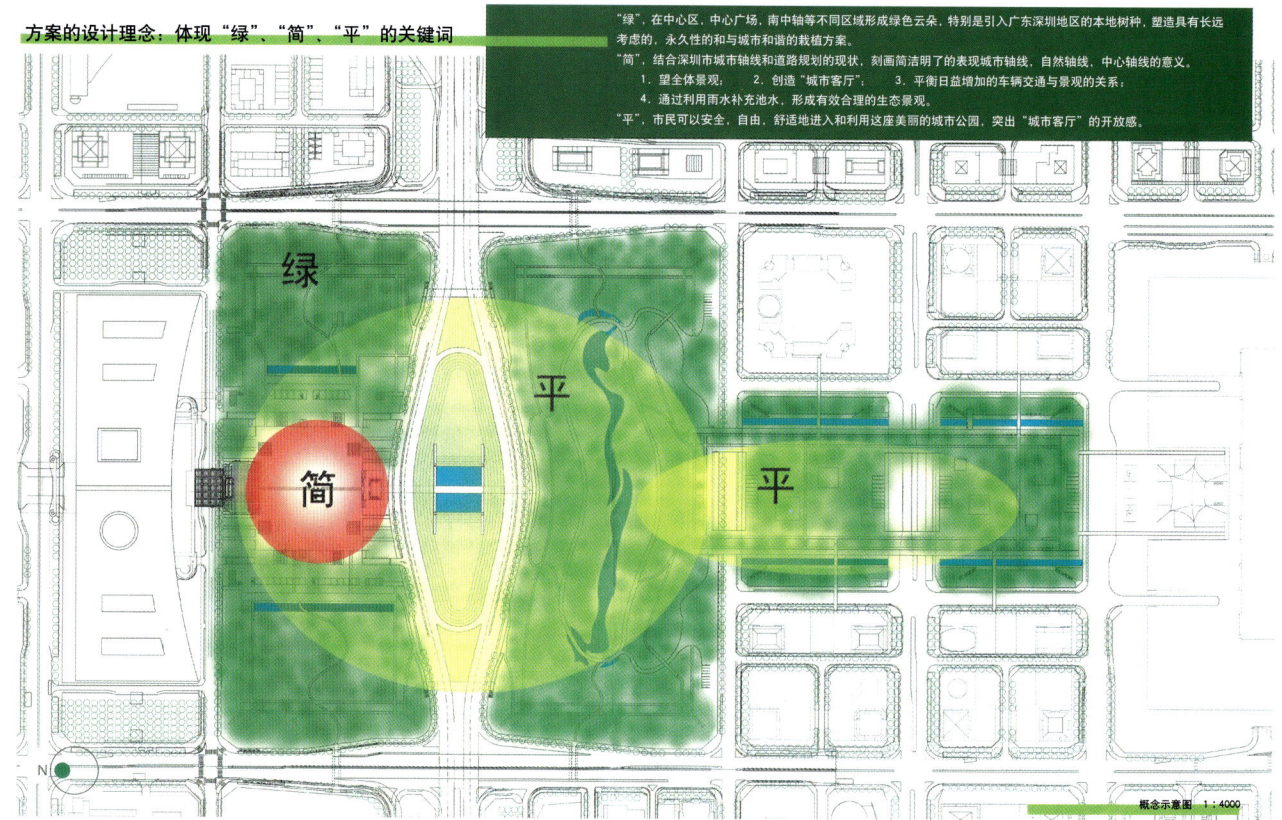

埋入式指示灯（全色发光二极管）　广场Floor Wash Light（全色发光发光二极管）　公园路灯（金属卤化物灯35KM）　诱导灯（金属卤化物灯35KM）

脚灯（日光灯32W）　聚光灯（CDM）　柱灯（金属卤化物灯150W）　桥梁射灯（金属卤化物灯250W）

器具配置图 1:5000

方案的设计理念：体现"绿"、"简"、"平"的关键词

"绿"，在中心区，中心广场，南中轴等不同区域形成绿色云朵，特别是引入广东深圳地区的本地树种，塑造具有长远考虑的，永久性的和与城市和谐的栽植方案。
"简"，结合深圳市城市轴线和道路规划的现状，刻画简洁明了的表现城市轴线，自然轴线，中心轴线的意义。
1．望全体景观；　2．创造"城市客厅"；　3．平衡日益增加的车辆交通与景观的关系；
4．通过利用雨水补充池水，形成有效合理的生态景观。
"平"，市民可以安全，自由，舒适地进入和利用这座美丽的城市公园，突出"城市客厅"的开放感。

概念示意图 1:4000

图书在版编目(CIP)数据

深圳市中心区中心广场及南中轴景观环境方案设计／深圳市规划局主编.—北京：中国建筑工业出版社，2004
(《深圳市中心区城市设计与建筑设计 1996-2004》系列丛书)
ISBN 7-112-07036-8

Ⅰ.深... Ⅱ.深... Ⅲ.市中心-建筑设计-设计方案-深圳市 Ⅳ.TU984.16

中国版本图书馆 CIP 数据核字(2004)第 125610 号

责任编辑：李东禧　唐　旭
整体设计：冯彝铮
责任校对：王雪竹　关　健

《深圳市中心区城市设计与建筑设计 1996-2004》系列丛书
Urban Planning and Architectural Design for Shenzhen Central District 1996-2004
深圳市中心区中心广场及南中轴景观环境方案设计
The Design for Central Plaza and South Axis of Shenzhen Central District

丛书主编单位：深圳市规划局
Editing Group: Shenzhen Municipal Planning Bureau

中国建筑工业出版社出版、发行(北京西郊百万庄)
新华书店经销
北京广厦京港图文有限公司设计制作
深圳中华商务安全印务股份有限公司印刷
*
开本：889×1194毫米　1/16　印张：$10^{7}/8$　字数：400千字
2005年8月第一版　2005年8月第一次印刷
定价：118.00元
ISBN 7-112-07036-8
TU · 6271(12990)

版权所有　翻印必究
如有印装质量问题，可寄本社退换
(邮政编码 100037)
本社网址：http://www.china-abp.com.cn
网上书店：http://www.china-building.com.cn